BÜZZ

© Allegra Hyde, 2022
© Buzz Editora, 2025
Publicado mediante acordo entre Folio Literary Management, LLC e
Agência Riff.

TÍTULO ORIGINAL *Eleutheria*

PUBLISHER Anderson Cavalcante
COORDENADORA EDITORIAL Diana Szylit
EDITOR-ASSISTENTE Nestor Turano Jr.
ANALISTA EDITORIAL Érika Tamashiro
ESTAGIÁRIA EDITORIAL Beatriz Furtado
PREPARAÇÃO Bonie Santos
REVISÃO Gabriele Fernandes e Adriana Moreira Pedro
PROJETO GRÁFICO Estúdio Grifo
ASSISTENTE DE DESIGN Julia França
ILUSTRAÇÃO DE CAPA *Conselho (para F.P.)*, 2022, de Elisa Carareto

Nesta edição, respeitou-se o novo
Acordo Ortográfico da Língua Portuguesa.

Dados Internacionais de Catalogação na Publicação (CIP)
(Câmara Brasileira do Livro, SP, Brasil)

Hyde, Allegra
   Eleutéria / Allegra Hyde
   Tradução: Cássia Zanon
   1ª ed. São Paulo: Buzz Editora, 2025
   304 pp.

Título original: Eleutheria
ISBN 978-65-5393-384-2

1. Ficção norte-americana I. Título.

24-233220   CDD-813

Índice para catálogo sistemático:
1. Ficção: Literatura norte-americana 813

Aline Graziele Beniteza, Bibliotecária, CRB-1/3129

Todos os direitos reservados à:
Buzz Editora Ltda.
Av. Paulista, 726, Mezanino
CEP 01310-100, São Paulo, SP
[55 11] 4171 2317
www.buzzeditora.com.br

Allegra Hyde

Eleutéria

Tradução: Cássia Zanon

Para meus pais

Que sua jurisdição alcance apenas os homens
como homens e cuide para que a justiça,
a paz e a sobriedade sejam mantidas entre eles.
E que o estado florescente da república possa ser
promovido por todos os meios justos.

*Artigos e Ordens da Companhia de Aventureiros
Eleuterianos, 1647*

O espaço entre a ideia de algo e sua realidade
é sempre amplo, profundo e escuro.

Jamaica Kincaid, 1991

Meu pai tinha uma teoria sobre por que as pessoas iam para o mar no verão, gastavam suas economias e seus dias de férias plantadas em um pedaço de areia com vista para a água.

Mesmo que não saibam, disse ele, o que essas pessoas querem é estar perto da morte.

Segundo ele, ir para o mar era isto: uma chance de se despir e se expor ao perigo. De se arriscar a queimaduras de sol e desidratação e relâmpagos errantes, pés cortados por conchas como agulhas sob a areia. Na praia, podemos mergulhar em ondas que podem nos puxar para o fundo ou para as mandíbulas de um tubarão. Ou mesmo se apenas mergulhamos os dedos dos pés na água, ainda assim sabemos estar pisando em algo tão vasto que seria capaz de nos engolir inteiros.

Não é que as pessoas queiram morrer, disse meu pai, é só que, quando vão à praia, uma parte delas sabe, no fundo, que podem morrer. Então, depois, quando voltam para seus trajetos de três horas de ida e volta ao trabalho e seus cubículos nos escritórios, voltam com uma sensação secreta de sobrevivência. Elas se sentem despertas. Mais alertas.

Minha mãe bufou quando ouviu isso. Ela, assim como meu pai e eu, estava agachada no fundo escuro do nosso bunker de emergência – ainda inacabado, mas abastecido com enlatados, cobertores, uma pilha de rifles semiautomáticos. Estávamos praticando o que fazer no caso de um ataque eletromagnético.

Ir à praia, disse minha mãe, não vai nos salvar quando a M-B-N-V.

Meus pais achavam que não precisávamos de praia porque, ao contrário das massas, já estávamos alerta para os horrores e perigos do mundo moderno. Ao contrário das massas, já estávamos preparados.

Por isso, eu só fui à praia quando já estava com quase dezoito anos, e foi apenas uma praia artificial sem graça perto do Aeroporto Logan. Só fui à praia depois que meus pais não conseguiram sobreviver.

E, quando fui com Sylvia, a sensação foi diferente – não foi como estar perto da morte, mas como se já existisse em uma vida após a morte.

Na verdade, a teoria do meu pai não significava muito para mim até esses últimos oito meses, em que tive de pensar sobre o que aconteceu na ilha, o que aconteceu no Acampamento Esperança. Todo esse tempo que tive para me perguntar o que era que estávamos realmente fazendo – o que foi que eu fiz –, e agora, é claro, quase não tenho tempo algum.

Talvez eu devesse ter pensado em meu pai desde o início. Talvez eu devesse ter pensado para onde realmente eu estava indo quando atropelei o arquipélago pela primeira vez em um tiro de turboélice da Flórida, e aquelas ilhas pareciam ser todas de praia, as Bahamas espalhadas ao longo da borda azul-turquesa do Caribe, as costas rodeadas de bancos de areia, atordoadas pelos corais, as ilhas tão baixas que pareciam prestes a prender a respiração. Um pouco mais de elevação do nível do mar e elas seriam levadas pela água. Suas bordas já estavam erodindo, as ondas do oceano agarrando as estradas costeiras, as partes inferiores das casas de praia ainda não arrasadas pelos furacões. A pior das tempestades transformara resorts inteiros em palitos de fósforo, suas piscinas estavam verdes pelo abandono, os pagodes, engolfados pela vegetação, hibiscos florescendo em banheiros de mármore, pombas-codornas cagando em toalhas bordadas – outro império nascido e decaído – e, ainda assim, quando olhei para baixo do turboélice e pressionei o rosto na janela oval, senti apenas possibilidade. Eu me senti mais do que viva.

Durante toda a vida, eu fugi do modo de pensar dos meus pais; era o que eu gostaria que as pessoas entendessem. Apesar de tudo o que aconteceu, de como as coisas parecem ter sido, tudo o que eu sempre quis foi tornar o mundo melhor. Eu só queria ajudar.

Você também precisa saber que eu reconheci Eleutéria do ar. Eu conheci a ilha antes mesmo de o turboélice voar em círculos em direção a um trecho irregular de asfalto. Ela era banhada pela água como um anzol: uma extensão estreita de centenas de quilômetros que se curvavam em uma extremidade, as costas farpadas por penínsulas, com o balanço verde das uvas marinhas, praias rosadas e finas como algodão-doce.

Senti Eleutéria pegar meu coração – e puxar.

1

Meu nome, meu nome completo, é Willa Marks. Não há nada no meio. Meus pais devem ter tido suas razões para a omissão, embora eu sempre tenha considerado isso um sinal de honestidade. Um nome do meio pode se esconder em uma pessoa como uma bomba: uma identidade secreta prestes a explodir. Eu sou simplesmente eu.

O que estou tentando dizer é que vou lhe contar a verdade. Não tenho tempo para contar mais nada. E é importante que você ouça a verdade, porque o que foi dito sobre o Acampamento Esperança, sobre mim, é uma sombra do que realmente aconteceu.

Vou começar pelas partes fáceis.

Eu tinha vinte e dois anos quando embarquei em um avião e voei para Eleutéria.

Eu estava bêbada de ideias.

Eu estava tão bêbada, na verdade, que, quando o turboélice estremeceu em queda livre – as luzes da cabine piscando, a voz do piloto estalando no intercomunicador –, meus membros permaneceram relaxados. Enquanto os outros passageiros se curvavam em seus assentos, com orações nos lábios, eu mantive os olhos abertos, saboreando a emoção da chegada, o chocante estalo daquilo reverberando através de mim.

O turboélice não pousou com elegância, mas pousou intacto. Mesmo assim, se o avião tivesse caído na ilha, eu ainda teria saído dos destroços caminhando, beatífica. Eu estava acordada fazia um dia e uma noite, e isso ainda não havia se tornado um problema. Eu era o tipo de pessoa que levava a exaustão no tranco, deixando-a transformar meu ambiente em paisagens de sonho. E, até então, tudo tinha dado certo.

Pela janela do avião: palmeiras, uma pista queimada pelo calor, homens de colete laranja saindo da boca de aço de um hangar de avião enferrujado. Ao meu redor, uma dúzia de outros passageiros desafivelava os cintos de segurança. Alguns sorriam aliviados, outros enxugavam as lágrimas. O conteúdo da bolsa de uma mulher tinha caído no corredor, e eu a ajudei a recolher suas coisas, embora tenha reprimido meu impulso de perguntar se ela era de Eleutéria. Me envolver em uma conversa poderia quebrar qualquer feitiço que houvesse me levado de Boston para as Bahamas, um feitiço destinado a me levar para o Acampamento Esperança. Eu queria chegar livre, desimpedida, escorregadia como um peixe solto no mar. Se pudesse, teria viajado nua para a ilha. Realmente, minha mochila continha apenas uma muda de roupa, um passaporte, sessenta e cinco dólares americanos e minha cópia bem manuseada de *Vivendo a solução: O guia oficial do Acampamento Esperança para nos transformar e salvar o planeta*.

Eu tinha o envelope também (aquele de Sylvia), mas tentei não pensar nisso.

Eu pensava apenas no Acampamento Esperança. Mais especificamente, em chegar ao Acampamento Esperança e fazer minha vida ter algum significado. Se você tivesse me visto sair do avião, minha preocupação teria sido óbvia. Você teria visto uma jovem tropeçando nas próprias botas – um número maior do que o correto – ao entrar no hangar. Você teria notado que um dos punhos do meu macacão estava enrolado mais alto do que o outro, que o zíper da minha mochila estava parcialmente aberto. Em Boston, eu teria sido uma pessoa para quem seus olhos se voltariam na rua: indolente em meio à massa de recém-desempregados. Eu tinha um rosto oval, cabelos louros quebradiços mais escuros na raiz, um nariz muito pequeno. Eu era magra, mas não esquelética. Mal-ajambrada, embora não completamente: como uma fugitiva que acabara de sair de casa ou uma atriz interpretando um papel. Familiar o suficiente para ser esquecida.

Nas dimensões ecoantes do hangar, no entanto, eu me destacava. Viajara para a ilha sozinha e não havia ninguém lá para me receber. Tinha pouca bagagem. Era branca, e a única pessoa na fila do desembarque internacional. Um exausto agente da alfândega pegou meu passaporte, estudou-o e deu de ombros. Não havia scanners biométricos ali. Não naquele terminal improvisado, o embarque separado do desembarque por uma divisória de plástico. O prédio original, como tantos outros na ilha, havia sido devastado por furacões. Em circunstâncias diferentes, talvez eu tivesse ficado com os olhos marejados pela cena de meus companheiros de viagem abraçando entes queridos, abrindo bagagens para revelar suprimentos de outros lugares – sacos de arroz, roupas de bebê, carregadores de celular –, mas fixei a atenção na saída do aeroporto: um quadrado de sol do outro lado do hangar.

Tenho o que se poderia chamar de tendência à fixação. Essa tendência já foi descrita como infantil por alguns. De modo geral, as pessoas costumam me dizer que tenho um comportamento infantil. Minha baixa estatura é parcialmente culpada por isso. Ademais, tinha minhas sardas – embora elas fossem se multiplicar a cada dia, colonizando minha pele quanto mais eu permanecesse em Eleutéria. Eu não tinha nenhum tônus muscular, ainda que isso também fosse mudar. Tinha pouca coordenação. Só em fotos consigo ser graciosa. Presa sob o olhar de outra pessoa, pareço melhor imóvel.

E eu não estava parada. Caminhando com passadas alegres e exageradas, saí do hangar para um sol deslumbrante. Um estacionamento brilhava, ardendo de calor, o perímetro contornado por uma cerca de arame. Ao longe, uma estrada estreita desaparecia em uma faixa baixa de cerrado.

Minha pele queimava. Eu tinha o *Vivendo a solução* agitando-se dentro de mim e, com ele, o calor da minha própria ambição. Eu tendia a corar de maneiras estranhas – na ponta dos dedos, principalmente –, embora isso fosse invisível para quem estivesse olhando. Tudo o que se veria seria uma garota pálida atravessando um estacionamento. Uma garota perdida, inofensiva – ou mesmo em perigo –, facilmente manipulável. Uma caipira. Era verdade, minha educação formal ia apenas até o ensino médio, e em casa. Mas eu não era totalmente inexperiente. Aos vinte e dois anos, tivera minha própria educação incomum. Eu me considerava intelectualmente avançada de uma maneira significativa: era sábia demais para o cinismo. Havia superado a dúvida.

Ninguém no Acampamento Esperança sabia que eu estava a caminho. Ninguém saberia quem eu era quando chegasse. Eu mantinha, no entanto, uma confiança propulsora. Chegando à beira do estacionamento, comecei a caminhar pelo acostamento da estrada, me embebedando de sol, eletrizando meu corpo, pretendendo apenas me aproximar do meu destino – mais um lugar na minha mente do que uma visão direta – de modo que, se alguém estivesse assistindo, veria meus olhos ficarem desfocados, meu queixo levantado, meu peito puxado para a frente por uma corda invisível.

Alguém *estava* assistindo. Uma caminhonete me seguiu para fora do estacionamento e para a estrada. Havia quatro homens no veículo: dois na frente e dois atrás. A dupla de trás usava camisetas desbotadas pelo sol que ondulavam com a brisa, os braços esticados ao longo das bordas da caçamba. O homem no banco do passageiro usava um colete laranja, como se tivesse acabado de sair da pista do aeroporto. Não dava para ver o motorista.

Continuei andando, e a caminhonete continuou rodando, até que o homem de colete laranja chamou: você é surfista? Ou...

Uma fugitiva?, interrompeu um dos homens da caçamba.

Houve risadas, mas não me importei – nem diminuí o passo. Em minha mente, meu destino cintilava: um paraíso ecológico, uma arcádia pragmática, uma resposta para o problema que havia me perseguido durante toda a vida.

Você está perdida?, perguntou o homem de colete laranja.

Embora eu mal tivesse falado por um dia e meio, minha resposta explodiu, clara e alta como um sino: estou indo para o Acampamento Esperança.

O caminhão parou. A risada dos homens cessou. Continuei, imperturbável, recitando versos de *Vivendo a solução* baixinho, balançando os braços enquanto caminhava pela beirada irregular da estrada.

Dez minutos depois, a caminhonete voltou a roncar ao meu lado. Todos os homens tinham saído, exceto o motorista. Ele se inclinou sobre o banco do passageiro, o rosto visível pela primeira vez. Era bonito de um jeito melancólico, os olhos semicerrados, a mandíbula sombreada por uma barba, os *dreads* puxados para trás da cabeça. Ele perguntou se eu realmente estava indo para o Acampamento Esperança.

Claro que estou, respondi.

O Acampamento Esperança fica muito, muito longe daqui, disse ele.

Eu dou conta, retruquei – embora na verdade estivesse mais quente do que parecia possível para o mês de maio. Havia apenas palmeiras atarracadas e folhagens espinhentas se estendendo à minha frente, sem qualquer sinal de povoamento ou mesmo do mar, exceto pelo arco de uma gaivota.

Além disso, disse o motorista, você está caminhando na direção errada.

Ele disse para deixá-lo me dar uma carona. Falou que não se importava, falando em um tom de indiferença que talvez eu devesse ter reconhecido como forçado. Ele estava, de fato, profundamente interessado no que eu tinha a dizer e para onde estava indo. Deron era seu nome. Por muito tempo, senti raiva dele, dado o que aconteceria mais tarde, embora meus sentimentos tenham mudado desde então. Espero que Deron esteja bem e feliz onde quer que esteja agora, mesmo que – à sua maneira e por suas próprias razões – tenha tornado tudo mais complicado.

A caminhonete rugiu pela estrada, o vento cortando a cabine pelas janelas abertas. Eu poderia ter permanecido quieta, observando a paisagem passar, convencida de que uma corrente invisível estava me levando para mais perto do Acampamento Esperança – mas é claro que não era o que aconteceria. Isso não aconteceria de jeito nenhum.

A cabine era apertada, e Deron era alto, e mesmo assim ele mantinha uma postura casual, exceto pela mão que se mantinha agarrada à alavanca de câmbio. Aquilo significava pouco para mim. Eu não havia passado muito tempo em caminhonetes e não sabia nada sobre dirigi-las. O que notei foi que Deron usava um elástico com contas cor-de-rosa – do tipo que as meninas pequenas usam – para prender o cabelo. Isso me fez gostar dele. Quando ele perguntou meu nome, eu disse.

Willa, respondi. Willa Marks.

Pelas janelas, o matagal se espalhava em todas as direções, exceto por um posto de gasolina em ruínas com compensado fixado em uma janela como um tapa-olho de pirata. Mais adiante, uma placa desgastada indicava um assentamento próximo.

Willa Marks, disse Deron, você não parece ser o tipo do Acampamento Esperança.

Eu sou exatamente o tipo, falei.

Deron assentiu com lentidão exagerada. A caminhonete roncou em uma pequena comunidade composta de casas de blocos de concreto pintadas de tons de rosa pastel, amarelo e azul-petróleo com detalhes em branco. Um grupo de homens observou o veículo passar da sombra de uma garagem. Havia uma mulher solitária, carrancuda, sentada ao lado de pepinos, tomates e mamões. Mais adiante, uma dupla de crianças brincava em um balanço. Galinhas correram na direção do mato.

Deron repetia meu nome para si mesmo, como se estivesse tentando lembrar onde havíamos nos conhecido, e pela primeira vez em minha jornada me senti desconfortável. Não gostei de ouvir meu nome dito em voz alta, cantado como uma senha para uma história que eu havia esquecido.

Willa, Willa, Willa. O que significa... *Willaaaa*?

Dei de ombros. Minha mãe uma vez disse que me deu o nome de Willa porque havia um salgueiro, que em inglês é *willow*, no jardim da frente da casa onde cresceu: uma árvore que todos consideram pacífica, com seus longos galhos caídos e as folhas finas. Na realidade, é uma árvore feroz, com raízes que se espalham pelo subsolo, tocando as fundações das casas, borbulhando no asfalto das entradas de carro. Eu nunca acreditei muito na minha mãe, contudo. Se ela admirava tanto a árvore, por que não me batizar de *Willow*, não é mesmo? Agora ela estava morta demais para eu perguntar.

Por que não pareço o tipo do Acampamento Esperança?, questionei.

Um sorriso apareceu de um canto da boca de Deron. Como se não tivesse ouvido minha pergunta, ele disse que se interessava por nomes. Perguntou se eu sabia o significado do nome da ilha – *Eleutéria* –, seu sotaque suavizando as vogais no início e no final da palavra, da forma como a água do oceano suaviza o vidro, me fazendo sentir também um pouco enjoada, sacudida pela tempestade. Ele começou a falar sobre a história da ilha. Houvera um naufrágio, colonos religiosos. Minha atenção se desviou. Do lado de fora da janela da caminhonete, casas com cor de doce deram lugar a prédios abandonados com trepadeiras serpenteando suas paredes. Atrás deles havia pilhas de metal retorcido, telhados deslocados de suas estruturas. A popa apodrecida de um barco a remo estava cravada sobre uma onda de vagens de frutas nos galhos de uma árvore de tamarindo. Aquela parte da ilha fora duramente atingida por furacões.

Não é interessante?, disse Deron – o sorriso se tornando amigável demais –, como a gente pode acabar tão longe de onde originalmente pretendia ir?

Claro.

Meu desconforto se intensificou. Eu não sabia se estávamos de fato indo para o Acampamento Esperança. Eu não tinha um mapa, apenas a promessa de um lugar descrito em *Vivendo a solução*: o canto duro do livro pressionava o tecido da mochila no meu colo. Talvez eu tivesse confiado rápido demais; não teria sido a primeira vez. E, apesar de todos os méritos de *Vivendo a solução*, o livro não me ajudaria se eu estivesse prestes a ser sequestrada.

Eles estão me esperando, eu disse. Se eu não aparecer no Acampamento Esperança, eles vão se perguntar onde estou.

Deron contornou um trecho da estrada desolada. Ele perguntou por que, se o pessoal do Acampamento Esperança estava me esperando, ninguém tinha ido me buscar.

Peguei um voo antecipado, respondi.

Não há outros voos chegando hoje.

Estou um dia adiantada.

Uma caminhonete passou na outra direção, e Deron levantou dois dedos do volante para acenar. A costa surgiu à vista: a água cristalina, tingida de turmalina, banhando um trecho de praia branca como osso. Deron disse que, como havia chegado adiantada, eu devia ver outras partes da ilha. Partes melhores. Pessoas melhores. Ele poderia me levar para o novo hotel.

De propriedade das Bahamas, operado pelas Bahamas, disse ele. Estamos tentando reconstruir...

Não sou turista, falei.

Chame a si mesma do que quiser, disse Deron. Pode valer a pena dar um tempo antes de mergulhar de cabeça em algo que você não entende.

Eu entendo perfeitamente o Acampamento Esperança.

A caminhonete fez outra curva; entramos em um assentamento com vista para um porto. Em uma faixa de areia, a carcaça de metal de uma retroescavadeira pesava como uma baleia encalhada. O canto de *Vivendo a solução* pressionou ainda mais as minhas costelas. Aquele livro... ele havia me oferecido uma opção quando parecia não haver nenhuma outra. Ele descrevia como, apesar das probabilidades, um pequeno grupo de pessoas podia mudar o mundo para melhor. Se eu tentasse o suficiente, acreditasse o suficiente, minha vida poderia ser mais que uma série de decepções, fracassos, meias tentativas e mágoas.

Quando Deron começou a falar sobre o novo hotel mais uma vez, interrompi.

Olha, eu disse. Tudo o que me interessa é o Acampamento Esperança. E chegar lá. Ele vai ser lançado a qualquer momento, e eu preciso estar lá. Preciso ajudar.

Deron flexionou a mão do câmbio e apertou a alavanca novamente.

A qualquer momento?, ele perguntou. Amanhã, por exemplo?

A caminhonete virou em uma estrada lateral camuflada por arbustos. Galhos bateram no para-brisa. Eu não tinha ideia de quando o Acampamento Esperança seria lançado oficialmente aos olhos do público. O *Vivendo a solução* não incluía um calendário preciso. Tudo que eu sabia era que o lançamento provavelmente aconteceria em breve; tinha de acontecer. Eu disse isso a Deron, descrevendo a trajetória do planeta em direção ao desastre climatológico – como o Acampamento Esperança era a melhor chance para a humanidade mudar de rumo –, minha voz ficando rouca no momento em que a caminhonete parou, pouco antes de uma clareira.

Por favor, Deron, eu disse.

Ele ergueu o queixo em direção ao para-brisa. Além da clareira, havia um muro imenso: seis metros de altura cobertos de uma cascata de buganvílias. Uma cidade esmeralda. Uma miragem verde.

Acampamento Esperança.

Peguei minha mochila e pulei para fora da caminhonete. Havia um imenso par de portas duplas no muro de buganvílias, as maçanetas de latão brilhando ao sol. Eu teria corrido direto para elas se não estivesse me sentindo culpada por duvidar de Deron.

Você vem também?, perguntei enquanto ele se levantava do banco do motorista.

Deron puxou o elástico do cabelo e limpou a garganta. Ele disse: queria te dar meu número, caso...

Pediu por minha mão com um aceno.

Eu a estendi, tentando manter a paciência enquanto ele virava minha palma para o céu, tirava uma caneta do bolso e pressionava a ponta com tinta na minha pele. Tão de perto, pude ver a barba por fazer ao redor de sua mandíbula. Ele era mais jovem do que eu havia pensado de início; cheirava levemente a solventes de tinta e notei, pela primeira vez, que os azuis salpicados em sua camiseta eram os mesmos azuis da ilha (turquesa, índigo, água-marinha), como se o mar e o céu tivessem salpicado sobre ele e grudado. Havia uma corrente de ansiedade zumbindo sob seu jeito casual, embora eu não pudesse ter certeza se ela sempre estivera lá ou se havia acabado de aparecer.

Ele terminou de escrever o número, mas não soltou minha mão. Descobri que não queria que ele o fizesse. De mão dada com ele, permaneci ancorada em alguém conhecido, ainda que superficialmente.

Ligue para mim, ele disse, se tiver qualquer coisa que queira discutir sobre o Acampamento Esperança. Como sobre o lançamento e o que isso significa para o resto da ilha. Ou, Willa, se você precisar conversar...

Meu coração acelerou; puxei a mão de volta contra o corpo. A intimidade, lembrei a mim mesma, retardava o progresso. Eu sabia disso por experiência. Também sabia que um dos muitos elementos revolucionários do Acampamento Esperança era como ele tratava os relacionamentos entre duas pessoas: eles não existiam. O amor era uma distração – um poluente ético – em relacionamentos românticos e platônicos. O mesmo vale para os laços familiares, que podem envenenar a bússola moral de uma pessoa. E a moralidade significa tudo no Acampamento Esperança – a moralidade venceria a nossa luta ambiental.

Eu me afastei de Deron, acenando por cima do ombro enquanto corria em direção às portas no muro de buganvílias.

Eu não precisava de um parceiro. Não precisava de uma família. Nem sequer precisava de um amigo.

Propositalmente, o Acampamento Esperança ainda não tinha uma presença na web – ou uma presença pública de qualquer tipo. Tudo o que eu sabia sobre ele vinha do *Vivendo a solução*: um livro que eu havia encontrado em circunstâncias incomuns e, tecnicamente, que não deveria ser visto.

Havia, no entanto, uma abundância de informações sobre o autor do livro: Roy Adams. Militar de carreira, durante anos ele viveu diante do brilho da tela de computadores dos centros de comando, da adulação dos guerreiros do joystick; sua aprovação um elo na cadeia de morte que transformava aldeias estrangeiras em pó. Em fotos on-line, aparecia na frente de bandeiras americanas, o cabelo cortado à navalha, a mandíbula quadrada, os olhos duros. Ele parecia um homem que gostava de bife malpassado e campos de golfe encharcados de pesticidas; um homem que acreditava ter direito a tudo em que tocava.

E, no entanto, esse mesmo Adams havia escrito, em *Vivendo a solução*, sobre desistir da carreira militar e do casamento. Tais sacrifícios, explicava ele, *foram um pequeno preço a pagar na GUERRA contra as mudanças climáticas, uma GUERRA pela própria SOBREVIVÊNCIA da humanidade.*

Estávamos perdendo aquela guerra. Houvera décadas de marchas ambientais e adesivos de para-choques, lâmpadas especiais e bicicletários, protestos e discursos, ONGs, OIGs, NPDES* e estudos científicos em pânico – e para quê? Chuvas torrenciais haviam provocado deslizamentos de terra na China e sufocado cidades inteiras. Tempestades de poeira com esporos haviam forçado evacuações em massa na Austrália. Havia a contínua escassez de alimentos – uma seca espremendo a soja brasileira, uma praga do trigo atingindo a Rússia – e o desespero fermentando com a força dessa fome. *Barqueiros*, como os especialistas chamavam as centenas de milhares de refugiados que flutuavam de costa a costa. Implorando pelo direito de atracar. Implorando por restos. Morrendo. Corpos chegando ao longo da baía de Bengala. Nas praças inundadas de Barcelona. Os americanos olhavam com pena efêmera, a tragédia sempre parecendo ocorrer em outro lugar – aguda ou temporal –, mesmo quando os incêndios florestais queimavam o oeste e as algas tóxicas floresciam nos Grandes Lagos. Estávamos ancorados na apatia, no conforto da cegueira deliberada. Mesmo com os níveis de CO_2 subindo, as geleiras derretendo e ecossistemas inteiros expirando. O ambientalista

---

* *National Pollutant Discharge Elimination System*, em tradução livre: Sistema Nacional de Eliminação de Descargas Poluentes. (N. E.)

médio, de acordo com Adams, apenas choramingou, se equivocou, implorou pela salvação corporativa, cedeu à facilidade do *greenwashing*, o diversionismo capitalista sintetizado em sacolas de compras reutilizáveis: *continue gastando*. Nos Estados Unidos, ainda tínhamos nossas armas, nossas bandeiras, nosso domínio sobre o excepcionalismo. Ainda tínhamos a distração das realidades virtuais, a fantasmagoria de Hollywood, a jangada farmacêutica da eliminação da dor. Ainda tínhamos a audácia de chamar a mudança climática de um problema para outra época – outro país –, como se já não fôssemos os sapos do ditado, com a pele descamando em água quente.

Nosso desafio se resume a uma coisa, Roy Adams escreveu, *a distância entre o que as pessoas querem e aquilo de que as pessoas precisam.*

O Acampamento Esperança era um protótipo. Um núcleo. Uma revolução esperando para eclodir. Ele modelava o que poderia ser: progrediu para um paraíso, mostrando como a vida ambiental poderia ser desejada em vez de temida. E embora seja verdade que a terra fosse barata nas Bahamas – com o governo pós-furacão desesperado por renda, por qualquer sussurro de indústria –, Adams também havia escolhido construir o Acampamento Esperança em Eleutéria porque o local enviava uma mensagem: ele não tinha medo de furacões ou aumento do nível do mar ou opiniões de qualquer outra pessoa.

Eu mal podia esperar para dizer a ele que também não tinha medo. Porque, na verdade, era Adams que eu queria ver tanto quanto o Acampamento Esperança. Havia sido Adams – como um homem arrependido, um homem reformado, um visionário – que me fizera acreditar que a humanidade poderia ser galvanizada, que o planeta poderia ser salvo. Porque, se Adams podia mudar, qualquer um podia.

Inclusive eu.

As portas do Acampamento Esperança se abriram com facilidade, bem lubrificadas, silenciosas. Tive de proteger meus olhos quando entrei: os bangalôs, pavilhões e laboratórios baixos e arejados do complexo eram todos muito bem pintados de uma tinta tão branca que os prédios cintilavam com um brilho ofuscante de neve.

Mas aquela era Eleutéria: uma ilha abençoada pelo calor equatorial. Entre os prédios, havia canteiros cheios de folhas de melão. Topos de cenoura emplumados. Fileiras de feijão-roxo. Um pomar oferecia árvores carregadas de abacates e maçãs. Hibiscos floresciam em todos os lugares, ao mesmo tempo gigantes e parecendo joias. Aquele era o Acampamento Esperança: o texto de *Vivendo a solução* tornado realidade. Matrizes solares brilhavam nos telhados. Unidades de captura de carbono zumbiam perto da costa. Uma turbina eólica girava acima. Tudo aquilo, tudo no Acampamento Esperança, espalhado tão imaculado e sem pessoas quanto um diorama de museu.

Dei uma risadinha, atônita e perplexa, e, ao sair da minha boca, minha voz se difundiu na paisagem.

Olá?, chamei, mas aquele som também se dissipou.

A luz do sol banhava um caminho de conchas esmagadas. Serpenteei ao longo dele, mergulhando sob trepadeiras de maracujá, atravessando laboratórios de hidroponia ao ar livre, entrando em quartos de dormir cheios de beliches perfeitamente arrumados. De uma plataforma de observação, assisti a uma garça deslizar sobre uma faixa curva de areia e pousar em um aglomerado retorcido de manguezais. No centro do terreno, uma cúpula geodésica se projetava da terra, a superfície vítrea composta de painéis como favos de mel.

Um dos painéis piscou. Corri para a frente – me preparando para meu primeiro encontro com um membro da equipe do Acampamento Esperança –, mas encontrei apenas o reflexo desleixado do meu macacão, meu cabelo preso em um nó, meus próprios olhos arregalados.

Atrás do vidro, fileiras de mesas vazias.

Lambi o sal do meu lábio superior, o sol espremendo o suor dos meus poros. Tudo estava certo e, no entanto, nada estava certo. Em um varal rígido, panos de prato esvoaçavam na brisa, como se tentassem se libertar. Deixei um vibrar contra o meu rosto. Virei-me em círculos lentos, vaguei em frente. O tempo se alongou, os minutos se expandindo, dobrando de volta. Fiquei insegura sobre quais caminhos eu havia percorrido, sobre as flores de hibisco pelas quais eu já tinha passado. Embora o complexo do Acampamento Esperança ficasse em uma península atarracada – cobrindo no máximo um quilômetro quadrado –, parecia ter o tamanho de uma cidade, espalhando-se.

Encostei em um canteiro elevado do jardim para recuperar o fôlego. Meu cotovelo derrubou um regador empoleirado no parapeito, fazendo o recipiente bater no cascalho abaixo. A água gotejou e desapareceu.

Senti a garganta apertar. Falei outro "olá" na direção do terreno – ainda sereno, perfumado pelas flores e pelas frutas maduras. A turbina eólica girava no alto. O oceano brilhava ao longe. Parecia impossível que os membros da equipe do Acampamento Esperança pudessem ter desistido – abandonado tudo. Mais ainda que Roy Adams pudesse ter desistido. Cogitei ter havido algum crime: havia corporações e governos com algo a perder se o Acampamento Esperança obtivesse sucesso. No entanto, o local não exibia qualquer sinal de luta.

Eu me perguntei se os membros da equipe estariam se escondendo.

Eu me perguntei se eles eram invisíveis, se a tecnologia ecológica avançada do Acampamento Esperança havia estimulado mutações genéticas sem precedentes.

Eu me perguntei se todos eles haviam sido sugados para o céu por um deus verde que os tivesse acolhido em um paraíso clorofilado.

O sol me pressionava como um polegar quente, esmagando aquelas ideias. Eu me atirei à sombra frondosa de uma orelha-de-elefante e soltei as alças da mochila. O suor varreu minha testa, fazendo arder meus olhos. Eu tinha me esquecido de levar uma garrafa d'água. Na pressa de partir para Eleutéria, esqueci de levar um monte de coisas.

Eu tinha o número de Deron escrito na palma da mão, mas nenhum telefone para ligar. Essa omissão fora deliberada. De acordo com *Vivendo a solução*, o Acampamento Esperança estava equipado com um hub central de comunicações, mas os membros da equipe se abstinham da internet e de seu custo ambiental: as minas minerais e fazendas de servidores, a sede insaciável de eletricidade.

A ausência de telefones e computadores pessoais também ajudaria a manter o Acampamento Esperança em segredo até seu lançamento.

Enfiei a mão na mochila, meus dedos percorrendo as páginas de *Vivendo a solução*. O livro me compelira para longe de tudo que eu conhecia – de uma forma que havia tornado difícil voltar atrás. Mesmo que eu quisesse, não tinha dinheiro para a passagem de volta.

Enfiei a mão mais fundo na mochila, passando pelo maço de notas amassadas, pela calcinha reserva, pelo meu passaporte. Toquei no envelope de Sylvia.

De cor creme, feito de papel liso e caro, o envelope se recusava a revelar seu conteúdo mesmo quando colocado contra a luz. Sylvia havia selado o envelope com cera carmesim, carimbado uma insígnia com um de seus anéis – um floreio ao mesmo tempo absurdo e elegante. Não era o jeito dela? Ela devia ter incluído uma carta. Era o tipo de pessoa que escrevia cartas – sua caligrafia vigorosa, carregada de curvas –, embora também fosse provável que tivesse incluído dinheiro. Eu sabia que tinha feito isso: um conjunto de notas de cem dólares, afiadas o suficiente para tirar sangue.

Apertei o envelope entre minhas mãos suadas, levei as mãos à testa, fechei os olhos. Abrir o envelope significaria admitir que Sylvia tinha razão. Eu podia ouvi-la me dizendo: *Você se esforça para ser boa, mas não existe isso de ser bom.* A voz dela alcançou minhas costelas, arrancou o ar dos meus pulmões: *Há apenas escassez e abundância, nosso medo de...*

A ilha não deixava meus olhos ficarem fechados. A luz do sol entrou sob minhas pálpebras, abriu-as, encheu minha visão com um brilho laranja trêmulo – como vitrais vivos.

Eu me movi para esfregar os olhos; a cor se estilhaçou no ar.

Borboletas-monarcas. Quando criança, eu as tinha visto empoleiradas na serralha que crescia ao longo das estradas secundárias de New Hampshire. Achava que a espécie estivesse extinta. No entanto, ali estavam elas, rodopiando para o alto. Enfiei o envelope fechado na mochila e me levantei. Sylvia teria chamado de juvenil, inspirar-se em borboletas. Lembrei que não me importava mais. Naquele mesmo momento, ouvi vozes – vozes reais – vagando pelo terreno, doces como a luz através de uma janela de igreja: uma promessa cumprida.

A casa de barcos do Acampamento Esperança era uma estrutura quadrada e comprida com um deque arejado. Do deque, estendia-se um cais até uma enseada azul-turquesa, e, além dessa enseada, o oceano seguia até o horizonte: a borda do céu sem nuvens.

Na casa de barcos, encontrei os membros da equipe.

Eram setenta no total. Homens e mulheres de muitas compleições, a maioria jovens (todos jovialmente atléticos) de cabelo curto ou preso num rabo de cavalo arrumado. Usavam roupas de neoprene com as letras AE estampadas no peito. Alguns estavam mergulhados até os joelhos na enseada, conduzindo uma flotilha de caiaques para a areia inclinada. Outros levavam os caiaques para prateleiras de armazenamento na casa de barcos. E outros ainda passavam com equipamentos de mergulho e instrumentos científicos em direção às estações de limpeza.

Fiquei maravilhada com eles. Eram peregrinos modernos: devotos do meio ambiente que tinham ouvido o chamado para a revolução. Os membros da equipe estavam entre os melhores e mais brilhantes, as pessoas fisicamente mais extraordinárias do mundo. Eles estavam em Eleutéria porque acreditavam no compromisso de Roy Adams de reformar a sociedade, vivendo-a de novo.

Embora eu tenha ficado decepcionada por não ver o próprio Adams, a operação dos membros me fascinou: parecia um balé com sua facilidade e sincronia. Eu teria continuado observando, apreciando a pura perfeição dos movimentos, se não tivesse sido notada.

Três mulheres se levantaram do lado de uma pilha de equipamentos de mergulho. Elas se aproximaram em passos saltitantes, com um brilho no olhar, os rabos de cavalo balançando. Mesmo agora, é fácil visualizá-las. Elas se abateram sobre mim como o futuro.

Aquelas mulheres; aquelas mulheres recém-nascidas, a pele macia, parecendo a de um bebê. Mulheres com grandes dentes retos e mãos fortes, ágeis o suficiente para dar nós, hábeis o suficiente para tocar violoncelo. Mulheres bem hidratadas. Mulheres que tomavam sorvete, mas apenas duas vezes por semana. Mulheres com uma integridade presunçosa: que sabiam muito, mas não demais. Mulheres que tomavam decisões rápidas. Mulheres que dormiam a noite toda. Mulheres que nadavam ao amanhecer. Mulheres que eram bonitas sem maquiagem, mas não tão bonitas a ponto de causar problemas. Mulheres que sabiam o que estavam fazendo e o que tinham ido fazer.

Mulheres que me olhavam de cima a baixo.

É uma intrusa, disse uma.

É só uma menina, falou outra.

Devo ir atrás do Lorenzo?, perguntou a terceira, sorrindo para as outras como se rejeitasse a ideia.

Estou aqui para me juntar ao Acampamento Esperança, tentei dizer, mas minha boca estava seca, minha língua imóvel e gorda.

As três olharam atentamente para mim e sussurraram umas para as outras. A palavra *menina* zumbiu entre elas, o que pareceu estranho, já que éramos todas mais ou menos da mesma idade.

A menina não pode ficar, disse uma.

A menina também não pode ir embora, falou outra. Ela já viu o local.

Nunca havia me ocorrido que eu pudesse enfrentar resistência para me juntar ao Acampamento Esperança. Eu sempre imaginara que o principal desafio seria chegar lá. Quando imaginava minha chegada ao complexo, minha mente disparava – para além da logística da iniciação – para o trabalho bom e importante que eu faria como membro oficial da equipe.

Minha tontura fez a paisagem ao redor girar. Tomei consciência do meu macacão puído, do cabelo desgrenhado e do meu cheiro. O calor intenso e a longa jornada haviam cobrado um preço. A exaustão chamou minha atenção – embora também uma sensação de reconhecimento. Eu conhecia aquelas jovens: aquelas garotas.

O trio começou a fazer perguntas, as vozes se sobrepondo, interrompendo umas às outras: Quando eu tinha chegado à ilha? Como havia chegado ali? Como havia encontrado o Acampamento Esperança? Havia quanto tempo que estava no complexo? Eu havia tocado em alguma coisa? Havia tirado fotos? Qual era o problema, eu ia desmaiar? Eu gostaria de comer alguma coisa? Eu gostaria de beber alguma coisa? Eu sabia que até mesmo uma pequena desidratação poderia reduzir a função cognitiva em quinze por cento? Eu de fato tinha ido até a ilha planejando apenas *me alistar*? Eu não sabia que havia procedimentos de recrutamento? Que uma pessoa não podia simplesmente aparecer? Que os membros da equipe haviam sido selecionados de modo cauteloso por seus talentos, suas habilidades e seus traços específicos?

O trio perguntava e perguntava, muitas vezes sem esperar resposta, como se a articulação de uma pergunta fosse o ponto da troca. De vez em quando, elas olhavam para os outros membros da equipe – que continuavam no processo de guardar os caiaques – como se verificando a distinção de seu status. E apreciavam essa pequena demonstração de conhecimento.

Foi então, mesmo em meio à exaustão, que me dei conta de como conhecia o trio – ou conhecia seu tipo. Elas eram essencialmente universitárias, como se tivessem sido arrancadas de um do pátio bem cuidade de um campus entre uma aula e outra e largadas nas Bahamas. Eram como as jovens que costumavam pairar ao redor de Sylvia.

Garotas das artes liberais, eu as rotulei mentalmente, com ênfase em *garotas*.

29

Você entende, disse uma delas (a mais alta das três, cujo nome eu descobri mais tarde ser Corrine), que sob nenhuma circunstância uma pessoa poderia chegar e "entrar" para o Acampamento Esperança.

Você também não pode sair, falou a segunda mais alta, Dorothy. Por razões de segurança.

Estamos prestes a fazer um lançamento, disse a mais baixa, Eisa, com um movimento do rabo de cavalo. Não é emocionante?

As jovens que pairavam ao redor de Sylvia me intimidavam no início. Elas tinham lido Foucault, sabiam diferenciar colunas dóricas de jônicas e sabiam o que acontecera com a Prússia. Usavam suéteres sem migalhas embutidas nas fibras. Nunca arrotavam. E ainda assim procuraram por Sylvia porque queriam sua aprovação, não por quererem conhecê-la de verdade. Muito menos amá-la. Aquelas jovens eram todas muito competentes, mas era uma competência construída com tapinhas de aprovação de seus supervisores. Apesar de todo o conhecimento que tinham obtido em livros, das visitas a museus e de seus semestres em Roma, eram miquinhos amestrados. Riscadoras de itens em listas. Construtoras de currículos. Eram tão perfeitas que não tinham limites. Eram apenas éticas o suficiente.

Garotas das artes liberais, pensei novamente e sorri, mesmo quando Corrine disse algo sobre me colocar em uma cela de contenção. Eu entendia por que aquele trio estava ali: o Acampamento Esperança havia sido projetado como uma combinação perfeita de função e forma. Aquele trio fora recrutado para cumprir uma função específica e cultivar um desejo específico entre os espectadores externos. Quando o Acampamento Esperança fosse lançado, aquelas jovens ficariam bem entre os outros membros do grupo, todos com seus próprios papéis, talentos e qualidades desejáveis. Mas eu não tinha ido até o Acampamento Esperança para ser marginalizada. Garotas das artes liberais podem ser amestradas, basta dar a elas uma tarefa.

Muito bem, eu disse, interrompendo Dorothy de recitar

as leis internacionais de invasão. Vocês quase passaram no teste de alerta de intruso.

Como?

Lambi os lábios, os pensamentos avançando rapidamente, a premissa se desenrolando: Falta apenas mais um passo, continuei. Vocês precisam me levar ao Roy Adams.

Do que você está falando?, perguntou Corrine.

A resposta de vocês ao teste foi excelente, continuei. Especialmente considerando a falta de aviso prévio. Mas a falta de aviso prévio era o ponto principal. Tudo o que precisa acontecer agora é que eu fale com Adams para poder confirmar sua proficiência.

As garotas das artes liberais estreitaram os olhos.

Este teste está sendo cronometrado, eu disse.

Como devemos acreditar nisso?, questionou Dorothy. Ninguém disse nada sobre um teste de alerta de intruso.

Talvez a gente deva chamar o Lorenzo?, indagou Eisa.

Na enseada, membros da equipe continuavam suas maquinações graciosas enquanto guardavam o último dos caiaques, embora eu tivesse a sensação de que eles estavam ouvindo – de que toda a ilha estava ouvindo. De que todas as palmeiras e gaivotas, caranguejos e estrelas-do-mar haviam ficado em alerta, tentando pegar o que viria a seguir.

Enfiei a mão na mochila e tirei meu exemplar de *Vivendo a solução*.

As garotas das artes liberais inspiraram coletivamente. Corrine começou a perguntar como eu havia conseguido uma cópia para mim, apenas para ser interrompida por Dorothy, que murmurou que o livro ainda não havia sido enviado para ninguém fora do Acampamento Esperança, antes que suas palavras fossem esmagadas por Eisa, que girou o rabo de cavalo com um dedo ao dizer: Agora tudo faz sentido.

As garotas das artes liberais se moveram com rapidez depois disso. O trio foi bastante eficiente, orientado a tarefas e retoricamente eficaz quando expôs a situação aos outros. Roy Adams estava mergulhando com snorkel em um dos recifes mais magníficos de Eleutéria. Se eu precisava vê-lo, poderia ir até onde ele estava.

Então, fui instalada em um caiaque, recebi um remo e me apontaram na direção da costa.

Depois que contornar aquela península, disse Corrine, siga para o norte. Basta ficar de olho nos afloramentos de corais.

Fale bem de nós, disse Dorothy.

Eisa apertou meu ombro e me empurrou.

O que dizer da jornada que se seguiu?

Eu me lembro dela apenas em pedaços. Sei que, depois do abrigo da enseada, havia uma brisa forte. Após contornar a península, ondas maiores sacudiam as laterais do caiaque. Minhas remadas – arrítmicas, desequilibradas – lançavam água salgada na minha boca, borrifavam cada centímetro da minha pele. Segui em frente mesmo assim. Eu não sentia mais sede. Não me sentia mais cansada. Não sentia quase nada além da distância que me separava de Roy Adams. Éramos dois planetas, órbitas alinhando-se por graus. Éramos duas pessoas que logo poderiam sentar e conversar. Eu explicaria por que tinha ido até o Acampamento Esperança, meu comprometimento em ajudar. E me juntaria oficialmente ao movimento que renovaria o mundo.

Remei com mais força, a respiração entrando e saindo de meus pulmões. Estava me sentindo tonta. Embriagada de sol e com o coração flutuando. O mar e o céu giravam em um redemoinho, e mais monarcas passaram voando, embora talvez tenham sido o cintilar de raios de sol na água, minha própria consciência erodindo. Abaixo das ondas, formas roxas floresciam com ambição metropolitana. Eu não sabia mais onde começava o mar e onde terminava meu remo, o que era grande e o que era pequeno. Provocava ciclones a cada golpe na água. Convocava ressacas. Dei um salto quando a proa amarela do caiaque atingiu um obstáculo debaixo d'água, me atirando para fora, rastejando, os pés chutando os corais, as roupas tão pesadas e molhadas que pareciam uma pele que eu não precisava mais usar.

Não me surpreendi quando uma figura monstruosa se ergueu pingando da água.

O chifre surgiu primeiro na superfície: tinha uma ponta cega e era tubular e canalizava uma respiração horrível e áspera. A crista da cabeça veio em seguida. Depois, um olho ciclópico vidrado. E, finalmente, um enorme torso masculino.

A Sylvia mandou você? Eu queria gritar, e talvez tenha gritado, embora não possa ter certeza, porque o mundo havia desaparecido e surgira outro em seu lugar. Apaguei.

Eles estavam em outro lugar, tinham ido embora – para longe de tudo o que conheciam. Atravessando o mar dos Sargaços para o sul, navegaram com o coração cheio e em ventos bons até que, com a ilha ao alcance, o céu começou a mudar.

E, no entanto, quem seria capaz de desviar o olhar daquela faixa de terra cor de esmeralda?

Eram puritanos, totalizando setenta. Uma companhia de homens de rosto pálido e mulheres firmes que tinham ouvido o chamado para a reinvenção. Seu capitão, um homem de quase sessenta anos, corpulento, mas teimoso, prometera a eles uma ilha – desabitada – fértil o suficiente para suas ambições. Ele oferecera uma embarcação: casco de cedro, velas de lona, construída à maneira das Bermudas. Enquanto, na Inglaterra, monarquistas e parlamentaristas brigavam entre si, naquela ilha distante, eles poderiam reformar sua velha sociedade, vivendo-a novamente.

Como se viver fosse tão simples.

O céu brilhou carmesim antes de escurecer, como um polvo deslumbrante na respiração antes da tinta. O mar ficou ansioso, então rancoroso, arranhando o navio com ondas monstruosas que encharcaram a proa e desceram para o porão. Tarde demais, arrumaram a vela mestra. Todos aqueles homens de rosto pálido e aquelas mulheres firmes agarraram os trilhos de estibordo paralisados pelo que os esperava – seu futuro, esverdeando o horizonte –, mesmo com o mar agitado, a chuva cortando o ar e os relâmpagos espetando o mastro como o toque do dedo de Deus.

Em uma tempestade, o som perde o significado. É engolido por um caos sem estrelas, perdido em uma fuzilaria de respingos do mar. Ainda assim, os puritanos gritaram, juntando seus gritos com o guincho do vento e da madeira estilhaçada com o navio encalhando em um recife.

Mais tarde, batizaram o recife de *Espinha Dorsal do Diabo* – aqueles que nadaram sem se afogar vestindo meias e botas afiveladas, na escuridão rápida, com a garganta cheia de salmoura e que acordaram, na manhã seguinte, com o chilrear dos pássaros e o correr dos caranguejos e diante de folhas verdes gotejantes, grandes como pratos de jantar. Os puritanos que viraram colonos e acreditavam que o pior havia passado.

A única coisa a fazer era rezar. Assim, eles rezavam da forma como preferiam: sem impedimentos de reis, hierarquias e impostos. Apertavam as mãos com tanta força que os nós dos dedos embranqueciam como pergaminho. Pediam por graças com os lábios cortados pela tempestade e sangrando, as palavras tingidas de esperança.

Suas orações foram respondidas com uma caverna: uma casa, de teto alto e acústica da melhor igreja. No limiar da caverna havia uma pedra com dimensões semelhantes a um púlpito – uma forma perfeita demais para ser coincidência. Parecia sinalizar tempos abençoados à frente. A ilha ainda poderia cumprir seu novo nome, um batizado que transcendeu a egolatria da conquista comum, ou mesmo as recomendações das escrituras.

O capitão chamou a ilha de *Eleutéria*. Uma palavra grega para liberdade.

Embora o mar tivesse roubado todos os bens mundanos dos colonos – lonas e conjuntos de costura, serrotes de aço e apetrechos de pesca, seus mosquetes e cada grão de comida –, eles acreditavam ter mantido seu moral. Sabiam recitar suas orações de cor. A sobrevivência parecia uma dádiva, com seu projeto divino diante deles. A sobrevivência parecia seu direito.

2

Preciso falar de sobrevivência – de sobreviver.

Porque, embora eu não tenha olhado para trás durante a maior parte da minha vida, posso fazer isso agora. E porque, muito antes de chegar a Eleutéria, antes mesmo de saber que a ilha existia, fui uma filha de New Hampshire, criada entre tanques de água, baterias sobressalentes e latas de três quilos de feijão-preto, em uma faixa pantanosa de bosques a cem quilômetros do Canadá.

Eu fui criada para sobreviver – ou seja: fui criada para ter bom senso.

Fui criada para saber que nossa visão se estreita quando a insolação se instala. Que podemos beber nossa urina três vezes antes que ela se torne tóxica. Que oitocentos metros de distância podem nos salvar em uma explosão nuclear. Que algodão úmido pode nos matar quando o tempo esfria. Que é possível desinfetar uma ferida usando enxaguante bucal. Que uma das melhores coisas para começar um fogo são fiapos de secadora de roupas. Que facas são ferramentas extremamente valiosas, supondo-se que tenham uma borda de quebrar ossos.

O que quer dizer: eu deveria saber que não deveria ir de caiaque até aquele recife com tão poucos suprimentos, com tão pouco descanso. Deveria saber que não deveria ter ido para Eleutéria em primeiro lugar. E, antes de tudo isso, deveria saber que não deveria me apaixonar pela pessoa errada, pelos motivos errados – ficar tão envolvida com alguém a ponto de me perder de vista.

No entanto, eu cometi todos os erros dos quais meus pais haviam me alertado.

O que é estranho, porém, é que eles estão mortos, e eu estou viva. Apesar de tudo, ainda estou aqui.

Eu era a única filha dos meus pais. Mais filhos, aos olhos deles, só apresentariam mais riscos, e o mundo para eles já estava repleto de riscos. Supervírus. Erupções solares. Ataques de drones do estado profundo. O medo oferecia um meio de defesa, mas também um dogma. Um chamado. Um dom. O medo aproximava meus pais. O casamento deles foi construído sobre visões compartilhadas de apocalipse. Mais de uma vez, quando criança, passei na ponta dos pés pelo quarto deles e ouvi sussurros sombrios rosnados em sucessão ofegante, o medo como uma forma de preliminares, a aniquilação ao mesmo tempo uma inevitabilidade e um êxtase.

Ou seja: meus pais são uma das razões pelas quais eu nunca entendi o amor como as outras pessoas entendem.

Deixe-me explicar...

Eu tinha cinco anos quando minha mãe colocou uma arma nas minhas mãos pela primeira vez. Uma .22 com coronha de madeira lisa, a arma encostada no meu ombro enquanto seu longo nariz de metal repousava sobre uma pilha de lenha. O roupão da minha mãe roçou em mim, exalando desinfetante e tabaco. Ela tapou meus ouvidos com protetores de ouvido, deu um passo para trás para uma inspeção. O cigarro em seus dedos fumegava como um pequeno sinal de fumaça.

Não tenha medo, ela disse – então gritou para que eu pudesse ouvir através dos protetores de ouvido –, alinhe o sulco com o pontinho. Bata na trava de segurança com o polegar. Dedo indicador no gatilho. Não tenha medo, querida. Não tenha medo.

Fora do alcance: uma floresta, emplumada com samambaias, escura mesmo durante o dia. Entre a floresta e eu, um espantalho – um homem de palha – vestido com uma

37

das camisas de flanela do meu pai. Os braços esticados na armadura de madeira compensada. As mãos de luvas de borracha pendiam inertes.

Atire nele, gritou minha mãe, o roupão vibrando. Mate o homem mau.

Meu dedo roçou no gatilho. O pai de palha sorria, o rosto torto desenhado em uma fronha. Meu pai de verdade fez uma careta. Um homem grande, com maxilar de traços suaves e pernas finas, ele deu um tapa em um mosquito na própria bochecha – acordou a si mesmo com um tapa. O sangue do inseto manchou os pelos de sua barba.

Mire bem aqui, meu pai disse, apontando para o bolso no peito: seu próprio coração.

O tiro estalou alto. Meus pais se encolheram – o cigarro da minha mãe caiu girando sobre a relva. Ela pegou a bituca do chão, ainda queimando, e correu para o espantalho. Meu pai a seguiu, batendo em mosquitos reais e imaginários. Ambos se ajoelharam. Minha mãe acariciou o rosto da fronha.

Não sei se ela chorou porque eu havia atingido o espantalho ou porque não havia. Meu pai passou os braços grossos em volta do roupão da minha mãe. Ela se contorceu, mas ele a abraçou com mais força, pressionando uma bochecha com a barba por fazer contra a dela.

Eu levantei a arma. Era pesada, difícil de tirar de cima da pilha de lenha, o barril quente. Apoiei-a cuidadosamente na grama. *Tire um cochilo*, disse a ela. *Descanse bastante*.

Meus pais não estavam mais ao lado do espantalho. Eles haviam desaparecido, ou voltado para nossa cabana. Dentro dos meus protetores de ouvido, o mundo estava em silêncio. Passei na ponta dos pés pelo espantalho e fui até a entrada crepuscular de carvalho, álamo e bétula, o bolor da serapilheira subindo ao meu encontro. Raios de sol penetravam pela copa das árvores. Samambaias roçavam minha cintura. Abri caminho sobre troncos apodrecidos, os dedos dos pés mergulhando nas manchas de lama deixadas pelas piscinas primaveris.

Na floresta, a bala havia atingido o tronco de um bordo de açúcar. A seiva escorria como sangue açucarado. Caminhei até encontrar aquela árvore. Pressionei o dedo onde ela havia sido machucada. Lambi sua ferida.

Amor, para mim, significava uma bala no tronco de uma árvore: uma doçura que escorre lentamente. Significava aniquilação e paraíso – dois lados da mesma moeda. Significava conseguir o que queremos, quando o que queremos também é a pior coisa para nós. Significava meus pais, que, apesar de todos os terrores que me causaram, também me fizeram acreditar em probabilidades impossíveis.

Quando se conheceram, no início dos anos 1990, meus pais não tinham nada em comum além do fato de ambos morarem em um subúrbio decadente de Boston. Minha mãe tinha um gosto cada vez maior por heroína e cada vez menos apego a seu emprego em um lar de idosos. Ela juntava dinheiro suficiente para dividir o aluguel com alguns colegas e ir a festas na rua Lansdowne. Ela não gostava das pessoas com quem dividia a casa, mas, como me disse uma vez: morar com elas era muito melhor do que ficar com seus próprios "parentes malucos". Ela havia passado os primeiros anos da vida em um orfanato; sua família adotiva, um grupo de católicos severos, esperava uma gratidão que ela não estava pronta para dar.

Meu pai não tinha emprego algum, apenas um quarto na casa do pai dele: uma construção em estilo colonial com piso barulhento, cheia de irmãos e pitbulls consanguíneos. Tendo sido reprovado na escola de tecnologia depois de um semestre, ele se considerava um autodidata, um conhecedor do arcano. A minúcia mascarava o constrangimento de sua própria preguiça; foi um dos primeiros a adotar a Rede Mundial de Computadores. Bloqueando o telefone fixo da família, ele se conectava à corrida do ouro da informação, mergulhando de cara nas areias movediças dos comentários de salas de bate-papo e desenterrando teorias da conspiração com o vigor de um garimpeiro.

É difícil explicar, meu pai me disse uma vez, em um raro momento de nostalgia, como eu me sentia vivo naquele tempo.

É mais difícil, porém, imaginar meus pais se encontrando, muito menos se apaixonando. Pelo que descobri, minha mãe sempre teve namorados, assim como algumas pessoas têm sardas ou dores nas costas. Meu pai tinha uma iguana.

É difícil de imaginar, mas também inevitável, então, imagino o encontro deles assim: por volta da uma da manhã, meu pai está largado diante de uma mesa em seu quarto, o rosto iluminado pela tela de um PC – absorto demais para notar a festa que seus irmãos estão dando no andar de baixo –, quando minha mãe entra no quarto e cai no colo dele. Ela subiu as escadas, bêbada demais para encontrar um banheiro; a luminosidade verde do computador chamou sua atenção. *O que você está olhando?*, ela enrola a língua no ouvido do meu pai, a barba dele fazendo cócegas no pescoço dela. Em seu pânico, meu pai diz a verdade: *Estão dizendo que o pouso na Lua foi forjado.* Minha mãe solta um arroto alto, e meu pai – não querendo que aquela mulher gaseificada de cotovelos afiados vá embora – lista outras conspirações, enfeitando os relatos para evitar que os olhos dela se fechem. *Cai na real*, minha mãe diz. *Você está de sacanagem.* Meu pai balança a cabeça. *Eu sou o homem mais honesto que você vai conhecer.* Sua própria bravata o assusta. Ele diz a ela um endereço da web para acessar, se ela puder ficar online; se quiser saber mais, ela também pode encontrá-lo na noite seguinte no Sonny's, um posto de gasolina 24 horas. *Não podemos nos encontrar aqui*, ele diz, tentando parecer misterioso.

Minha mãe vomita na lixeira dele.

Na noite seguinte, porém, ela para seu carro hatch surrado no Sonny's. Ainda está vestindo o uniforme da casa de repouso e tem um cigarro ardendo na mão como um anel de noivado em brasa. Meu pai já chegou. Estava dirigindo um carro que precisou pedir emprestado, embora não vá contar isso a ela – ainda não. Primeiro, eles param um ao lado do outro, alinhando as janelas do lado do motorista. Minha mãe meio cospe, meio exala no carro do meu pai quando diz: *Fale mais sobre o controle mental do governo.* Os olhos dela têm uma raiva que pode ser confundida com beleza. Ela acende o cigarro, uma faísca quente saltando para o braço nu do meu pai. Ele range os dentes, aperta os dedos dos pés; a dor é boa, embora ele não tenha certeza do porquê. Ele não sabe dizer se ela está zombando dele, se tudo aquilo é uma grande piada. Ainda não sabe que minha mãe sempre se sentiu enganada por poderes superiores, que ela já acredita que há uma conspiração que a afasta de sua vida real.

Tem certeza, diz meu pai, *de que você está pronta para isso?*

Ela tem. Meus pais são os piores parceiros possíveis um para o outro, mas, a partir dali, estão sempre juntos.

Quando meu pai recebeu uma pequena herança inesperada, foi minha mãe quem sugeriu que comprassem um trailer e fugissem de Boston. Nem naquela época eles confiavam nas praias. Não com a usina nuclear Pilgrim, desatualizada e mal administrada, como um alvo fácil em Plymouth. Não com o advento do gráfico do taco de hóquei: prenúncio de um dilúvio bíblico moderno. Não com uma paranoia aprofundada por drogas obscurecendo suas mentes. Meus pais tiveram oportunidades iguais quando se tratava de informações sobre o fim do mundo. As paisagens infernais do dia do juízo final dos televangelistas de rosto vermelho se misturaram às advertências ao nível do mar de ambientalistas cansados, e depois à grave ansiedade dos apresentadores de notícias discutindo o bug do milênio. Então meus pais fugiram para o norte, estacionando durante a noite do lado de fora de Walmarts, antes de procurarem abrigo em acampamentos das Montanhas Brancas. Eles estocavam purê de batata instantâneo, atum enlatado e Ki-Suco – *só por precaução*, eles brincavam, até que deixou de ser brincadeira. Porque em algum lugar na fricção tectônica entre um século e o seguinte, com todo o país aflito com o terror por uma falha de computador, o dano potencial de zeros e uns, eu fui feita.

Eu era obediente quando menina, sempre procurando agradar meus pais. Isso era, em parte, porque eu quase não conhecia mais ninguém. Minha infância envolveu um lento afastamento de outras pessoas à medida que meus pais se tornavam cada vez mais paranoicos. No fim, acabaram se retirando para uma velha cabana de caça na floresta – embora nosso isolamento não tenha acontecido de uma vez só nem de maneira linear. Houve vezes que fui levada ao supermercado com minha mãe como qualquer outra criança. Frequentei a escola primária com um contingente de filhos de trabalhadores de pistas de esqui – embora nenhum dos meus colegas falasse comigo, a menos que fosse necessário. Mais de uma vez, as rações militares que minha mãe mandara para o meu almoço foram sabotadas como pegadinha.

Passar despercebida, aprendi, era uma tática essencial de sobrevivência. Era também o que meus pais muitas vezes esperavam de mim. Durante suas reuniões dos Narcóticos Anônimos, eu era instruída a ficar quieta no fundo da sala. Nessas reuniões, eu me escondia entre as pilhas de cadeiras dobráveis, comendo pacotes de chocolate quente sem água, pegando os cristais de açúcar com o dedo mindinho molhado e chupando. A maioria dos participantes, concluí, tinha expressões de surpresa (mandíbulas frouxas, globos oculares esbugalhados), como se estivesse em estado de choque com a própria vida.

Não sei dizer se meus pais ficaram surpresos com o rumo que suas vidas tomaram. Sei que eles largaram as drogas quando fui concebida, o que sugere uma visão de normalidade. É claro que nada saiu como planejado: minha chegada colocou a decepção em nossa família antes mesmo de ela tomar forma. Minha mãe me queria fora d'O Sistema. Ela queria um parto domiciliar. Ela me queria sem documentos. Havia liberdade, dizia ela, em viver além da esteira burocrática. Não pagar impostos, por exemplo. E eu nunca seria convocada para o serviço militar. Antes de eu nascer, ela se preocupava com as vacinas que a equipe do hospital poderia injetar em meu corpo minúsculo. Temia que eles – quem quer que *eles* fossem – roubassem meu DNA ou me trocassem por outra criança ou implantassem um dispositivo de rastreamento sob minha pele. Meu pai concordou com o plano de parto domiciliar, até que, depois de dez horas de trabalho de parto, com minha mãe sangrando e gritando na banheira, ficou claro que ela poderia não sobreviver sem assistência profissional. Assim, vim a este mundo sob o brilho fluorescente de um hospital. Recebi uma certidão de nascimento e tudo. Minha mãe nunca perdoou meu pai por isso. Quando eles brigavam, ela trazia essa decisão à tona como erro, insistindo que ele havia exagerado em relação ao sangue e aos gritos. Também não sei se ela algum dia me perdoou. Meu nascimento fracassado sugeriu uma cooptação irreparável pela sociedade dominante. Eu poderia ter sido uma coisa pura, completamente deles. Em vez disso, eu já pertencia a outra coisa. Criamos você para ser independente, meu pai me disse uma vez – como se isso pudesse explicar tudo em nossa vida até aquele momento e tudo o que estava por vir.

É verdade que muitas vezes fui deixada à minha própria sorte. Quando menina, usava o bunker de sobrevivência semiacabado dos meus pais como sala de brincadeiras. Descendo para a caverna escura em tardes longas, tentava imaginar os terríveis cenários que meus pais discutiam durante o jantar: surtos de ebola, bombas atômicas, abelhas assassinas. Apesar de todo o meu esforço, minha mente realizava uma inversão. Eu prometia a mim mesma um mundo não devastado por doenças infecciosas, precipitação nuclear e picadas de insetos geneticamente modificados. A terra florescia brilhante e frutífera. Com pouco a fazer ao redor da nossa cabana (e sem vizinhos por quilômetros), minha atenção se concentrava na energia invisível zumbindo no solo, no punhado de gotas de chuva escorrendo pelos pinheiros. O planeta, eu decidi, não pretendia nos trair – era o contrário. Éramos nós que expelíamos produtos químicos no ar, desfolhávamos montanhas de mineração e drenávamos pântanos para construir condomínios. Se o planeta respondia, era para equilibrar a instabilidade que havíamos criado. E ele sempre respondia, porque a natureza sempre esteve lá. Nos momentos em que me sentia mais solitária, a natureza me lembrava do meu lugar dentro de um sistema maior – um sistema em andamento e em constante mutação. No bunker de sobrevivência, eu acariciava o mofo que esverdeava os cantos úmidos. Sussurrava para as larvas que se contorciam nos potes de arroz de emergência. A natureza fazia um lugar para si mesma, e eu poderia fazer um lugar para mim também. À medida que eu crescia e o contato da minha família com o mundo se tornava mais restrito, eu passava tardes inteiras construindo terrários – enchendo potes de conserva com espécimes de plantas que reunia na floresta.

Tínhamos uma abundância de potes graças à malfadada incursão dos meus pais na agricultura de subsistência. Apesar de todo o interesse dos dois em sobrevivencialismo, minha mãe e meu pai eram ineptos quando se tratava das exigências de tal estilo de vida. No meio do processo de enlatar seu primeiro lote de tomates em nosso fogão, minha mãe desistiu, com o rosto vermelho de vapor e frustração. O mesmo aconteceu com a tentativa do meu pai de fazer suas próprias lâmpadas de querosene artesanais. Meus terrários, porém, eu fazia por instinto. Colocava pedras em um pote de conserva, apreciando o tilintar meteórico que faziam contra o vidro. Então adicionava uma camada de areia, uma camada de solo – fazendo minhas unhas coletarem luas crescentes de terra. Depois, instalava as plantas, após vasculhar a floresta para encontrar os espécimes certos: uma muda de pinheiro de dez centímetros com agulhas macias ao toque, a raiz como um bigode longo e fino; um raminho resistente de amora com a frutinha vermelha; um pedaço esmeralda de musgo. Eu espirrava água. E esticava filme plástico sobre a boca do frasco, prendendo a tampa translúcida com elásticos de borracha. Uma vez selado, o terrário tornava-se um universo pertencente apenas a si mesmo. O plástico tenso prendia a umidade, numa condensação cíclica em monções em miniatura. Eu colocava os frascos ao longo dos peitoris das janelas da cabana para observação. Às vezes, eclodiam insetos que esvoaçavam, morriam e tinham o corpo reabsorvido pelo apetite de um ecossistema fechado. Às vezes, musgo subia pelo vidro. Eu gostava de colocar diferentes cenários em movimento, observando proporções variadas de solo, água e luz. Os mesmos ingredientes em diferentes quantidades produziam resultados totalmente diferentes – um princípio básico, mas que me permitia, quando menina, imaginar que minha realidade era uma entre muitas. Que havia outras versões de mim.

Por um tempo, pensei que me tornaria cientista quando crescesse. Imaginava meus terrários se tornando grandes experimentos. Eu me via manuseando béqueres efervescentes e vestindo um jaleco branco como um dente. Em meus cursos online de ensino domiciliar, porém, eu tirava apenas notas médias nos conteúdos de ciências. E minha mãe era cética em relação à profissão.

A tabela periódica, ela dizia, não vai te salvar quando...

Minha mãe soletrava as iniciais de "a merda bater no ventilador". Embora ela e meu pai muitas vezes descrevessem, em detalhes lúgubres, cenários de colapso social, ambos faziam questão de não dizer palavrões na minha frente.

Meus pais eram lógicos? Não eram. Eles se preocupavam com os poluentes atmosféricos intercontinentais, mas fumavam sem parar.

De qualquer forma, eu tinha meus terrários. Eles me ofereciam a promessa de uma fuga, mesmo que essa promessa jamais tenha sido cumprida. Alinhados ao longo dos peitoris das janelas, os potes de vidro eram destinos que eu podia observar, mas em que não podia entrar. Entrar neles seria arruiná-los. Tirar o filme plástico contaminaria uma realidade perfeita com ar externo, água externa e formas de vida externas. Quebraria o feitiço. Eu só podia admirar, imaginar, proteger. Eu era ao mesmo tempo criadora e exilada. Isso me deixava feliz o bastante.

No entanto, meus terrários não puderam me salvar do que aconteceu algumas semanas antes do meu aniversário de dezoito anos, em uma tarde ensolarada de setembro. Eu estava no bunker de sobrevivência, trabalhando em um terrário complicado (um zoológico arbóreo de folhas de inverno, samambaias e pedaços de musgo xadrez), quando um calafrio me percorreu.

A princípio, pensei que havia ocorrido outro eclipse. Naquele mês de agosto, os Estados Unidos inteiros haviam parado para testemunhar a anomalia celeste: uma piscadela cósmica no turbilhão do cotidiano. Multidões se reuniram em parques públicos, jogos esportivos foram suspensos, canteiros de obras, paralisados. Em Washington, D.C., o presidente ficou na sacada da Casa Branca olhando para o sol com os olhos desprotegidos. Havia fotos dele fazendo isso, com a família estoicamente ao seu lado. Posteriormente, as imagens acompanharam notícias que detalhavam os danos permanentes aos olhos do presidente: sua visão destruída. Mais tarde, as imagens foram banidas, mas não antes de chegarem à maioria dos cantos do globo. O presidente – enfurecido – exigiu que os repórteres fossem punidos por fazê-lo parecer mal. Que os meios de comunicação de massa fossem punidos por enviar as imagens para fora. Que o estado profundo fosse punido por orquestrar tudo. Que a punição fosse aplicada rápida e amplamente por seu infortúnio.

A luz do sol brilhava ininterrupta através da escotilha aberta do bunker de sobrevivência; não havia um segundo eclipse. Tampouco as cinzas de uma explosão obscurecendo o céu – uma possibilidade plausível, dadas as ameaças subsequentes do presidente de bombardear até o esquecimento estados americanos antipáticos.

Tudo estava tranquilo. Mas, pela primeira vez, notei que a escada de madeira que levava para fora do bunker de sobrevivência havia apodrecido na base. Meus pais nunca colocaram os degraus de metal de que haviam falado uma vez. Eles não fizeram muitas coisas. Ao longo do ano anterior, haviam passado de ansiosos, porém funcionais, para paralisados pelo medo. Quando olhavam para mim, era com os olhos turvos de tristeza. Então basicamente pararam de olhar para mim. Pararam de sair de nossa propriedade e mesmo da casa, sobrecarregados por más notícias, factuais ou não: os relatórios de sumidouros de carbono, crimes criptográficos, controle mental do governo, a crise da automação, a briga de egos das nações. Antraz. Illuminati. Ataques de pulso eletromagnético. Leões da montanha.

Meus pais não saíam de casa em parte porque não precisavam. Tínhamos um enorme estoque de comida enlatada. Novos eram os medicamentos que se materializavam pela cabana: comprimidos para ansiedade, injetáveis para depressão, adesivos para dor. Eu os encontrava no fundo de armários e debaixo das almofadas do sofá e, uma vez, na água salobra do tanque do banheiro. Meus pais devem ter encomendado os medicamentos, embora eu nunca os tenha visto serem entregues. Talvez eu tivesse notado se tivesse me esforçado mais. Eu não achava que precisava. Meus pais haviam passado por períodos ruins antes; aquele não parecia diferente. Embora eu tivesse sido submetida a um medo dogmático durante toda a vida, também havia sido protegida. Falava-se tanto de catástrofe iminente que eu não conseguia ver a catástrofe que já estava ocorrendo.

No bunker, o calafrio em meu corpo persistia: meu sangue transfundido por uma corrente elétrica fria. Eu o ignorei – queria terminar o terrário. Em vez de usar uma jarra de conserva, eu havia encontrado uma velha jarra de sidra e, através do estreito gargalo de vidro da jarra, inseri espécimes de plantas como pedaços de um modelo de navio. Fiquei satisfeita com a forma como uma samambaia se debruçou sobre uma fileira de mudas de carvalho: a estranha mudança na escala. Embora meus terrários nunca tenham despertado muito interesse de meus pais, eu acreditava que aquele poderia ser diferente. A jarra de sidra, com sua delicada floresta em miniatura, poderia encher de luz seus rostos desfigurados, lembrá-los de que ainda existiam bolsões de perfeição: mundos intocados pelos horrores humanos.

Fiquei mexendo no terrário até que a luz do sol desapareceu da escotilha aberta do bunker. Talvez, em algum nível, eu soubesse o que me esperava acima do solo. Talvez estivesse ganhando tempo, me agarrando a minha quase felicidade um pouco mais.

Eu só podia fazer isso até certo ponto. Depois de concluir o terrário, selei a jarra e levei-a para fora do bunker a um crepúsculo arroxeado. Do outro lado do gramado, as luzes da cabana estavam apagadas. Isso era estranho, porque meus pais tinham, além dos pesados medos adultos, um medo infantil do escuro. O calafrio em meus membros se transformou em um tremor. Percebi que, se deixasse o terrário cair, o vidro se quebraria. Eu estava prestes a deixá-lo cair. Cheia de areia, terra e pedras, a jarra estava pesada. Segurar firme se tornou importante. Não largar o que eu havia feito: essa se tornou minha principal preocupação, mesmo quando entrei nos confins escuros da cabana. Mesmo quando vi o que vi. Concentrei-me em proteger a jarra de vidro e o pequeno mundo dentro dela. Apertei as laterais do recipiente com tanta força que, no dia seguinte, meus braços doíam com os ecos do aperto. Fiquei sentindo as bordas fantasmas do terrário por toda a semana seguinte, durante a qual estranhos (policiais, membros da família que eu nunca tinha visto) foram entrando em minha vida. Eu me concentrava na dor nos meus músculos enquanto aqueles estranhos expressavam suas condolências frouxas e indiferentes pelo falecimento de meus pais, reiterando "a situação", como se eu precisasse de tudo explicado novamente: o que significava uma overdose, por que eu precisava sair de casa, por que ninguém tinha certeza de para onde eu iria. O tempo se movia ao meu redor em sombras distendidas. A luz do sol atravessava a fileira de terrários no parapeito da janela da cozinha, as manhãs e tardes passando em lentos feixes de luz. É possível que eu não tenha dito nada durante toda a semana. Meu silêncio fez com que meus novos familiares fossem mais gentis comigo do que talvez tivessem sido – embora eu também tenha ouvido trechos de conversas indelicadas sobre meus pais, junto com rumores de ouro enterrado no quintal. Isso explicava a chegada dos irmãos desajeitados de meu pai e suas esposas bronzeadas artificialmente. Eu vira meus pais cavando alguma vez? Eu sabia de algum compartimento escondido, algum depósito, cofres? Quando balancei a cabeça, a decepção de meus parentes se espalhou como um cheiro ruim.

Era estranho ver o rosto dos membros da minha família e ver os meus próprios traços – o mesmo queixo teimoso, nariz arrebitado, cabelo palha – como fragmentos de um espelho quebrado.

Juntos, talvez tivéssemos formado algo inteiro.

No final, ficou combinado que eu moraria com minhas primas, Victoria e Jeanette, no South End de Boston.

Isso vai ser um choque, murmuravam minhas tias quando achavam que eu não estivesse ouvindo.

Quando achavam que eu estava, diziam: As meninas moram em um apartamentinho fofo bem na rua de um restaurante de sushi. Você vai adorar, Willa. Você vai experimentar ter irmãs – e sushi.

Eu nunca tinha comido peixe cru. Os medos dos meus pais incluíam mercúrio, escombroide e salmonela. Nos últimos anos, minha dieta consistia basicamente em seleções do estoque para o dia do juízo final: feijão com vegetais enlatados do dia. Tangerina em calda para sobremesa.

Acostume-se com esse tipo de comida agora, minha mãe disse uma vez. *Você não vai sentir falta das refeições normais quando a sociedade entrar em colapso.*

Do que eu sentia falta, porém, eram meus pais. Sentia falta do toque da mão da minha mãe, sua pele parecendo papel por ser incessantemente esfregada com sabão. Sentia falta dos desabafos do meu pai, do balançar de gelatina de seu pescoço quando ele dizia: *Você acha que a IA está causando estragos agora... só espere para ver.*

Não que eu tivesse sentido aquele toque ou ouvido aqueles discursos nos últimos tempos. Meus pais estavam perdidos nas garras apaziguadoras de Vicodin, oxicodona, fentanil: produtos químicos que, agora eu entendia, mantinham o mundo exterior do lado de fora, inclusive eu. Eu deveria estar acostumada com a ausência de meus pais, disse a mim mesma na solitária viagem de ônibus de New Hampshire a Boston, florestas densas dando lugar a cidades pequenas, depois subúrbios em ruínas, seguidos de um emaranhado uivante de metrópoles: as estradas da cidade dando voltas tão barulhentas com o trânsito que eu tive a sensação de ter sido engolida pelo interior de um relógio.

Na South Station, abracei minha mala de viagem. Minhas tias haviam me instruído a encontrar minhas primas sob uma grande tabela de horários eletrônica – mas tive dificuldade de me manter no lugar contra a implacável colisão de ombros dos viajantes que passavam, o balanço das pastas na altura dos joelhos. O volume deles me surpreendeu. Havia tantas pessoas com tantos programas diferentes. Eu sabia que elas estavam lá fora, aquelas pessoas (eu passava bastante tempo navegando na internet), mas a multidão delas era abstrata, inodora, distante. Depois de anos na floresta, Boston foi um soco sensorial na cara.

Victoria e Jeanette se materializaram. Elas teriam se destacado mesmo que minhas tias não tivessem me mostrado uma foto. Vestindo capas vermelhas idênticas, de cabelos cacheados balançando ao redor dos rostos, a aproximação delas pareceu uma tela dividida – a convergência de duas Chapeuzinhos Vermelhos – enquanto elas se aproximavam e falavam em uníssono.

Ah, coitadinha, elas disseram, colando seus rostos ao meu, como se quisessem me cheirar. Pobre bonequinha.

Um conjunto de dedos hábeis desprendeu minha mão da mala, enquanto outro conjunto deslizou ao redor da minha cintura. Minhas primas se grudaram a cada lado meu em um abraço horizontal. O fluxo de viajantes nos deu um amplo espaço quando Jeanette tirou, da manga da capa, um telefone preso a um bastão.

Nossa prima há muito perdida, ela cantou. Wilhelmina!

O bastão do telefone deslizou de volta para a manga de Jeanette. Ela pegou uma das minhas mãos e Victoria pegou a outra, as duas apertando firme, as unhas compridas pressionando minha pele.

Por aqui, Wilhelmina!, disse Victoria. Vamos mostrar para você...

Nenhuma das duas havia pegado minha mala. Olhei por cima do ombro enquanto elas me puxavam para a saída. A bolsa foi ficando menor, escondida atrás das pernas dos viajantes. Tentei formar as palavras para dizer às minhas primas. A bolsa continha os poucos pertences que eu havia levado da cabana na floresta. Era um elo com meus pais. Quando eles estavam vivos, a mala tinha sido marcada como uma bolsa para quando a MBNV.

Mas o ventilador tinha sido atingido – o pior havia acontecido.

Segui minhas primas até a rua, meu impulso de protestar subjugado pelo trânsito barulhento e o ar poluído. Era mais fácil deixar a mala para lá, pensei. Até dizer a minhas primas que meu nome não era Wilhelmina parecia difícil demais. Eu tropeçava entre elas, abafada por suas risadinhas, primeiro entrando em um veículo que estava à espera, depois saindo dele, então subindo as escadas para o apartamento das duas. Enquanto elas tagarelavam comigo, minha mente vagou de volta para meus terrários – seu luxo coberto de musgo, o arco de samambaias macias como plumas –, de modo que, quando voltei ao presente, descobri que estava nua, sentada em uma banheira com os joelhos colados ao peito, a água tão quente que escaldava minha pele, deixando-a cor-de-rosa.

Boa menina, disse Jeanette. Fique parada.

Minhas primas agora estavam vestindo sedosos macacões pretos. Jeanette colocou as mãos em concha na água da banheira e as levantou sobre a minha cabeça. Meu cabelo caiu sobre meus olhos em um véu molhado.

Queixo erguido, pequena Wilhelmina.

Victoria esguichou um longo fio de xampu na minha cabeça. O frasco guinchou quando ela o apertou, o que fez as duas darem risada. Espuma escorria entre minhas omo-platas em um longo cacho frio.

Você está quase inteiramente limpa, disse Jeanette. Brilhante de limpa. Pronta para...

Um jingle musical soou do outro lado do apartamento. Minhas primas pularam, batendo os braços. Em seus macacões pretos, elas pareciam um par de corvos animados. Elas saíram voando do banheiro.

Continuei dentro da banheira, com a cabeça meio ensaboada. Espuma escorria pelas minhas costas. As paredes do banheiro se erguiam ao meu redor, em bege-claro, exceto por manchinhas de mofo. Um pedacinho de luz do sol penetrava por um pequeno vitral, projetando diamantes vermelhos, verdes e dourados no piso de linóleo descascado. O tráfego borbulhava lá fora. A voz de um homem gritou: Você não pode colocar aí. Quantas vezes eu já disse?

Então, silêncio. Em seguida, uma onda de dor muito intensa e cruel roubou o ar dos meus pulmões. Meus pais estavam mortos. A vida que eu conhecia havia desaparecido. Eu estava em uma cidade aterrorizante com primas que acabara de conhecer.

Talvez eu acordasse, pensei. Talvez Victoria e Jeanette fossem criaturas da minha imaginação.

Reais ou não, minhas primas não voltaram. A água do banho esfriou. A luz do vitral deslizou do chão para o lado da banheira, depois para a minha pele, tornando-me um tom de pedra preciosa, com uma estampa de colcha de retalhos. Belisquei aquelas faixas de luz com os dedos murchos – mas não acordei na minha cama em New Hampshire.

Demorei muito para pensar no que fazer. O banheiro não tinha toalhas. Também não tinha minhas roupas. Depois de enxaguar o xampu do cabelo, saí da banheira e do banheiro para um corredor estreito que levava ao quarto das minhas primas, bem como à cozinha. As capas vermelhas das duas estavam amontoadas no chão perto da porta do quarto. Enrolei-me em uma capa, percorri lentamente o corredor, e as risadinhas das minhas primas chegaram até mim antes que eu as visse: empoleiradas na bancada

52

da cozinha, as mãos enterradas em potes gêmeos de geleia de morango.

Ah, é você, disse Jeanette, lambendo o dedo indicador.

Que fofa, falou Victoria. Ela está experimentando a sua capa.

Já tiramos as fotos com as capas, disse Jeanette, pulando da bancada e estendendo o telefone. Olhe.

Na imagem, os rostos espelhados das minhas primas estavam espremidos em ambos os lados de uma garota de cabelo bagunçado. Uma legenda dizia: *Duas vermelhinhas capturam o lobo*. Era eu na foto, presa entre minhas primas. Mas também não era eu. O olhar da garota-lobo brilhava de excitação, os incisivos espiando entre os lábios mordidos.

Bonita, não é?, perguntou Jeanette.

Toquei meus lábios – rachados e inflamados – e olhei para a foto novamente. Ali estava uma Willa diferente daquela que eu acreditava ser: uma Willa não enlutada, uma Willa não confusa. Uma Willa melhor.

Espere até ver esta foto, falou Victoria, estendendo o telefone.

Rub-a-dub-dub, dizia a legenda. Na imagem, os dedos com unhas longas das minhas primas se estendem até a moldura, a mão de Jeanette segurando a água, a de Victoria agarrada ao frasco de xampu. A banheira não está manchada de limo – parece linda como uma concha –, e eu estou nela: meu rosto, meu pescoço e meus ombros, ensaboados e reluzentes. Uma nova Willa, nascida nesta outra dimensão cintilante, com a cabeça jogada para trás, dando risada.

Por dois anos, morei dentro das fotos das minhas primas. As imagens eram um novo tipo de terrário: portais para os quais eu podia escapar mentalmente. Eu era instalada em kaftans de pele e piscinas infantis da Margarida e ao lado de pirâmides de *cannoli* e em toalhas xadrez de piquenique estendidas sobre a areia pedregosa da Constitution Beach. Nas fotos, sorrio melancolicamente. Mostro os dentes e coloco a língua para fora. Apareço enroscada com minhas primas em sua cama de dossel, todas vestindo o mesmo pijama listrado. Elas devolveram o pijama no dia seguinte, como fazíamos com a maioria das roupas, mas isso não importava. A imagem durava para sempre.

Quando minhas primas me mostravam as fotos depois de postá-las na internet, eu as observava como costumava fazer com potes de conserva cheios de musgo e mudas: me perdendo em realidades perfeitas e paralelas. Nas imagens, eu parecia estar me divertindo, ou pelo menos vivendo um momento interessante. Isso me sustentava, mesmo quando minha fixação gerava provocações das minhas primas.

É algo terrivelmente vaidoso, dizia Jeanette em um tom falso de repreensão.

Você vai apodrecer seu cérebro, acrescentava Victoria.

Pobre Wilhelmina...

Jeanette arrancava o telefone das minhas mãos e o jogava para a irmã. Eu sorria e estendia a mão para pegar o telefone de volta, mas minhas primas brincavam de bobinho comigo, fazendo o telefone passar ao longe das minhas mãos estendidas, saltando sobre as almofadas de futon para pegá-lo antes de mim.

Então elas se entediavam. E, alegres, me devolviam o aparelho. Apesar das advertências irônicas, minha obsessão claramente as agradava.

Eu gostava de agradar minhas primas – gostava de diverti-las, de ser um bichinho de estimação. Não via por que dizer a Victoria e Jeanette que as fotos atendiam a uma necessidade mais profunda que a vaidade. Não via por que lhes dizer qualquer coisa. Instintos residuais de sobrevivência me obrigavam a revelar o mínimo possível: a me misturar, a manter a cabeça baixa, a aguentar firme. Por um bom tempo, jamais contradisse minhas primas ou as questionei. As duas me pareciam impressionantemente mundanas, como ficava claro pelo trabalho delas em uma galeria de arte no South End, onde dispensavam suas brincadeiras ditas com voz de bebê e encaravam impassíveis os clientes ricos que iam comprar quadros. As elaboradas roupas combinando e os silêncios dramáticos das duas deixavam ao menos alguns clientes inseguros o suficiente para desembolsar pelas telas superfaturadas.

Se um cliente faz muitas perguntas, Jeanette me explicou uma vez, nós apenas dizemos que a pintura é "sobre a guerra".

Ninguém pede mais informações, disse Victoria. Funciona sempre.

Minhas primas davam risada; como um par de bandidas apaixonadas, andavam agarradas aos braços uma da outra. Esse vínculo me deslumbrava tanto quanto o conhecimento ostensivo das duas. Apesar de terem nascido com um ano de diferença – Victoria tinha vinte e cinco anos, Jeanette, vinte e seis –, minhas primas cresceram entrelaçadas como gêmeas idênticas. Na escola primária, Jeanette teve um desempenho propositalmente ruim para repetir de ano e ser colocada na mesma sala que a irmã. E Victoria, depois que Jeanette teve o apêndice removido no ensino médio, fez uma cicatriz na própria barriga com uma faca – para horror de seus pais. Minhas primas não se importavam. Elas normalizavam as ideias mais estranhas uma da outra. Quando uma decidia comer alimentos cor de laranja, por exemplo, a outra acompanhava. Com o tempo, esses comportamentos as isolaram dos outros, mas aprofundaram sua conexão. A lealdade inabalável das duas deu a elas confiança para perseguir seus caprichos impunemente. Às vezes, eu voltava para o apartamento e as encontrava carinhosamente escovando os cabelos uma da outra, ambas vestidas de bailarinas. Ou sereias. Ou exploradoras polares. E embora Victoria e Jeanette às vezes tivessem namorados, eles eram convidados para suas vidas principalmente como adereços efêmeros para fotos. Para minhas primas, a verdadeira parceria era de uma com a outra.

Eu admirava essa parceria, mesmo quando me sentia excluída. Era grata a elas por terem me acolhido, grata pelas fotos, que eram a única maneira que eu conhecia de lidar com minha nova situação. *Você está feliz*, eu murmurava enquanto procurava em uma imagem uma fusão, uma conexão, um ponto de entrada entre a pessoa retratada e a pessoa que era eu. *Você está se divertindo*. Essa Willa não havia sido abandonada pelos pais. Essa Willa era amada. Ela sabia como andar pela cidade e falar com os cidadãos; tinha dinheiro e prestígio, um futuro tão brilhante quanto seus olhos.

Na realidade, eu tinha uma cama improvisada no futon das minhas primas. Um emprego que me pagava um salário mínimo em um café chamado The Hole Story, especializado em donuts gourmet. E uma chefe que me chamava de "Garota do Bunker" depois que mencionei minha experiência assando biscoitos de ração militar em preparação para o apocalipse – um erro que não voltei a cometer.

Na realidade, Boston me oprimia. A topografia de tijolos parecia uma lareira gigante pronta para me queimar viva. Eu sentia falta das florestas montanhosas de New Hampshire, do ar puro, dos pedregulhos cobertos de líquen e dos riachos gelados. Os parques não tinham vegetação. Eram cobertos de cocô de cachorro e lotados de corredores. Sem as fotos de minhas primas como meio de fuga, eu me sentiria insuportavelmente solitária, e ainda muitíssimo incomodada, exausta pela dor, mas agitada pela ansiedade, minha energia se espalhando inutilmente junto com o ruído característico das caixas registradoras.

Na realidade, as fotos das minhas primas não eram uma caridade. E minhas próprias primas não eram fadas madrinhas espertas. Para a maioria das pessoas – incluindo seus próprios pais –, Victoria e Jeanette eram extraordinariamente incomuns. O pai delas era dono de uma empresa de remediação de mofo: uma pequena, mas bem-sucedida operação de seis homens no sul de New Hampshire. Eu só o vi uma vez. Pelo que entendi, ele gostava de ter "garotas da cidade" como filhas, ou então ficava feliz por manter minhas primas longe da cidadezinha onde morava, para que elas não causassem mais rebuliço entre os vizinhos. Ele não tinha condições de manter minhas primas com o custo de vida de Boston, mas fazia isso mesmo assim. Também ajudou Victoria e Jeanette a conseguirem seus trabalhos de meio período na galeria, que sofria com vários problemas com fungos. As roupas excêntricas e a autodocumentação das duas eram toleradas pelo galerista distraído que as empregava.

Mas o dinheiro era curto. Se fosse mais atenta, talvez eu tivesse notado a preocupação crescendo sob o capricho risonho de Victoria e Jeanette. Talvez tivesse percebido que havíamos começado a buscar imagens mais arriscadas (penduradas em pontes, de pé em beiradas de telhados de arranha-céus), com minhas primas tentando ser notadas no redemoinho da internet, acreditando que, com a foto certa, seriam colhidas por uma mão invisível e receberiam a oferta de um reality show, o patrocínio de algum produto ou um trabalho como âncoras de notícias. Minhas primas tinham ouvido falar disso acontecendo com outras pessoas. E acreditavam que poderia acontecer com elas. Também sabiam, em algum nível, que isso precisava acontecer – ou algo aconteceria.

Mas eu estava dopada demais com imagens da minha própria felicidade para perceber. Então, quando Victoria e Jeanette me contaram seu plano de se infiltrar em uma festa de arrecadação de fundos na casa de um deputado de Massachusetts, presumi que fosse ser uma expedição fotográfica como qualquer outra.

Não foi. E mudou o rumo da minha vida.

Chegamos à festa tarde, com um porteiro nos conduzindo por um redemoinho outonal de folhas caídas. A casa do deputado era uma mansão gigante em Beacon Hill, grandiosa com candelabros e sofás impecáveis e janelas decoradas como bolos de casamento. Embora nosso atraso tenha ocorrido pelo tempo que minhas primas passaram se arrumando, as duas me arrastaram pelo saguão e por entre os convidados como se tivesse sido eu a responsável por detê-las.

Depressa, disse Jeanette. Temos de ser rápidas...

Minhas primas foram empurrando atendentes do bufê que seguravam bandejas de aperitivos e quase derrubando um enorme arranjo de Ação de Graças que se erguia em um pedestal no solário lotado. A casa cheirava a sopa de mariscos e perfume masculino. Os convidados falavam sobre ciclismo de longa distância; conhecidos em comum; sua preocupação com a próxima eleição – embora não parecessem nada preocupados, mordiscando seus canapés. Alguém, em algum lugar, estava fazendo um discurso. Minhas primas e eu éramos as únicas usando vestidos de cetim e luvas brancas, mas nos movíamos rápido demais para que alguém comentasse.

Por aqui, chamou Victoria, apontando para um corredor. Parece vazio.

Minhas primas tinham conhecido o deputado na galeria. Embora ele tivesse dito a elas que abstração não era sua estética (e se recusado a comprar um quadro), elas o ouviram conversando com um escultor semifamoso que também visitara a galeria naquele dia. Mais especificamente, ouviram o deputado estender um convite para aquela festa.

Mais tarde, eu ficaria sabendo que o deputado estava em processo de reformulação de sua imagem. As velhas linhas partidárias desmoronavam sob o peso de um presidente sem bússola ideológica e com desdém pela legislação codificada. Após a lesão pelo eclipse, o presidente havia formado uma aliança improvável com o movimento pelos direitos das pessoas com deficiência. A aliança não durou, mas os padrões políticos foram abalados. O sistema bipartidário começou a se fragmentar. Políticos se agarraram a plataformas de um único problema como botes salva-vidas, suas reconfigurações acabando por incluir constitucionalistas globais, singularitaristas, feministas separatistas, republicanos verdes, libertários budistas, astroconservadores e até mesmo um grupo famoso que se autodeclarava monarquista moderno e defendia que os Estados Unidos se entregassem ao Reino Unido, de chapéu na mão.

O deputado cuja festa havíamos invadido estava na vanguarda dessa mudança. Ele passara a se autointitular tecnoprogressista, com sua nova plataforma prometendo prosperidade e igualdade por meio da salvação algorítmica. Mas também começara a desenvolver softwares que previam, dentro de uma semana, quando seus usuários provavelmente morreriam. Para suavizar sua imagem, começou a cultivar relacionamentos com "tipos criativos" – poetas de brincos grandes, intelectuais de sobrancelhas duras, muralistas cheiradores de tinta – que, embora não necessariamente o apoiassem, gostavam de ter seus trabalhos financiados. Eles apareciam nas festas ocasionais que ele promovia, sua presença funcionando como um bálsamo moral contra os compromissos do deputado.

Victoria e Jeanette tinham pouco interesse no deputado, menos ainda na moralidade. O que queriam era tirar fotos dentro da casa dele – tentando capturar um "local elegante e de alta classe" diferente de qualquer outro em que tivessem fotografado antes.

Minhas primas me arrastaram de um ambiente a outro, até chegarmos a um escritório em que não havia ninguém, mas que estava lotado de objetos: uma mesa de mogno, um urso empalhado, um divã bem estofado, uma mesa de centro elegante, um abajur cristalino, prateleiras com livros encadernados em couro e instrumentos cartográficos, um globo antigo sem vários continentes. As paredes eram pintadas de azul-marinho, decoradas com retratos de pessoas severas usando grandes chapéus pretos e colarinhos brancos. As janelas eram cobertas como rainhas gregas.

Vamos começar aqui, disse Jeanette, o rosto corado pela expectativa.

Olhe para cá, Wilhelmina, falou Victoria.

Tentei fazer como minhas primas instruíram: me esparramei no divã, os pés apoiados em uma almofada. Mas a posição era estranha. A ansiedade das minhas primas também me deixava ansiosa. Meu vestido estava mal ajustado, e uma alça ficava deslizando do meu ombro. A etiqueta me pinicava. Quando tentei me arrumar melhor, um dos meus saltos cortou o tecido da almofada.

Do outro lado da sala, o retrato de um governador colonial franzia a testa. Victoria estava preocupada com a iluminação: Jeanette pegou um sextante e tirou uma das lentes.

Deixa pra lá, disse Victoria, antes de se virar para mim e dizer: Certo, agora tire a nossa.

Ela empurrou o telefone nas minhas mãos. As duas se posicionaram perto das janelas, acariciando as cortinas com os braços. Tirei fotos; minhas primas relaxaram.

Agora fique ali, Jeanette me disse. Pegue de outro ângulo...

Passos interrompidos, junto com o som de uma voz se aproximando.

... e este confirmamos que era um Turner genuíno em abril. Não é o melhor trabalho dele, mas é bom ter. Mas o que eu realmente quero mostrar a você está aqui...

Duas mulheres entraram no escritório. Uma tinha o cabelo louro-mel preso em um penteado perfeito. Sua blusa de seda esvoaçou quando ela gesticulou na direção de uma estante de livros. Que ela era a esposa do deputado – a anfitriã da festa – era evidente. Ela caminhava pela própria casa como se fosse um *showroom*, os saltos batendo como martelos, tentando garantir o interesse da outra mulher.

A outra mulher parecia ser uma participante paciente, embora relutante, do passeio da anfitriã. Ela seguia sem pressa enquanto estudava outros objetos além dos apresentados pela mesma. Estava toda vestida de preto (um vestido solto, um xale, sapatos baixos), como se fosse para um funeral. Seu cabelo também era escuro, cortado com severidade na altura do queixo. Ela segurava uma taça de vinho presa nos dedos como um talismã contra a inanidade.

... como ambos somos descendentes do Mayflower, temos interesse em artefatos coloniais...

A anfitriã não havia notado minhas primas e eu ali paradas, tão imóveis quanto o urso empalhado. Estava concentrada demais em mostrar uma velha folha de pergaminho à mulher de preto.

... achei que você, em particular, gostaria de ver este cartaz do século XVII anunciando uma comunidade utópica nas Bahamas...

A mulher de preto não respondeu. Estava olhando fixamente para um espelho colocado acima da estante, observando o quadro composto por minhas primas e eu do outro lado da sala. Então seu olhar se concentrou apenas em mim. Minhas entranhas se contorceram. Cresci tentando passar despercebida – pelos meus pais, pela sociedade – para não causar problemas. Mesmo com minhas primas, eu andava na ponta dos pés. Eu era como uma peça de mobília para elas. Um adereço. Um brinquedo. Mas aquela mulher me viu e me achou digna de ser contemplada. Eu era mais interessante para ela do que qualquer coisa que a anfitriã tivesse a dizer – a anfitriã, que continuara falando, alegre como sempre, satisfeita em exibir o antigo cartaz, embora seu grito estivesse a caminho. Aproximando-se rapidamente, o grito alterava o sabor do ar como a sensação de mudança do tempo: uma mudança de pressão antes da chegada de uma tempestade.

... não é fascinante? Esta folha de papel compelia pessoas a abandonarem suas vidas e navegarem até a ilha de...

A anfitriã estava se virando, virando, prestes a nos ver, prestes a gritar, chamar outros convidados, chamar a polícia, nos acusar de invasão e destruição de propriedade e quem sabe o que mais, quando a mulher de preto deixou cair sua taça de vinho.

O vidro estilhaçou. O vinho espirrou do chão em uma pequena onda vermelha. A anfitriã deu um grito, primeiro pelo vinho derramado e depois por mim e minhas primas, conforme passávamos por ela, fugindo do escritório e correndo de volta pela festa. Saímos correndo da casa e descemos Beacon Hill até, por fim, diminuirmos a velocidade para uma caminhada entre os carvalhos crivados de fungos de Boston Common. Minhas primas ficavam sem fôlego facilmente.

Ai, meu Deus, disse Jeanette, meio rindo, meio abraçando a irmã.

Pelo menos conseguimos as fotos, falou Victoria.

As fotos, disse Jeanette. Me diga que você está com o telefone, Wilhelmina.

Baixei a cabeça; na pressa de escapar, deixara cair o precioso dispositivo. As fotos que minhas primas tanto cobiçaram ficaram pra trás.

Victoria gemeu e chutou um tronco de árvore podre.

Nós precisávamos daquelas fotos, disse Jeanette.

Como você pode fazer isso com a gente?, pergunto Victoria. Depois de tudo o que fizemos por você?

As duas começaram a chorar. Não entendi. O telefone era caro, mas elas haviam perdido itens caros no passado. Aquelas perdas não haviam causado esse tipo de reação. Eu disse que podíamos comprar um novo telefone. Eu pagaria por ele. Podia fazer turnos extras no café. Quando falei *turnos extras*, minhas primas choraram ainda mais.

A gente deveria ser famosa, disse Jeanette com um soluço. Deveríamos estar em uma mansão. Na TV.

Agora isso nunca vai acontecer, disse Victoria, soluçando mais alto.

Do que você está falando?, questionei.

Foi então que soube que elas logo perderiam o aluguel subsidiado. Os pais haviam decidido que elas precisavam – nós precisávamos – seguir o próprio caminho. Minhas primas estavam sendo desmamadas de seus fundos. Era por isso que estavam tão desesperadas para tirar fotos chamativas; elas acreditavam que a imagem certa as salvaria.

Mais tarde, eu entenderia que a tristeza delas vinha de mais que finanças em declínio. Tratava-se de uma crença fundamental para o vínculo entre as duas: elas eram diferentes, mas de um jeito bom. Eram especiais – destinadas a grandes coisas. No entanto, se estivessem erradas sobre seu inevitável estrelato na internet, poderiam estar erradas sobre muitas outras coisas.

Nas semanas seguintes, pedi desculpas várias vezes por ter perdido o telefone, mas minhas primas transformaram sua frustração em relação à situação em frustração em relação a mim. A afeição risonha azedou e se transformou em provocações maliciosas e regras arbitrárias pelo apartamento: *Wilhelmina só pode usar este prato. Wilhelmina precisa ficar de pé em uma perna só quando fala. Wilhelmina só pode tomar banho em dias que começam com S.*

A dupla também decidiu que eu não teria mais permissão para tirar fotos com elas. Pior, elas apagaram o arquivo online em que eu aparecia.

Mas eu preciso das fotos, implorei, eu...

Minhas primas não cederam. Embora continuasse morando com elas, eu me senti atirada ao gelo. Sem as fotos, fiquei vulnerável a ponto do desespero. As profecias apocalípticas dos meus pais voltaram aos meus pensamentos. Suas conversas sobre demissões em massa, mortes em massa, uma terceira guerra mundial, prisões governamentais secretas eram como uma anticanção de ninar que me mantinha acordada à noite, frágil de desespero durante o dia.

A única coisa que me fazia continuar – que me mantinha viva – era minha lembrança da mulher de preto. Ela havia deixado a taça de vinho cair de propósito, disso eu tinha certeza. Ninguém nunca havia se arriscado assim por mim. Ninguém jamais tinha olhado para mim – para dentro de mim – com uma compreensão tão profunda. Eu não sabia que era algo que as pessoas eram capazes de fazer.

Eu havia encontrado Sylvia Gill, embora ainda não soubesse disso. Eu não sabia que ela me mandaria com passagem de ida e volta para Eleutéria. Não sabia que Eleutéria existia: uma ilha presa na correnteza do idealismo e da exploração, o cerne secreto das Américas. Mas o que eu sabia sobre as Américas? Sobre qualquer coisa? Tudo que eu sabia era que nosso encontro havia me alterado – inexoravelmente. Então, quando minhas primas me xingavam por ter arruinado suas chances de celebridade, quando minha chefe no The Hole Story me chamava de Garota do Bunker sem noção, quando a aflição de viver parecia pesada demais para suportar, eu pensava nela. O olhar experiente da mulher, o aperto de seus dedos na haste da taça de vinho – eu invocava essas afetações em minha mente, imaginando o escritório do deputado girando ao nosso redor, retratos borrados, livros girando, o antigo cartaz balançando em um redemoinho cósmico, nós duas embrulhadas nas vibrações guturais do grito da anfitriã.

Em uma caverna aberta como um grito, em uma ilha no mar, os sermões do capitão ecoavam e expiravam.

A aflição é uma raiz amarga, mas produz o fruto mais doce...

Os colonos assentiam, embora com convicção cada vez menor. Seu capitão havia prometido a eles um paraíso. Eleutéria: uma tela em branco. Uma geografia dos sonhos. No cartaz que colocara em Londres, em discursos proferidos nas Bermudas, ele lhes oferecera uma visão: uma ilha pronta para obras públicas e orações lucrativas e não poluídas. Uma colônia, muito além do domínio estrangulador de uma monarquia atrasada, na qual qualquer homem poderia encontrar um assento no Senado, votar para governador. Eles corrigiriam os erros do velho mundo. Os primeiros colonos seriam os antepassados de uma sociedade justa, suas memórias imortalizadas nas colinas, estradas e cidades que ostentariam seus nomes como estandartes de uma guerra sem derramamento de sangue.

Tudo isso o capitão havia escrito em uma folha de pergaminho, sua promessa santificada em prosa, mas o que ele havia entregado?

A fome, para começar.

Com os suprimentos afundados no fundo do mar, os colonos não dispunham de ferramentas para lavrar o solo, para plantar as sementes que não tinham. Eles enchiam a barriga espetando iguanas. Abacaxis verdes grudavam em seus dentes e embrulhavam-lhes o estômago. À noite, eles se amontoavam na caverna, olhando para estrelas desconhecidas. Quando amanhecia, suavam, cavando covas para seus companheiros. Tropeçavam em anáguas e pantalonas rasgadas, suas orações derretendo em um descontentamento murmurado. Uma mulher bateu a cabeça contra uma pedra até tirar sangue. Outros diziam ansiar pela morte. Todos os insetos esmagados – bichos-de-pé, moscas e mosquitos implacáveis – eram queimados em arbustos para manter os mordedores afastados. O ardor nos olhos provocado pela fumaça pelo menos lhes dava desculpa suficiente para chorar.

A aflição é uma raiz amarga..., mas quando se tornaria o fruto prometido?

O capitão percorria a ilha em busca de uma resposta. Caminhando entre velhos pinheiros, sobre dunas cintilantes e ao longo de penhascos castigados pelas ondas, encontrou montes de conchas de mexilhão colhidas, cacos de utensílios de cerâmica Palmetto. Encontrou ossos – fêmures, costelas, crânios com órbitas oculares derramando areia. Encontrou vestígios do povo lucaiano, que percorrera a ilha navegando de canoa entre as enseadas, caçando pargos e lagostas, que viveu na ilha e morreu na ilha e teve sua própria visão do paraíso – uma vida após a morte entre seus ancestrais da celebração sem fim. Então, quando os espanhóis chegaram com Cristóvão Colombo e mentiram para eles, roubaram o ouro de suas orelhas, escravizaram-nos para obter mais, soltaram os cães em cima deles, os estupraram, os forçaram a mergulhar em busca de pérolas até sua pele se decompor, os tímpanos estourarem e os pulmões se encherem de água do mar, a morte pode ter sido um destino atraente: uma escolha fácil.

O capitão deixou de lado aqueles restos do passado, distraído pelo presente. Talvez a sociedade inscrita naquele cartaz tivesse sido um pouco ambiciosa. Talvez Eleutéria não fosse um quadro tão em branco – a injustiça impregnava o ar à beira-mar, infestada por sua companhia e sua própria alma mortal –, mas de que servia a introspecção quando o estômago roncava? Para enfrentar os dias, anos e vidas à frente, os colonos precisavam de mais do que lembranças desagradáveis e platitudes vazias.

3

A inação é o caminho dos covardes.
ROY ADAMS

O texto ondulava acima de mim como escrita no céu, como uma mensagem do paraíso, uma série de letras maiúsculas pintadas em uma viga do teto para quem estiver deitado abaixo.

Acordei em um catre, dentro de uma cabana de paredes nuas de madeira – não muito diferente da minha casa de infância em New Hampshire. Essa cabana, no entanto, continha prateleiras de suprimentos médicos. Um ventilador de teto soprava ar quente ao redor do ambiente, espalhando um aroma de seiva de pinheiro e desinfetante. As cortinas das janelas estavam fechadas, embora a brisa do mar agitasse suas bordas.

Eu estava no Acampamento Esperança.

O texto na viga do teto era uma citação de *Vivendo a solução*. Minha memória (bastante confusa) se agitou em torno da minha chegada à ilha: a carona de Deron, o misterioso vazio do Acampamento Esperança, a descoberta dos membros da equipe na casa de barcos. E depois?

Inclinei-me para o lado da cama e vomitei.

Desidratação severa, eu descobriria mais tarde. Um toque de insolação também.

Rostos pairavam sobre o meu, diáfanos e intercambiáveis, como nuvens humanoides. Uma massa coesa de camisas polo brancas se desfez, as conversas dos trabalhadores abafadas demais para ouvir – embora, mesmo em meu delírio, eu pudesse detectar um teor de tensão.

E pensar que eu acreditava que eles estavam preocupados que eu pudesse morrer.

Quando as garotas das artes liberais entraram na cabana médica, o dia inteiro havia se passado em uma névoa de murmúrios e termômetros pegajosos. As vozes do trio – as primeiras conhecidas que ouvi – me tiraram de um cochilo confuso, despertando uma lembrança de nosso encontro na casa de barcos.

Claramente estávamos enganadas, disse uma delas.

Foi você quem acreditou nela...

Havia um quórum.

Mantive o corpo imóvel, os olhos fechados. Eu me lembrava de não ter sido inteiramente honesta com o trio.

Adams nos disse que era necessário.

Mas isso não está certo...

As garotas das artes liberais estavam parecendo menos alunas competentes – tiradas de um sereno pátio de um campus universitário – e mais estudantes que haviam ido mal em uma prova. Entreabri os olhos: Dorothy estava ao lado da minha cama, com os braços cruzados firmemente sobre o peito. Corrine torcia o rabo de cavalo em um dedo. Eisa espiava por uma fresta nas persianas.

Poderíamos fazê-la nos contar, disse Dorothy. Existem técnicas para isso.

Não há tempo para orgulho e ego, falou Corrine. E você conhece a ética de...

Ela está acordada?

Fechei bem os olhos quando Dorothy e Corrine se inclinaram sobre mim, a respiração delas aquecendo meu rosto. Eisa disse algo sobre a tarefa de compostagem. O trio discutiu por um minuto, então saiu correndo. A conversa delas ficou pairando no quarto, confusa como um sonho.

Não apareceu mais nenhum membro da equipe – ou ninguém de que eu me lembrasse. Mas minha náusea voltou. No ambiente que ficava cada vez mais escuro, eu tentava entender o que tinha ouvido. Conseguia me lembrar, com grande esforço, de remadas de um caiaque, a luz do sol refletindo nas ondas. Apertei os olhos fechados com mais força. Estava procurando por Roy Adams, mas vi um monstro se erguendo do oceano. Uma alucinação, talvez – ainda que, no caos da memória, não conseguisse manter minhas linhas do tempo em ordem. A viagem de caiaque se fragmentou em imagens de Boston, de modo que não era Adams que se erguia pingando do recife de coral, mas Sylvia. Sylvia murmurou o texto de *Vivendo a solução* e me fez gritar, me sentando no catre, como se, abrindo os olhos, eu pudesse fugir dela, como se ela já não estivesse marcada a fogo em cada pulso sináptico meu.

Os seres humanos não estão dispostos a abrir mão do passado porque não veem futuro. Eles se agarram à amurada de um navio afundando porque não veem outros navios. O oceano é frio e vasto. Apenas um mártir nadaria nele e se afogaria. E, no entanto, a ecossabedoria convencional pede às massas que façam isso e se surpreende quando não o fazem.

Deve haver uma alternativa. Um novo navio, não um bote salva-vidas: uma oferta de salvação que seja ao mesmo tempo familiar e aprimorada. Deve haver a promessa de mais, não menos.

Na manhã seguinte, eu estava me sentindo melhor.

Embora sentisse dor no corpo e houvesse uma pressão atrás dos olhos, eu havia atravessado o limiar invisível entre a doença e a recuperação. Minha mente se esvaziara durante a noite. Arranquei o tubo de soro enfiado na dobra do meu braço e pressionei um dedo no ponto cor de carmim que ficou ali. A pontada de dor me deu uma sensação boa. Eu estava viva.

Enrolando um lençol em volta do corpo, me arrastei até o banheiro. Em um espelho oval, meu rosto reluzia vermelho de sol. Corri um dedo pela ponte do nariz. A ilha havia me tocado, me feito como sua própria paisagem: sofrendo sob o mesmo sol implacável.

De volta à parte principal da cabana, notei um caixote de madeira no chão ao lado do meu catre. Abri a tampa timidamente, depois com entusiasmo apressado. Dentro, havia duas camisas polo brancas, um maiô do Acampamento Esperança, shorts cáqui com bolsos amplos, uma toalha, uma viseira do Acampamento Esperança, chinelos de couro vegano, tênis de couro vegano, shorts esportivos, uma camiseta do Acampamento Esperança, uma capa de chuva, uma pequena mochila bordada com o slogan PRESERVAR E PROTEGER – CONSERVAR E CORRIGIR e uma escova de dentes de bambu.

Meu coração disparou de expectativa. No fundo do caixote, havia uma pasta de papéis: um contrato de permanência como membro da equipe. Meu nome estava impresso no topo. Era bom demais para ser verdade – mas verdadeiro o suficiente para eu segurar em minhas mãos trêmulas. Folheei as páginas em um turbilhão branco, passando os olhos pelos detalhes sobre *restituição de dívida de carbono* e *retenções salariais indefinidas*, rabiscando minha assinatura nas linhas destacadas como se uma caneta sozinha pudesse definir um futuro.

Depois disso, vesti o uniforme: o tênis de couro vegano, o short cáqui e a camisa polo branca. Ajeitei o colarinho.

Sylvia ficaria chocada ao me ver? Um uniforme não significa muito, ela provavelmente teria dito. *Barba non facit philosophum.* Uma barba não faz de ninguém um filósofo.

Uma barba ajudava, no entanto. Estética era tudo no Acampamento Esperança; fazia parte da estratégia traçada em *Vivendo a solução.* Vestida em meu novo uniforme, entrei oficialmente para uma missão maior do que eu. Estava um passo mais perto de tornar minha vida significativa, de provar que todas as vozes negativas estavam erradas. Chega de realidades fantasiadas; eu estava tornando a fantasia real.

Três vezes na minha vida senti uma alegria pura. Aquele momento, na cabana médica, foi uma delas.

```
A mudança radical é melhor quando disfarçada no
Cavalo de Troia da normalidade. Moralidade! O
Acampamento Esperança deve parecer respeitável
e familiar. Uma estética precisa é essencial.
Os uniformes são fundamentais. Foi aqui que ou-
tros movimentos ambientais falharam repetidas
vezes: eles se transformaram em grupos de aber-
```

rações e malucos. Eram vistos como esquisitões sexuais. Como bandos de vadias sujas e perdedores cabeludos.

Isso precisa mudar. Reciclar deve se tornar algo tão americano quanto a torta de maçã; turbinas eólicas, tão patrióticas quanto a bandeira americana. Recrutaremos ex-bombeiros, rainhas da beleza, ganhadores do prêmio Nobel, estrelas do futebol, veteranos condecorados. Queremos admiração de todos os ângulos.

Pense em como há um respeito poderoso neste país pela cultura militar. Vamos usar isso a nosso favor. Vamos mesclar essas ideologias. Queremos ver os Jardins da Vitória em todos os gramados deste país — só que, desta vez, os jardins não serão para lutar contra outras nações. Estarão relacionados ao combate às mudanças climáticas: o inimigo número um deste país, de todos os países.

Se o planeta fosse atacado por extraterrestres, a humanidade se uniria. A verdadeira solidariedade ocorreria.

É Jachi-com-i, disse minha guia de orientação.

Ela me ungiu com um abraço leve sem me tocar, então me chamou para além da porta aberta da cabana médica – uma soleira na qual ela havia aparecido, momentos antes, tão silenciosa e repentinamente quanto o caixote de madeira. Lá fora, o sol da manhã brilhava forte. Assim como Jachi. Como a maioria dos membros da equipe, ela tinha um físico atlético, suas feições eram simétricas de um jeito notável, embora a cabeça raspada e os óculos aviador também a deixassem com uma aparência distintamente insetoide – como um louva-a-deus esbelto –, a semelhança acentuada por sua tendência a unir as mãos enquanto falava.

Temos muito o que discutir, disse Jachi. Muita gente para ver. Venha.

Ela me levou por um caminho de conchas esmagadas que serpenteava pelo complexo. Ao nosso redor, painéis solares reluziam. Uma brisa marítima passava por entre os maracujás treliçados, girando as enormes pás da turbina eólica acima. Jachi apontou para um biodigestor, elogiando suas "bactérias termofílicas hiperenzimáticas". Eu não conseguia parar de sorrir.

Isso me lembra, disse Jachi – virando-se de modo que meu rosto se duplicou no brilho prateado de seus óculos aviador –, espere aqui.

Ela assobiou para dentro de um pequeno jardim. À frente, em uma curva do caminho, um grupo de trabalhadores se aproximou com a cabeça inclinada, conversando. Tinham os cabelos flocados e queimados de quem passa muito tempo em barcos. Carregavam óculos de sol pendurados em cordões ao redor do pescoço ou empoleirados na cabeça como tiaras. Acenei.

Os membros da equipe desviaram para outro caminho, como se quisessem me evitar.

Aqui vamos nós, disse Jachi – voltando com uma lança de babosa na mão. Esmague isso e esfregue na queimadura de sol. Isso mesmo, passe no rosto todo. É o hidratante da natureza.

Outro par de trabalhadores apareceu, recuando ao me ver.

Meu sorriso enfraqueceu – as primeiras pontadas de preocupação erodindo minha felicidade.

Jachi, eu disse. Há alguma coisa que eu precise saber?

Ela suspirou com uma resignação encantada e disse: Ah, você adivinhou. Eu nem sempre fui chamada de Jachi. Você me reconheceu da minha outra vida, como *Jacquelle de la Rosa*.

Ela tirou os óculos aviador com um floreio e piscou graciosamente um par de grandes olhos castanhos.

Na verdade, falei, o que eu quis dizer foi...

Como você deve ter visto no noticiário, Jachi continuou, o pessoal dos direitos dos animais me deu muito trabalho. Como eu poderia saber que a capa era feita de penas de verdade, ou que aquelas aves estavam ameaçadas de extinção? Sim, eu recebi o tratamento completo, com tinta vermelha e tudo. E ao vivo na TV. No entanto, toda aquela provação foi a melhor coisa que me aconteceu. De verdade. Meu relações-públicas me disse para ler sobre crueldade animal – para o pedido público de desculpas e tudo o mais – e, quanto mais eu lia, bem, você sabe como é. Depois que se começa a investigar essas coisas, o mundo vira de cabeça para baixo. Perguntei a mim mesma: o que eu estou fazendo da minha vida? Quem sou eu, de verdade? Não a pessoa que queria ser, certamente. Então Roy Adams me estendeu a mão. Deus abençoe esse homem. Porque aqui estou. Limpa, sóbria, felizmente celibatária. Me sentindo melhor do que nunca. Vou te contar: o Acampamento Esperança é muito melhor que uma clínica de reabilitação.

Assenti, embora não me lembrasse de ter ouvido falar de "Jacquelle de la Rosa". Eu não sabia muito sobre celebridades. Queria poder ligar para minhas primas – elas saberiam tudo sobre ela –, mas aquela vida, junto com todo o resto, havia ficado para trás. Jachi nos levou para mais fundo no terreno, passando por um apiário imponente e um pomar perfumado. Com um sorriso de estrela de cinema, ela gesticulou em direção a um grupo de abacateiros, os galhos carregados de frutas. Ao redor das árvores, seis membros da equipe varriam as folhas em movimentos sincronizados. Jachi explicou que a equipe de Agro incluía um premiado produtor de batatas, um campeão de luta livre e uma modelo especializada em agasalhos resistentes. Ela havia começado a descrever as técnicas agrícolas de baixo consumo de água e alto rendimento do Acampamento Esperança quando um dos membros da equipe olhou para cima e perguntou: O que ela está fazendo aqui?

Apenas sendo orientada, eu disse. Desculpe por...

Interromper?, perguntou o trabalhador. Um pouco tarde para isso.

Outra integrante da equipe atirou o ancinho com que estava trabalhando e saiu pisando fundo na direção do pomar. Outros dois foram atrás dela, enquanto os restantes davam tapinhas nas costas do homem que havia falado. Havia uma lágrima escorrendo em seu rosto.

Eu não tinha interpretado mal a hostilidade anterior dos membros da equipe – eles estavam incomodados comigo, embora eu nem sequer os tivesse conhecido.

Olhei para Jachi em busca de uma explicação. Ela me deu o mesmo sorriso sonhador e apertou as mãos enquanto murmurava que deveríamos continuar. Aquela era sua primeira chance de guiar um tour. E estava empenhada em cumprir o cronograma.

Assim, visitamos as instalações de biodiesel, o pátio de reciclagem e a estação solar do Acampamento Esperança. A cena do pomar se repetiu em novas variações de hostilidade e incriminação – antes de eu suplicar suficientemente a Jachi que me dissesse o que estava acontecendo.

Achei que você soubesse, ela disse.

Soubesse o quê?

O lançamento do Acampamento Esperança, disse Jachi. Ele foi adiado.

Eu a encarei, horrorizada.

Isso é realmente muito ruim, Jachi continuou melancolicamente. Estávamos todos prontos para começar. Tínhamos acabado de terminar uma última viagem de caiaque para formação de equipe até um recife. Adams disse a todos que faria as primeiras ligações para seus contatos na mídia assim que voltasse. Tudo estava no lugar. Todos estávamos treinados. As instalações, totalmente funcionais. Estávamos prontos para nos revelar ao mundo. Finalmente. Estamos trabalhando para esse momento há meses. Alguns de nós há mais tempo. Todo mundo estava na Lua. No Sol e nas estrelas, também. No recife, Adams anunciou que ficaria para trás para um mergulho extra. Ele geralmente faz todas as atividades, todos os exercícios, por mais tempo e com mais intensidade do que qualquer outra pessoa. Ele é como um grande diretor...

Por favor, interrompi. Preciso que você explique o que aconteceu.

Bem, você apareceu do nada, ela disse. Dado o momento, quero dizer, com o lançamento no horizonte, não era chocante que um forasteiro pudesse chegar. E Corrine,

Dorothy e Eisa disseram a todos que você precisava vê-lo – que você era parte de um teste de preparação ou algo assim. E aquelas três sabem ser muito convincentes. Então enviamos você para o recife. Se soubéssemos o que aconteceria, porém, nunca teríamos feito isso...

Apenas me diga.

Jachi engoliu, apertou e soltou as mãos e disse: É difícil dizer, exatamente. Você e Adams estavam sozinhos lá. Tudo o que sabemos é que, quando voltou, ele estava rebocando seu caiaque. Você estava caída sobre ele, desmaiada de insolação. Mas a insolação não era o problema. O problema era Adams. Ele parecia... distraído? Depois de deixar você na cabana médica, anunciou que precisávamos pausar o lançamento enquanto ele pensava sobre algumas questões. Então ele foi para o Centro de Comando. Isso foi há três dias.

O olhar de Jachi flutuou até uma construção octogonal sobre palafitas perto do centro do terreno. Uma escada em espiral levava a uma varanda que circundava seus oito lados envidraçados.

Você realmente não se lembra do que aconteceu no recife?, ela perguntou.

Eu disse a ela que não. Disse a ela que nada daquilo fazia sentido. Eu não conseguia me lembrar muito da viagem de caiaque, mas sabia que nunca teria feito nada para atrasar o lançamento. Nem em um milhão de anos.

Depois da minha terapia de eletrochoque, disse Jachi, minha memória nunca mais foi a mesma, mas ainda me lembro de coisas. Fragmentos. Eles ressurgem.

Você precisa acreditar em mim, eu disse.

Jachi se virou, murmurando algo sobre respeitar Adams e suas decisões, sobre ativistas dos direitos dos animais, babosa e as bênçãos do celibato. Tirou os óculos e esfregou os olhos. Em uma voz nada suave, como se viesse de outra pessoa, disse: às vezes, fazemos coisas por razões que não entendemos.

Lembrei-me, então, de ter assistido a um dos filmes de Jachi: um dramalhão sobre uma mulher que mantém múltiplos casos amorosos enquanto se enrola com um tirano mafioso. No filme, Jacquelle de la Rosa tem longos cabelos acetinados e usa um bustiê enquanto fuma nas varandas. Na penúltima cena, ela atira no peito do amante com uma Colt .45 perolada. Sylvia tinha chamado o filme de propaganda nostálgica em que a violência funcionava como um sedativo para o proletariado oprimido. Mas ela disse essas palavras suavemente, quase docemente, a boca no meu ouvido, a respiração fazendo minha pele arrepiar. Eu não havia me sentido nem um pouco serena.

O lançamento ocorrerá após a finalização da fase de construção do Acampamento Esperança, após a conclusão do treinamento e após a instalação atingir c máximo de funcionalidade. Mantidos em segredo até a fase de "fertilização" de nossa operação, jornalistas, influenciadores, vloggers, apresentadores de talk shows e celebridades selecionadas serão posteriormente convidados a visitar o acampamento, resultando na disseminação de nossa mensagem por todo o planeta. O Acampamento Esperança oferecerá uma sociedade com problemas resolvidos. Não apenas neutra em carbono, mas negativa em carbono. Não apenas coexistente com a natureza, mas ativamente reabilitadora. O Acampamento Esperança mostrará um futuro ambiental que não parece punitivo, mas sim atraentemente libertador. Mais que isso, a "atitude" do Acampamento Esperança catalisará uma mudança nos valores globais. A ação ambiental se tornará algo sexy, mas não sexual; será descolada, mas não intimidante. A ação ambiental provocará desejo e, com isso, mudança.

Que melhor produto de exportação os Estados Unidos podem oferecer do que o desejo? Do que sonhos?

Logo desisti de tentar convencer Jachi – ou qualquer um – de que eu não tivera a intenção de atrasar o lançamento do

Acampamento Esperança, de que eu estava tão confusa e preocupada quanto o restante deles. Embora os setenta membros da equipe viessem de experiências, profissões e localidades diferentes, eles davam uma credibilidade coletiva à causa e ao efeito. E havia um efeito do qual eu era a causa.

Quando o tour de Jachi terminou, tentei sugerir que eu falasse com Roy Adams, visitasse o Centro de Comando, mas Jachi balançou a cabeça.

Só Lorenzo tem permissão para ir até lá, ela disse.

Posso falar com Lorenzo?

Jachi se afastara, distraída por um painel solar.

Eu me encontraria com Lorenzo naquela tarde, porém, quando Jachi me levasse para almoçar no domo geodésico que servia como refeitório do Acampamento Esperança. Entrar na estrutura era assombroso. Painéis em forma de favos de mel filtravam a luz do sol em eixos eclesiásticos. Os trabalhadores percorriam as filas do bufê, enchendo o prato com verduras hidropônicas e fatias de pão de proteína, antes de se servirem de copos de água de coco gaseificada com gás carbônico extraído do ar. Sentados ao redor de mesas hexagonais, eles se inclinavam sobre os pratos e recitavam orações ambientais por crescimento regenerativo e abundância. Quando terminavam de comer, uma estação de limpeza de compostagem garantia que nenhum resto de refeição fosse desperdiçado.

O que não quer dizer que os trabalhadores parecessem serenos. Alguns lançavam olhares furiosos abertamente em minha direção. Outros faziam comentários ásperos aos companheiros de mesa. Quando as garotas das artes liberais me viram, deram as costas, enfiando o garfo com força nos pães proteicos.

De uma forma estranha, esse comportamento me agradou. A frustração dos membros da equipe revelava o compromisso deles com o lançamento do Acampamento Esperança. Eles haviam deixado para trás carreiras e entes queridos porque acreditavam que o complexo salvaria o planeta de uma catástrofe climatológica. Se tudo corresse como planejado, o Acampamento Esperança concorreria ao prêmio Nobel, entre outras honras incalculáveis, mas eu tinha a sensação de que aquelas pessoas não estavam ali pela glória. Eles tinham ido até lá para fazer o bem.

Eu adorava isso neles, mesmo que significasse suportar sua animosidade.

Ah, olhe, disse Jachi. Ali está o Lorenzo.

Apertei os olhos na direção que ela apontava – a estação de limpeza de compostagem do refeitório. Apesar da luz do meio-dia fluindo pelos painéis geodésicos acima, Lorenzo havia se escondido dentro de uma sombra assim como peixes fazem, pairando nas cavidades dos corais. Seu uniforme estava amarrotado, e ele estava com a camisa para fora da calça e o cabelo despenteado. Um bigode felpudo repousava acima dos lábios. Ele mexeu em uma prancheta enquanto seus olhos ricocheteavam ao redor do refeitório.

Lorenzo não parecia ser o tipo do Acampamento Esperança.

Ele não era atraente nem obviamente extraordinário. Ainda assim, era o braço direito de Adams. Era Lorenzo que tinha permissão para entrar no Centro de Comando e se comunicar com o líder que eu estava desesperada para conhecer.

Nem sequer era observador, pois se assustou quando entrei em seu recanto sombrio.

Você precisa de sua tarefa de trabalho?, ele perguntou. Da sua designação de alojamento?

Não, respondi. Quero dizer, vou precisar...

Está quase pronto.

Posso falar com Adams?

Lorenzo mexeu na prancheta, olhou para os pés.

Há um mal-entendido, eu disse. Sobre o lançamento e...

Haverá uma atualização amanhã, falou Lorenzo. Todas as outras informações devem permanecer confidenciais neste momento, conforme as instruções de Adams.

Ele se apressou antes que eu pudesse fazer mais perguntas.

Do outro lado do refeitório, uma mesa de cientistas de tubarões fez uma careta para mim, esmagando verduras hidropônicas entre seus dentes perfeitos.

SDCC, ou Sessões Diárias de Condicionamento Corporal, manterão os trabalhadores fisicamente aptos, conectados ao ambiente imediato e difundindo a inquietação que se desenvolve até mesmo nas sociedades celibatárias mais bem planejadas. Essas sessões começarão com o seguinte Juramento Diário:

> *Para conservar e corrigir,*
> *para preservar e proteger,*
> *dedico-me à Terra,*
> *a cada dia dou meu valor...*

Bom dia!, disse Jachi. Está pronta para o melhor treino da sua vida?

Eram cinco da manhã. Eu havia passado a noite no beliche acima dela, em uma das estruturas que serviam de alojamento para os trabalhadores. Estava cansada, ainda fraca da insolação, mas corri para me vestir, ansiosa pelo dia que viria: uma chance de provar que era um membro da equipe e descobrir como colocar o Acampamento Esperança de volta nos trilhos.

Jachi e eu nos juntamos aos outros em uma praia perto da ponta da península. Com o sol pairando abaixo do horizonte, uma luz púrpura opaca encharcava o terreno. Senti o ar frio na pele. Os trabalhadores circulavam, cumprimentando uns aos outros. Todos usavam moletons verde-claros.

Lorenzo estava um pouco afastado, acenando com sua prancheta. Como isso não conseguiu chamar atenção de ninguém, ele gritou: Tenho uma atualização sobre o lançamento.

Os membros da equipe silenciaram, seus agasalhos se movimentando com a brisa. Mais tarde fiquei sabendo que Adams era quem costumava fazer esses anúncios. Lorenzo estava apenas o substituindo.

Adams manda lembranças, disse Lorenzo, sem fôlego. Diz para mantermos o bom trabalho. Diz para darmos as boas-vindas a nossa mais nova trabalhadora, Willa Marks. Diz para lembrarmos que *autopiedade é egoísmo, e o egoísmo está no cerne da nossa crise ambiental,* conforme consta na página cinquenta e sete de *Vivendo a solução*. Também diz que o lançamento continua adiado indefinidamente...

Um gemido coletivo. Uma saraivada de olhares de canto veio em minha direção. Lorenzo tinha mais a acrescentar, mas os membros da equipe arrancaram seus agasalhos furiosamente. Jogaram as roupas de lado e partiram para a praia, galopando em torno de Lorenzo e quase o derrubando.

Saí correndo atrás deles. A areia fofa dificultava a tração, mas agitei bastante os braços, com o objetivo de me posicionar no meio do grupo. Os rabos de cavalo das garotas das artes liberais balançavam à minha frente. Jachi, com suas pernas compridas, saltava sem esforço à minha esquerda. Os botânicos se misturavam aos meteorologistas, enquanto os especialistas em sintéticos disparavam para a frente. O sol se derramava no horizonte, lançando tentáculos brilhantes sobre a água. O oceano brilhava dourado. O céu florescia rosa. Fui tomada por uma carga de êxtase: eu estava correndo por uma ilha paradisíaca, saudando a manhã de uma maneira maravilhosa.

Trinta minutos depois, meu êxtase havia se transformado em exaustão. Tínhamos corrido para muito além do terreno do Acampamento Esperança, para um trecho acidentado de litoral intocado. A praia se elevava em penhascos rochosos – calcário esburacado ameaçando torcer tornozelos como buracos de queijo suíço – que desciam dez metros até um mar agitado. A temperatura havia subido, mas os outros trabalhadores corriam com facilidade. Eles mantinham conversas completas sobre metalurgia, osmose reversa ou sistemas endócrinos de mamíferos. Jachi fazia comentários alegres sobre as formações de nuvens.

Eu não conseguia responder. Minha respiração rasgava meus pulmões. Meu corpo inteiro doía, a dúvida em mim mesma chacoalhando alto em meu crânio. Os membros da equipe haviam todos sido escolhidos a dedo e avaliados para seus papéis; eu não, e isso estava evidente.

Na frente do bando, uma nutricionista desviou em direção a um afloramento rochoso que se projetava sobre o mar. Seus passos se alongaram, aumentando a velocidade. Ela correu direto para além da borda – para o ar livre – e sumiu de vista.

Os outros trabalhadores a seguiram. Um após o outro, saltavam do penhasco como se para uma ponte invisível: uma estrada que ninguém podia ver.

Isso eu podia fazer.

Correr para o desconhecido – era o que vinha fazendo a minha vida inteira. Então forcei meu corpo a ir mais rápido, saltando sobre o penhasco e agitando minhas pernas no ar sem fim antes de descer em um caos molhado e manchado. A água salgada encheu meu nariz e minha boca. Consegui chegar à superfície, depois nadei, com braçadas forçadas, em direção a uma costa pedregosa a cem metros de distância.

Então vieram cinquenta flexões na beira da rebentação, seguidas por cem abdominais. Mosquitos-palha picavam minha pele. O sol brilhava furiosamente. Quando cheguei de volta à praia do Acampamento Esperança, estava ensanguentada e coberta de terra. Então abaixei o tronco, ofegante.

Os outros trabalhadores se alongaram silenciosamente. Eles puxavam os tendões para trás e se equilibravam em uma perna só como flamingos: um bando maravilhosamente uniforme.

Não houve tempo para pensar – em seguida veio um café da manhã de barrinhas energéticas à base de feijão e bananas quase maduras, e então eu segui para a minha tarefa de trabalho. Antes da minha chegada, grupos de trabalho dividiam as tarefas de limpar banheiros, chuveiros e baldes de lixo. Mas, como nenhuma equipe queria me aceitar, fui nomeada a única integrante de um pelotão de limpeza.

O trabalho era empolgante.

Até mesmo limpar banheiros contribuía para a causa do Acampamento Esperança. Nos dias que se seguiram, eu saía mais cedo das refeições para ir trabalhar o quanto antes. Esfregava vasos sanitários de joelhos, limpando todas as superfícies com vinagre e esponjas marinhas colhidas de forma sustentável. Subia e descia os cotovelos no ar enquanto o suor escorria pelo meu nariz. Eu imaginava que, se os banheiros por todo o Acampamento Esperança ficassem brilhando, os outros trabalhadores reconheceriam meu compromisso.

Ou Adams reconheceria.

Eu me imaginava me virando e dando de cara com ele. *Foi por isso que eu aceitei você como membro da equipe*, ele diria. *Reconheci sua dedicação desde o início.* Nós apertaríamos as mãos, discutiríamos circuitos de transformação de resíduos em recursos e o valor do "esterco humano". Daríamos risada do assunto do esterco, embora também falássemos profundamente sério. Eu mencionaria o atraso no lançamento; abordaríamos o que quer que tivesse ocorrido no recife. O Acampamento Esperança voltaria aos trilhos. O planeta seria salvo de uma catástrofe climática iminente.

Mantenha o bom trabalho, Adams me diria. *O mundo precisa de pessoas como você: pessoas mais fortes que a dúvida.*

Aguardando esse encontro, eu esfregava furiosamente, parando apenas para enxugar a testa ou beber água de coco. Recitava passagens de *Vivendo a solução*. Quando os outros trabalhadores passavam – a caminho de reabilitar recifes de corais, fazer a manutenção de células fotovoltaicas ou transformar plástico oceânico em camisas polo –, eu acenava.

Ninguém acenava de volta.

Então eu trabalhava ainda mais, como se a limpeza de um banheiro pudesse manter o sonho firme, como se encenar *Vivendo a solução* fosse consertar as coisas magicamente.

Uma semana passou voando. Então outra. Minhas horas acordada passavam rapidamente, turvas e muitas vezes desconcertantes. Meu entusiasmo começou a vacilar. As sessões diárias de exercícios me deixavam tensa, dolorida e estupidamente cansada, o que dificultava a minha alegria, especialmente porque os outros tripulantes permaneciam distantes. Eu repreendia a mim mesma por não me lembrar do encontro com Adams – por não me lembrar de algum detalhe que pudesse me ajudar a resolver o problema.

Enquanto isso, a ilha oferecia perigos. No calor tropical, até pequenas feridas infeccionavam, e havia muitas maneiras de se ferir. Fui atacada por águas-vivas nos pés quando entrei no mar para me refrescar. Uma centopeia deslizou de debaixo do meu colchão e picou meu pescoço. Enquanto eu revirava uma pilha de compostagem, um exército de formigas-de-fogo subiu pela minha perna.

Você devia colocar gelo nisso, disse Corrine quando viu minha panturrilha inchada.

O frio reduz a inflamação, falou Dorothy.

Inflamação, disse Eisa, do latim *inflammare*...

Quieta, disse Corrine. Precisamos focar.

Ela e as outras garotas das artes liberais haviam me encurralado em um chuveiro. Embora, na presença de seus companheiros de equipe, demonstrassem distanciamento, em particular, elas me procuravam, buscando extrair informações que pudessem resolver o atraso do lançamento.

Você se lembra de alguma coisa agora?, perguntou Dorothy. Alguma coisa do que aconteceu no recife?

Você teve uma conversa com Adams?, continuou Corrine. O que você disse?

O interrogatório delas prosseguiu até que ficou claro que eu não poderia oferecer nenhuma informação útil. Então ganhei uma função diferente: me tornei uma plateia. As garotas das artes liberais haviam sido trazidas para o Acampamento Esperança para ajudar em seus esforços de comunicação durante o lançamento. Elas tinham o dom da destilação, além de uma necessidade compulsiva de demonstrar o que sabiam. Sem um lançamento no horizonte, estavam explodindo de comentários reprimidos.

Você sabia que as paredes dos chuveiros são feitas de um composto de lixo oceânico?, comentou Corrine.

Recursos oceânicos, disse Dorothy.

As duas olharam para Eisa para ver se ela comentaria sobre a raiz latina da palavra, e, no espaço dessa pausa, questionei se elas já haviam se perguntado sobre Lorenzo. Surpreendeu-me que nenhuma suspeita tivesse recaído sobre ele. Ele era a única pessoa que interagia com Adams.

Duas vezes por dia, ele subia a escada em espiral do Centro de Comando para visitá-lo. E ficava exatamente quinze minutos a cada vez.

E daí?, falou Corrine.

Vocês não se perguntam se ele não está tramando alguma coisa?, respondi.

As garotas das artes liberais acharam isso engraçado. Dorothy pigarreou e entrou em modo palestra: Lorenzo trabalhava com Adams desde o início. Ele ajudara a iniciar o Acampamento Esperança quando não passava de um sonho. Naquela época, a península era um cerrado cheio de lixo, as águas ao redor esgotadas pela pesca dos habitantes locais. Lorenzo ajudara Adams a organizar o pelotão inicial de trabalhadores que erguera a infraestrutura essencial do Acampamento Esperança, trabalhando dia e noite com suprimentos lançados do ar.

Mas Lorenzo é a única pessoa que fala com Adams, eu disse. Ou mesmo...

Isso é para nossa proteção, respondeu Dorothy. Lorenzo não é tecnicamente um membro da equipe. Ele olha a internet, por exemplo, e lê todas as más notícias sobre as mudanças climáticas para que não precisemos fazer isso. Ele lida com as tarefas administrativas chatas. Assim nós vivemos em uma linda bolha. O que é muito importante, porque a depressão era um grande problema nos movimentos ambientais anteriores. Todo mundo era prejudicado pelo desespero...

Ou por *doxing*, disse Eisa. Ou por ameaças de morte. Ou por assassinatos reais.

E os convertidos em potencial, continuou Dorothy, percebem quando alguém está com dúvidas. Quem quer se juntar a um movimento que não acredita em si próprio? O público sentirá nosso otimismo absolutamente honesto quando lançarmos.

A menção do lançamento as silenciou. Apertei minha esponja colhida de forma sustentável, pingando as últimas gotas de solução de vinagre e água no chão. Corrine pigarreou.

É de Jacquelle de la Rosa que você deveria desconfiar, ela disse. Jachi só está aqui porque doou tipo vinte milhões de dólares – o que é ótimo –, mas ela não é exatamente material para o Acampamento Esperança.

O trio esperou minha reação. Mantive a expressão indiferente. Eu sabia que elas também não achavam que eu me encaixava. E Jachi sempre era gentil comigo, ou pelo menos agradável de uma forma amnésica. Durante os quarenta e cinco minutos quinzenais obrigatórios de R&R, ela me ensinou a fazer mergulho livre, dizendo que, quando Adams voltasse, todos iríamos dar uma volta de barco pela ilha – insistindo, também, que o Acampamento Esperança seria lançado em breve. Esse lugar mudaria o mundo. Todos seríamos famosos.

E, no final, ela estava certa – apenas não da maneira que qualquer um poderia esperar.

```
A maioria das pessoas trata das mudanças climá-
ticas com desvio e fuga. Ou seja, elas simples-
mente não tratam das mudanças climáticas. Isso
inclui as massas, bem como os autointitulados
ambientalistas. As massas tornam seu mundo e sua
vida pequenos. Elas adoram celebridades e tra-
balham apenas para manter as velas acesas nas
bordas irregulares do próprio ego. A maioria dos
ambientalistas modernos são profissionais ven-
didos para corporações, adoradores de números,
engravatados que vão de bicicleta para seu em-
prego em escritórios; ou desajustados sociais
sem capital social. Sabe o que importa para um
movimento social? Capital social...
```

Embora Roy Adams não estivesse fisicamente presente no Acampamento Esperança, ele era sempre invocado. Alguns trabalhadores especulavam que ele estava ocupado estudando o Índice de Preços dos Alimentos, os valores do mercado de ações, os preços da gasolina, até que os números atingissem os limites certos. Afinal, a mudança social em massa exigia o contexto adequado. Outros se perguntavam se ele estava jejuando para obter insights e clareza antes do lançamento – uma teoria que cresceu depois que uma nutricionista relatou que Lorenzo havia parado de entregar refeições. Mas nem mesmo os cientistas de dados mais gabaritados estavam acima do folclore. Um meteorologista afirmou que Adams dormia de cabeça para baixo para melhorar o cérebro. Uma entomologista disse ter ouvido que Adams dormia apenas duas horas por noite.

Sabem, disse um hidrobotânico durante uma conversa na hora do jantar, alto o suficiente para eu ouvir, eu fiquei acordado até tarde ontem à noite verificando os bebedouros de agrião, e as luzes do Centro de Comando estavam acesas às duas da manhã.

Ele está tramando algo grande, disse um engenheiro. Sem dúvida.

Outros trabalhadores relembraram como os papagaios raros convergiam nos ombros de Adams durante as viagens ao matagal da ilha; como ele saíra nadando por vários quilômetros depois que uma barcaça de biodiesel tivera problemas. Uma bióloga marinha – reunindo uma multidão ao redor de sua mesa – descreveu como Adams milagrosamente salvara um empreendimento de pesquisa.

Estávamos tentando marcar uma enorme fêmea de tubarão-tigre, disse a bióloga, para que pudéssemos rastrear as populações em recuperação. Mas ela estava com um anzol de espinhel preso em uma guelra e não conseguimos tirá-lo. Então, o animal estava se debatendo e mordendo. Pois Adams, absolutamente calmo, saltou na água com uma isca sangrenta. Deu o alimento ao tubarão com as próprias mãos. O sangue atraiu outros dois tubarões, e ele os alimentou também. A essa altura, o primeiro animal já havia se acalmado. Ele então tirou o anzol e – juro que é verdade – deu um beijo no nariz do animal, um tapa em seu dorso e o mandou embora.

Uma lenda total, disse um especialista solar. Nunca vou me esquecer de quando Adams apareceu no meu escritório em Phoenix sem avisar. Fiquei meio apavorado no começo.

Foi uma semana depois de a empresa receber uma segunda bomba caseira pelo correio. Eu estava a ponto de explodir. Não sabia o que fazer, como continuar. Adams expôs tudo: ia ser difícil, ele disse, não estar em contato com a minha família. Seria como ir para a guerra ou pegar um voo para Marte. Mas, como essas duas coisas, eu estaria servindo ao bem maior. Estaria perseguindo um objetivo maior que eu. Se eu amava minha família, seria capaz de lidar com a falta de contato. E tenho sido. Ou vinha sendo, até recentemente...

Não foi discutida a possibilidade de visitar o Centro de Comando e falar com Adams. Todo o Acampamento Esperança era construído com base em regras calibradas para manter o complexo funcionando sem problemas. As regras eram o que realinhava a sociedade para corrigir suas falhas ambientais. Quebre uma regra, e todo o empreendimento pode entrar em colapso. Então, se o Centro de Comando era inacessível, se Lorenzo era a única pessoa permitida lá em cima, era assim que as coisas eram. Quando Adams emitia uma instrução, ela era seguida. Foi por isso que, apesar da frustração dos trabalhadores em relação a mim, eles nunca tentaram me expulsar do complexo. Eles não eram amigáveis, mas nunca impediram que eu realizasse as tarefas atribuídas a mim. Adams disse que eu deveria ser incluída, e foi o que aconteceu. Os membros da equipe respeitavam demais seu líder para desafiá-lo.

Adams tem em mente o melhor para o Acampamento Esperança, disse um biólogo marinho após outro decepcionante anúncio diário de Lorenzo. O atraso é um teste de nossa resistência antes do grande espetáculo.

Ainda assim, cada dia que o Acampamento Esperança não era lançado se tornava mais difícil de suportar. Mesmo que os membros da equipe não estivessem lendo as mais recentes notícias ruins sobre as mudanças climáticas, todos sabíamos que as coisas estavam piorando. A luz do sol queimava a ilha, fazendo de cada brisa um milagre. O calor lembrava a todos as espécies extintas a cada minuto, as costas engolidas pela elevação do mar, as florestas desmatadas, o metano expelido em uma atmosfera já espessa com fumaça de combustíveis fósseis. Outra marcha não iria parar tudo. Certamente não outra petição. A legislação era fraca e chegava tarde demais. Havia muita gente com muito dinheiro preso ao lixo da Terra.

O lançamento do Acampamento Esperança deve ser tão sensacional quanto o pouso na Lua. Deve ter a grandeza de uma cerimônia de posse. Deve ser tão bom quanto o Quatro de Julho. Porque os americanos farão qualquer coisa por orgulho. Eles gravitam em direção à promessa de mais, não menos. O Acampamento Esperança oferece a faísca para se mover rápido, para colocar a transição em movimento. Para fazer isso global e totalmente. Porque as coisas podem acontecer rápido. Uma imagem ou uma música pode se espalhar pela mente de bilhões em um dia, pode infectar aqueles que ouvem a mensagem. O Acampamento Esperança se moverá na velocidade de uma pandemia.

Como?

Sendo ao mesmo tempo um alvo e um destino. Um produto e um catalisador. O Acampamento Esperança é uma tocha no escuro: um sinal. É um fogo queimando na promessa de um porto. É também o combustível.

Quatro semanas depois de chegar a Eleutéria, acordei de um sono profundo com a lua cheia entrando pela janela do alojamento. Era incomum que eu acordasse no meio da noite. O esforço físico de cada dia me deixava em estado de coma, mesmo nas noites úmidas e pegajosas, mesmo quando os insetos se esgueiravam através das telas.

Abaixo de mim no beliche, Jachi dormia como um cadáver, com as mãos cruzadas no peito. Um leve sorriso pairava em sua boca.

Os outros trabalhadores que compartilhavam o alojamento tinham saído – suas camas estranhamente bagunçadas. Talvez tivesse havido um incidente: um filtro falhando no setor de aquaponia, um vazamento de cisterna. Mas não havia soado nenhum alarme.

Do lado de fora do dormitório, o ar estava enevoado e pegajoso, impregnado de jasmim. Insetos trinavam. A lua pendia baixa e bulbosa, iluminando as lanternas solares que marcavam a teia de caminhos do Acampamento Esperança. No meio do terreno, o Centro de Comando se erguia sobre suas palafitas, janelas brilhando como uma segunda lua, uma joia octogonal, um farol na noite.

Caminhei em direção ao limite do complexo para ter uma visão melhor. Talvez, pensei, eu detectasse a silhueta de Adams: um vislumbre de sua presença prometendo coisas melhores por vir.

Eu não tinha ido longe quando senti cheiro de fumaça.

Com o clima tão quente, tão seco, alguma moita podia ter se incendiado espontaneamente. Ou poderia haver algum problema elétrico. Os cientistas do Acampamento Esperança regularmente ultrapassavam os limites da construção renovável.

Fogo, gritei, esperando que alguém ouvisse.

Uma luz tremeluzia na extremidade da península; corri em direção a ela, tropeçando nas sombras, o cheiro de fumaça cada vez mais forte. Alcançando uma fileira de casuarinas na beira da praia, parei de repente.

Uma fogueira ardia na areia. Sobre troncos que formavam uma pilha enorme, as chamas crepitavam e cuspiam cinzas, iluminando os trabalhadores que se espalhavam pela praia. Risos ecoavam. Um calipso tocava em um rádio movido a energia solar, o som de tambores de aço se misturando ao barulho das ondas do mar. Latas de alumínio eram abertas. Uma garrafa de rum era passada de mão em mão como um bastão em uma corrida rumo à obliteração. Um ornitólogo abriu um pacote de batatinhas fritas comprado em loja. Uma engenheira jogava balas para o ar e tentava pegá-las com a boca, aplaudida por um grupo de especialistas em energia das marés. Nas sombras, um oceanógrafo e uma bióloga marinha estavam encostados em uma palmeira, os membros entrelaçados.

Pela primeira vez em Eleutéria, um calafrio me percorreu. Todo o objetivo do Acampamento Esperança era viver de acordo com princípios específicos – viver *Vivendo a solução* –, e ainda assim, todos ali estavam indo contra os códigos de temperança, celibato e disciplina que manteriam a comunidade em eficiência máxima, palatável para um público amplo quando lançássemos.

Um especialista em energia solar abriu uma caixa de lanternas para um show de luzes improvisado. Um membro da equipe de Agro vomitou em um pé de uvas marinhas.

O frio em meus membros se intensificou – e com ele veio a angústia familiar que eu conhecia desde que meus pais haviam morrido: o rosto dos dois boquiabertos e congelados em nossa cabana na floresta. Meus pais, tão desesperançados diante dos desafios do mundo que desistiram de viver. Cambaleei e me segurei em um galho de casuarina. Alguns membros da equipe notaram o farfalhar das folhas e gritaram perguntando quem estava lá. Os gritos atraíram a atenção de Lorenzo. Ele sorriu timidamente quando um analista de solo bêbado bagunçou seu cabelo. Então se dirigiu na minha direção para investigar.

Quanto doeu perder minha ilusão sobre os outros trabalhadores? A decepção me apunhalou: gelada e afiada. Eu sabia que precisava falar com Roy Adams. Precisava que o líder do Acampamento Esperança me garantisse que *Vivendo a solução* era o que ele dizia ser – que ainda poderíamos fazer o que todos havíamos ido até lá para realizar.

Lorenzo se aproximou. Ele olhou pela escuridão até encontrar meu rosto.

Marks...

Eu já estava correndo. Voltei atabalhoada pelo Acampamento Esperança, tropeçando em carrinhos de mão, unidades de captura de carbono e bananeiras. Ouvi passos atrás de mim. O tronco branco da turbina eólica parecia uma árvore sem galhos. Desviei dele. Minha respiração gritava em meus pulmões. A voz fina de Lorenzo me dizia para esperar.

Depois de um mês de SDCCs, eu conseguia correr mais rápido do que nunca na vida, mas Lorenzo era inesperadamente rápido. Enquanto eu subia os degraus do Centro de Comando, ele estava no meu encalço. Na sacada, no alto da escada em espiral, ele agarrou minha blusa.

Me solta, eu disse – e me desvencilhei.

Espere, falou Lorenzo. Espere um segundo.

Seu pequeno peito arfava, o bigode tremendo, nós dois parados na frente da porta do Centro de Comando. Ele sacou uma bombinha de asma.

Vou falar com Roy Adams, eu disse. Agora mesmo. Vou entrar.

Mesmo no meu rompante de integridade, hesitei. Apesar de todas as regras do Acampamento Esperança que acabara de ver quebradas, ainda parecia errado que eu mesma quebrasse uma.

Ouça, disse Lorenzo, tentando recuperar o fôlego, as pessoas precisavam relaxar. Elas estavam ficando desmotivadas. Achei que uma festa poderia ajudar.

Você achou?, perguntei. *Você?* E o Adams?

Lorenzo fechou os olhos; inspirou da bombinha novamente.

O que você fez com ele?, questionei. Ele é refém ali dentro?

Sem esperar por uma resposta, passei à força por Lorenzo, agarrando-me à porta do Centro de Comando, me preparando para cada resposta, para o homem que eu viera a Eleutéria para encontrar.

Por favor, disse Lorenzo – mas eu já estava lá dentro.

O Centro de Comando se abria em uma espaçosa sala octogonal. No centro, havia uma escrivaninha em forma de ferradura, sobre a qual estavam o telefone e a conexão de internet do Acampamento Esperança. Havia painéis de controle posicionados ao redor da mesa, junto com detritos da praia – conchas, troncos, uma boia – que faziam o Centro de Comando parecer um cruzamento entre uma casa de praia e uma nave espacial. Ao redor da borda superior das paredes havia um roteiro digital, que anotava a contagem de partes por milhão de carbono, junto com outros números acrescentando ou subtraindo do destino do planeta.

O Centro de Comando não continha Adams.

Virei-me de volta para Lorenzo e perguntei: O que você fez com ele? Onde ele está?

Lorenzo havia murchado completamente; estava agarrado ao batente da porta, um sobrevivente de um naufrágio se agarrando por sua vida. Em um sussurro tenso, ele disse: Não sei. Adams disse que havia problemas que precisava resolver. Disse que não poderíamos lançar o Acampamento Esperança até os problemas serem resolvidos. Ele saiu há três semanas e não voltou.

A notícia se espalhou como fogo selvagem pelas colônias: o capitão havia deixado seu posto. Um homem esfarrapado e de ego ferido, ele navegara em uma pequena chalupa de Eleutéria à Virginia, flutuando entre tubarões e cardumes para implorar por intervenção. Falara dos suprimentos perdidos e da fome interminável, de como – com a decapitação de um monarca, ascende um pior – os exilados das Bermudas engrossavam as fileiras de colonos enquanto a coragem diminuía.

No norte, em Boston, os colonizadores ouviram aquelas notícias com empatia. O assentamento eleuteriano era ambicioso – mas eles próprios não eram ambiciosos demais? Embora tivessem uma orla pantanosa e ruas cheias de lama, imaginavam-se em uma altitude maior: uma cidade sobre uma colina. Tinham cervejarias sem brigas e danças sem toque. Serviços com três dias de duração. Haviam reformado as práticas poluídas de seu antigo país. Sua Inglaterra era Nova.

Os colonizadores de Boston fizeram uma coleta, passaram o balde de esmolas três vezes pelos bancos. A carga foi respeitável – robusta. Para Eleutéria, enviaram uma embarcação com o essencial: caixotes de açúcar e sacos de aveia, machados e pás, munições e colheres de estanho, velas de cera de abelha, lençóis brancos engomados e agulhas de costura de prata. Rede de musselina para proteção contra mosquitos. Redes de pesca. Dois bezerros, um bando de galinhas. Milho da Guiné, sementes de abóbora, ervilha e trigo.

Também enviaram votos de felicidades, como se tais sentimentos pudessem ser plantados, dependendo de colheita futura.

Talvez pudessem ser. Alguns meses depois, o navio fretado voltou a Boston, o porão carregado de pau-brasil. Os colonos eleuterianos, empunhando suas novas ferramentas, reconheceram o imponente mogno, a cortiça e o pinho caribenho da ilha como virginalmente verdejantes. Afundaram a mordida dentada de machados em troncos de árvores mais grossos que um abraço de três homens e saltaram para trás quando a madeira estalou e caiu, explodindo passarinhos no céu e enviando cutias correndo.

Pau-brasil: uma madeira de granulação vermelha, uma raridade. Boa para tingir tecidos e produzir arcos de violino – para vestidos carmesins e sonatas fascinantes. Uma madeira pouco útil em Eleutéria, mas útil em outros lugares. Poderia ser verdadeiramente alquímico.

Foi o que escreveu o capitão dos colonos na carta que acompanhava o carregamento: dez páginas, efusiva. A venda da madeira, ele sugeria piedosamente, poderia ajudar os colonos de Boston a expandirem sua faculdade para o clero.

Harvard, era o nome da escola.

Na cidade sobre a colina, os mercados floresciam e fervilhavam. O pau-brasil rendeu uma bela soma: o maior presente que a faculdade já tinha visto. Os colonos compraram uma segunda impressora, trouxeram um jovem clérigo e depois outro. Cópias ecoaram, foram enviadas, distribuídas. Mais árvores cortadas, descascadas, prensadas. Mais jovens brancos – e depois outras populações – triturados, prensados, apresentados. Todos aqueles médicos e dignitários, aqueles litigantes e bilionários e primeiros-ministros e vencedores do Pulitzer e artistas de Hollywood. Tantos alunos enviados a caminho do poder. Em Boston, eles subiram a encosta antes deles, o crescimento do velho mundo de Eleutéria transformado em uma escada para a elite iminente do Novo Mundo.

4

Universidade Harvard – e pensar que a filha rude dos preparadores do dia do juízo final deslizaria os pés por aqueles corredores com piso de mármore, dedilharia os portões de ferro forjado, caminharia sob os tetos abobadados e os arcos de tijolos. Não em alguma competência oficial. Eu nunca fui admitida; nunca me inscrevi. Ainda assim, a universidade teve um papel significativo na minha vida depois da festa na casa do deputado – meu primeiro encontro com Sylvia.

Demorou algum tempo para eu chegar a Harvard. Primeiro, passaram os intermináveis meses de inverno, quando eu fazia pouco mais que ficar deitada no futon das minhas primas ou fritar donuts no The Hole Story. Victoria e Jeanette continuaram chateadas comigo por ter perdido o telefone delas, embora, ao enfrentarem os dígitos desaparecendo da conta bancária, sua fúria tenha se derretido em um pavor ambivalente. Elas me ignoravam. Isso era pior que ser ativamente punida. A punição ao menos servia como uma distração. Sem a atenção das minhas primas (ou o acesso ao paraíso paralelo de suas fotos), minha realidade se tornou sufocante. Eu era apenas eu mesma: a filha de pais que achavam o mundo insuportável, mas me abandonaram nele.

O que eu ainda tinha, porém, era minha lembrança da mulher de preto. Eu sonhava acordada com ela muitas vezes – principalmente durante meus turnos no The Hole Story. Gostava de imaginar que ela me observava como na festa do deputado: o olhar tão implacável e profundo que me desnudou até os ossos. A ideia fazia meus dedos arderem, mesmo na caverna gelada da câmara fria do café. Mais de uma vez, perdi a noção do tempo. Foi preciso um grito de um colega de trabalho para me acordar. No entanto, a mulher de preto estava comigo, sempre. Ela assistia enquanto eu misturava a massa, fritava e decorava os donuts, colocava-os em bandejas – uma sequência que eu fazia repetidamente a cada turno. Minha chefe, Ruby, havia decidido desde o início que eu não era "material de atendimento".

Você já se ouviu falar, Garota do Bunker?, ela questionara. *Não queremos assustar os clientes.*

Então, pareceu um *déjà-vu,* quando, quatro meses depois da festa, levei uma bandeja de mini donuts com creme até a vitrine da frente e vi a mulher de preto perto do caixa.

Canela ou açúcar e canela?, Ruby perguntava a ela. Qual deles você quer?

A mulher de preto não estava vestindo preto, embora sua roupa permanecesse discreta: um longo casaco de tweed, a gola virada para cima. Seu cabelo escuro tinha o mesmo corte curto, ligeiramente desfiado pela umidade das rajadas de neve de março. Seus ombros estavam carregados de sacolas com livros. Ela parecia cansada, embora os olhos continuassem afiados. Ela franziu a testa para as duas rosquinhas de amostra, descontente com a pergunta de Ruby.

Tem diferença?, perguntou.

A voz me causou um choque – o inesperado sotaque britânico – e eu mordi a língua para conter a surpresa.

Senti sangue escorrendo dentro da boca; engoli o gosto de ferro. Eu ainda não tinha colocado a bandeja na vitrine, e Ruby percebeu. *Cai fora,* ela sibilou. Coloquei a bandeja na posição, recuei para além da porta de vaivém da cozinha. Mesmo através da parede, o desagrado da mulher irradiava. Estremeci com o terror e a alegria de nossa proximidade. Havia tanta coisa que eu queria perguntar a ela. Para começar: quem era ela? O que a fizera corajosa o suficiente para deixar cair aquela taça de vinho na festa? O que ela vira em mim que parecia valer a pena salvar?

Corri para a porta dos fundos do café, que levava a um beco atrás do prédio. Se eu fosse rápida, poderia pegá-la quando ela saísse para a rua.

Você *acabou* de fazer seu intervalo, chamou uma colega de trabalho – mas eu saí mesmo assim, as tiras do avental balançando enquanto eu dava a volta no prédio.

A calçada em frente ao The Hole Story fervilhava de gente. Isso foi inesperado; a multidão não estava lá quando eu chegara para trabalhar e não a havia percebido pela janela da frente do café. Aquelas pessoas haviam se reunido ali de repente e do nada. Elas gritavam e socavam o ar. Uma bola de neve foi atirada no alto. Um protesto instantâneo, eu perceberia mais tarde. Era a única maneira de as pessoas continuarem a se manifestar, com as novas leis contra grandes aglomerações. Essas leis não me interessavam – pelo menos não naquela época. Eu queria encontrar a mulher. Procurei na multidão, empurrando os manifestantes que estavam posicionados ombro a ombro, gritando e cantando palavras de ordem, os rostos borrados pela neve fininha. Ao longe, uma sirene soou. Eu me abaixei para evitar o canto quadrado da placa de protesto de alguém, me esforçando para localizar a mulher, a palavra *espere* subindo na minha garganta – como se ela fosse saber que precisava ouvir.

Talvez ela soubesse. Que ela tivesse aparecido justamente no The Hole Story era uma coincidência significativa. Havia padarias por toda a Boston – padarias melhores –, e Sylvia era uma mulher perspicaz. Não tinha motivos para visitar aquela fábrica de gordura do South End, não quando morava e trabalhava do outro lado do rio, em Cambridge.

Ou havia uma razão, mas eu nunca teria acreditado.

As sirenes chegaram mais perto. A luz vermelha e azul manchou a neve. Tão rapidamente quanto se formara, a multidão se dispersou. A calçada clareou com a rapidez de uma cortina de palco, revelando a mulher de preto meio quarteirão à frente, o casaco com as bordas esvoaçando enquanto ela se afastava. Eu a chamei – tarde demais. Uma van parou em um ponto de ônibus, e ela entrou. A porta se fechou. A van desapareceu no trânsito, mas não antes de eu ser tomada por uma onda de esperança. Na lateral do

veículo brilhava um escudo carmim que até eu pude identificar: a insígnia da Universidade Harvard.

Podemos conversar?, perguntei às minhas primas mais
tarde naquele dia.

Elas estavam enfiadas na cama, com as persianas fechadas, embora fossem duas da tarde. Nenhuma delas estava
maquiada – e, sem os esforços intencionais para se homo-
geneizarem, seus rostos pareciam menos gêmeos. As sobrancelhas mais grossas de Victoria ondularam em uma
aquiescência sem esforço. Jeanette fechou bem os olhos de
cílios longos.

Sei que vocês ainda estão chateadas comigo por ter perdido o telefone, eu disse. Mas acho que tenho uma ideia de
um novo lugar para tirar fotos. Talvez até um lugar melhor.
Vocês disseram que queriam fotografar em algum lugar
elegante. E se a gente fizer fotos em Harvard?

Prendi a respiração; eu não estava acostumada a fazer
propostas, mas a possibilidade de encontrar a mulher de
preto me deu coragem – ou pelo menos coragem o suficiente para pedir ajuda às minhas primas para acessar
uma região da cidade tão estranha quanto a Lua. Eu ainda
não tinha coragem de explorar novas áreas por conta própria; não tinha certeza se poderia ser presa por invasão.
Minhas primas, porém, tinham um talento especial para
entrar em locais para os quais não haviam sido convidadas.

Minha proposta assentou. Jeanette abriu os olhos;
Victoria entortou o pescoço, a perspectiva de um empreendimento fotográfico as reanimando como cordas de
marionetes.

Em seguida, ambas se largaram.

Mesmo que não estivéssemos bravas com você, disse
Jeanette, ninguém gostou de nossas fotos o suficiente para
nos dar um reality show ou mesmo um pequeno acordo
publicitário.

Não adianta mais, falou Victoria.

Talvez desta vez, eu disse. Eu poderia...

O que precisamos, disse Victoria, é encontrar maridos ricos.

Caso contrário, ficaremos sem dinheiro em um mês.

Até mesmo os móveis são alugados, declarou Jeanette em tom taciturno. Até esta cama. Mal vamos conseguir sobreviver. E o papai nem se importa. Ele diz que está na hora de a gente caminhar com as próprias pernas.

Mas não teremos nem onde caminhar, disse Victoria.

Perguntei se elas poderiam trabalhar mais na galeria. Minhas primas reviraram os olhos com desdém oligárquico.

Volte quando tiver ideias úteis, Wilhelmina, falou Jeanette.

Derrotada, me virei para a porta – e então outra ideia me ocorreu.

Em Harvard, eu disse, provavelmente há muitos maridos em potencial.

Minhas primas olharam para mim através da luz fraca do quarto. Pela primeira vez em muito tempo, elas espelharam sorrisos idênticos.

Fomos ao campus em abril.

A interpretação de moda universitária das minhas primas incluía cardigãs sobre camisas sociais, tênis, tiaras, saias curtas e meias até o joelho. Como de costume, as etiquetas das roupas permaneceram escondidas para que pudéssemos devolvê-las mais tarde.

Logo não vamos mais precisar fazer isso, disse Victoria. Não se o plano funcionar.

Minhas primas carregavam uma pilha de livros com "QUÍMICA" escrito na lombada.

Tudo que precisamos fazer, explicou Jeanette, é deixar esses livros caírem em um lugar público. Um pretendente em potencial vai aparecer para ajudar.

Victoria assentiu com a cabeça, acrescentando: Já vimos essa tática ser bem-sucedida em vários filmes.

Os portões de metal do pátio de Harvard estavam abertos. Entramos rapidamente, minhas primas narrando a conclusão inevitável da expedição: elas encontrariam irmãos ricos, como os gêmeos remadores que deram a ideia para o Facebook – só que elas aconselhariam os irmãos a não venderem. Os irmãos ficariam profundamente gratos. Os quatro se casariam e se mudariam para uma enorme mansão duplex com quadras de squash, cordeiros clonados vagando pelos gramados e mordomos robôs servindo a todos os seus caprichos. Minhas primas caçariam codornas em balões de ar quente. Seriam convidadas a estrelar um reality show sobre esposas ricas com problemas sem importância, mas emocionalmente significativos.

Eu as escutava de modo parcial, minha atenção voltada para o fluxo de pessoas se movendo entre os majestosos prédios de Harvard. O campus era mais vasto e mais movimentado do que eu esperava: uma cidade, praticamente. Com o clima de primavera no ar, havia grupos circulando pelos caminhos, turistas tirando fotos, um homem digno conversando com uma equipe de filmagem, trabalhadores carregando cadeiras, estudantes marchando com a expressão determinada. Eu nem tinha certeza se a mulher de preto estaria ali.

Que tal eles?, perguntou Jeanette, apontando para vários possíveis pretendentes jogando frisbee.

Nada mal, falou Victoria.

As duas partiram em direção a eles, mas eu fiquei parada. Pela primeira vez, tinha minha própria programação. Se eu encontrasse a mulher de preto, ela poderia explicar o que fizera na festa do deputado. Eu poderia passar algum tempo perto de seu equilíbrio e de seu poder, que talvez passasse um pouco para mim. Eu também poderia enfrentar todos os obstáculos com rapidez e bravura.

Encontro vocês mais tarde, disse às minhas primas. Vou ver o que tem lá dentro.

Apontei para um prédio de tijolos com enormes colunatas marcando a entrada. Elas arrumaram a pilha de livros nos braços.

Que seja, Wilhelmina, falou Jeanette. Você só vai encontrar nerds indo para a aula.

Boa sorte, disse Victoria. Espero que seja um nerd rico.

Acenei me despedindo, depois segui uma fila de estudantes subindo uma série de degraus baixos em uma entrada bem iluminada. Nunca me ocorreu dizer às minhas primas por que eu de fato queria visitar o campus; às vezes me pergunto o que poderia ter acontecido se eu tivesse feito isso. Mas a tensão entre nós havia se dissipado apenas recentemente, e eu estava acostumada a manter minha vida íntima comigo mesma. Desacompanhada, eu me movi com os alunos percorrendo os corredores do prédio: subi uma escada e segui por outro corredor, tão focada em encontrar a mulher de preto que entrei direto em uma sala de aula.

A porta se fechou atrás de mim. Os alunos se sentaram nas carteiras. Na frente da sala, um homem de cabelos desalinhados me olhou com raiva, como se eu fosse uma erva daninha.

Mais uma, disse. Meu Deus...

Congelei, sem conseguir fugir enquanto o homem se movia em minha direção. Senti o suor escorrendo pela minha pele. Minhas primas jamais se dariam ao trabalho de pagar minha fiança se eu fosse presa por invasão de propriedade.

O que eles estão pensando?, perguntou o homem. É o que eu quero saber. Enviar alunos potenciais para uma turma de estatística de nível superior é um absurdo.

Desculpe, eu...

Você pode se sentar, disse o homem. Agora que já está aqui.

Deslizei para a mesa que ele apontara. A aula começou. Depois de dez minutos de pânico, esqueci que não pertencia àquele lugar. A aula envolvia gráficos ondulando em slides projetados. O homem de cabelos desalinhados usava a palavra *exponencial* com frequência crescente. E também *variabilidade*. E *intervalo*. Eu não entendi muita coisa, mas gostei da sensação de que o universo se encolhia ao tamanho daquela sala: um esforço para quantificar o que, de outra forma, era misterioso. Quando a aula acabou, resisti à vontade de aplaudir.

Da próxima vez, disse o homem de cabelo desalinhado enquanto eu me demorava na porta, peça para mandarem você para um curso de primeiro ano.

Sorri para ele e segui em frente, passando por auditórios e salas de aula. Cada ambiente parecia uma câmara sagrada: paredes com slides piscando e cheias de coisas escritas. E pensar que aquilo vinha acontecendo durante todo o meu tempo em Boston – durante toda a minha vida. Não encontrei a mulher de preto, mas cresceu a minha certeza de que ela estava em algum lugar do campus de Harvard; em uma daquelas câmaras, ela também desvendava os enigmas do universo.

Quando finalmente encontrei minhas primas, elas estavam atiradas em um banco do parque.

Deixar livros caírem foi uma má ideia, disse Jeanette quando me viu.

A única atenção que recebemos, completou Victoria, foi de uma bibliotecária perturbada.

Victoria e Jeanette declararam a excursão um fracasso, mas eu continuei voltando a Harvard. Havia descoberto que não precisava das minhas primas para explorar lugares desconhecidos. Enquanto a primavera descongelava a cidade, eu explorava o campus – vagando pelos grandes prédios de tijolos e por maravilhas arquitetônicas de vidro – procurando pela mulher de preto. Quando era preciso apresentar identificação, eu dizia que havia perdido a minha. Ou esperava por uma porta aberta. Ninguém suspeitava que uma garotinha branca vestindo um suéter carmim formal fosse capaz de cometer um crime. E se alguém olhava para mim duas vezes, eu dizia que era uma "potencial". Era uma palavra mágica. Eu era mandada embora de modo educado ou casualmente convidada a observar os procedimentos.

E observei muita coisa. Embora encontrar a mulher de preto fosse meu objetivo principal, acabei absorvendo um fluxo constante de conhecimento da proeminente universidade americana. Era relaxante assistir a palestras na faculdade, tanto pelo conteúdo quanto pela atmosfera. Eu gostava de ver a caneta dos outros alunos rabiscando simultaneamente – como uma centena de sismógrafos, sacudidos pelo conhecimento. Gostava do tamborilar dos dedos digitando. Gostava de mergulhar no silêncio dos auditórios, da quietude pouco antes de um professor subir ao pódio. Fui a aulas sobre disfunção mitocondrial e supernovas e sobre as peças mais obscuras de Samuel Beckett. Muitas vezes não entendia o material, mas saboreava a sensação de informações se acumulando em meu corpo, preenchendo-me desde os dedos dos pés.

Então eu vi a mulher de preto novamente e meu mundo inteiro deu uma guinada.

O mundo, é claro, estava fora do eixo fazia algum tempo. Nos Estados Unidos, a frequência de protestos instantâneos aumentava a cada dia. Muitas vezes em resposta a um evento específico (um jornalista preso, um tiroteio injusto, o fechamento de uma biblioteca, a abertura de um restaurante, um episódio de programa de televisão), esses protestos podiam também ser apolíticos: uma manifestação apenas pela manifestação. Enquanto isso, autoridades estaduais e locais se debatiam nas águas fervilhantes das preocupações dos eleitores. Fragmentos de terceiros se multiplicavam à medida que os políticos tinham dificuldade para se alinhar com os alvos móveis de influência. Ninguém tinha certeza se o poder do presidente estava crescendo ou diminuindo, se suas ações imprevisíveis sinalizavam o fim da democracia ou estertores de morte autoritários antecedendo sua remoção. Uma série de mandatos executivos, como aquele contra grandes aglomerações, havia estrangulado os direitos dos cidadãos – supostamente por segurança. Isso aumentou as tensões em todo o país, a perspectiva de criminalidade involuntária percorrendo a população como uma praga invisível.

Enquanto isso, uma praga real, descongelada do permafrost siberiano, causava estragos na Rússia. A escassez global de água havia começado, assim como contaminações locais da água. Um dia, Jeanette ligou o chuveiro e foi encharcada com um spray vermelho que as autoridades da cidade não conseguiram explicar. As más notícias eram anunciadas com uma constância sombria – e, no entanto, pelo menos em Boston, essas notícias eram esquecidas com igual regularidade. Por mais difícil que tudo tivesse se tornado, as pessoas olhavam para a frente. Haveria uma eleição naquele outono. A situação era temporária. E também ainda havia dias bons.

O dia em que encontrei a mulher de preto começou como um bom dia. O sol do final de abril deu as boas-vindas a um imenso bando de estorninhos na cidade. Os pássaros desceram sobre a cidade como uma nuvem negra viva. Eles se agitaram e ondularam em uma cadência coletiva, se estabeleceram em massa em telhados e bordas de edifícios, cobriram prédios inteiros com plumagem escura antes de explodir em direção ao céu.

Até não fazerem mais isso.

Por volta do meio-dia, os pássaros caíram do céu como uma chuva de penas. Seus corpinhos bateram forte em para-brisas, calçadas e bancos de parque, mergulharam no rio Charles. Eles não se reanimaram e voaram para longe. Mais tarde, fizeram testes de gripe aviária, mas nada foi identificado. Alguns diziam que as aves tinham sido eletrocutadas. Outros especulavam ter havido colisão de tráfego aéreo. Ou janelas de arranha-céus: a Hancock Tower havia sido limpa recentemente? Também se falou em asfixia, com a fumaça dos incêndios florestais nos Apalaches explodindo na Costa Leste, saindo por Cape Cod como se por um escapamento.

Ninguém sabia ao certo. Ninguém saberia com certeza. As mortes seriam rotuladas como misteriosas: mais uma tragédia para enfiar em um canto de nossa mente. Eventos de mortalidade em massa eram tratados como anomalias – estranhos como avistamentos de OVNIs – no lugar do que eram de verdade: um padrão, uma série, uma sequência que leva ao indizível.

Eu tinha visto os estorninhos vivos por uma janela durante meu turno no The Hole Story. Quando meu turno terminou e peguei um ônibus para Cambridge, passei por equipes de limpeza jogando os pássaros em sacos plásticos. Senti uma pulsação de desespero – mas ela desapareceu assim que entrei pela porta de trás de um auditório em Harvard. O curso era novo para mim. Chamava-se A Origem do Movimento e era ensinado em equipe por um coreógrafo, uma socióloga e um astrofísico. Como de costume, caí no consolo sonolento da informação. O coreógrafo narrou uma série de slides – o mundo exterior domado por números, teorias e correlatos objetivos –, e meus olhos começaram a se fechar. Então uma voz familiar inundou a sala.

Encorpada, mas clara, modulada por um sotaque britânico, a voz pertencia à socióloga, que havia ocupado seu lugar no pódio.

... Vocês devem se lembrar do estudo fundamental de Durkheim correlacionando amplas forças sociais com taxas de suicídio...

Era a mulher de preto. Inclinei-me para a frente, quase caindo sobre os assentos empilhados do auditório. Lá estava ela: viva como uma chama, mesmo com suas roupas largas e monocromáticas. Ela estava atrás de um pódio feito de madeira de grão vermelho polida. PAU-BRASIL, dizia uma placa do lado de fora do auditório. UMA HOMENAGEM À ILHA DE... A mulher pressionava a ponta dos dedos contra a borda do pódio enquanto falava, como se extraísse energia da superfície – como se a madeira estivesse superaquecida, tropicalmente quente.

Prendi a respiração. Eu a observei colocar o cabelo atrás da orelha. Seus lábios marrons se curvavam formando palavras. Acima dela, a imagem do projetor dizia: CONSCIÊNCIA COLETIVA.

... Durkheim considerava o suicídio uma expressão de disfunção coletiva, em vez de...

Seus olhos percorriam o auditório enquanto ela narrava as maquinações subjacentes da sociedade. Quando o olhar dela passou por mim, tive vontade de gritar, chorar e rir, tudo de uma vez. Não é de admirar que eu tenha me sentido tão reconhecida na festa do deputado. Aquela mulher era capaz de perceber as forças maiores que moldavam um indivíduo; ela podia ver o que era invisível para todos os outros.

Devo ter me perguntado em voz alta quem ela era, porque uma estudante de verdade – de cardigã, com dois laptops abertos ao mesmo tempo – virou a cabeça, como se tivesse esperado a vida inteira para responder.

É Sylvia Gill, disse a estudante. Quem mais poderia ser? Ela é boa, com certeza, mas, para ver a coisa toda, você precisa fazer o curso de Lombard sobre Anatomia da Tirania...

Sylvia Gill.

Rolei o nome na boca, os dentes raspando meu lábio inferior com cada *via*. Quando o astrofísico subiu ao pódio e começou a falar sobre termodinâmica, estiquei o pescoço para ver onde a socióloga havia se sentado. Em breve, eu falaria com ela. Repeti seu nome baixinho, o último terço da palestra se estendendo interminavelmente, até que, por fim, o astrofísico terminou. Todos se levantaram, guardando seus pertences e olhando para seus telefones. Os alunos desceram os degraus do auditório. O espaço tornou-se ruidosamente barulhento e de alguma forma mais lotado, e eu estava tremendo.

Do meu ponto de vista na fileira de trás, observei a professora Gill recolher suas inúmeras ecobags. Perto dali, o coreógrafo demonstrava alongamentos de tríceps. O astrofísico não conseguia encontrar seus óculos. Os alunos circundavam seus professores como tubarões.

Flutuei pelos degraus do auditório. A boca da professora Gill se aguçava nos cantos conforme os alunos elogiavam sua palestra. Ela aceitava a bajulação como um cheiro agradável: apreciava e seguia em frente, sem ser indulgente, mas também não ignorando o elogio. Era mais jovem que os outros dois professores (com trinta e poucos anos), embora tivesse uma firmeza cansada que lhe dava uma seriedade, como se estivesse tão cheia de conhecimento que não era capaz de se mover rapidamente.

Ela era linda também; eu me permiti ver isso. A boca carnuda e os profundos olhos castanhos, a inclinação encantadora de seus membros sob o tecido do vestido. Ela ergueu as ecobags mais no alto dos ombros. Talvez, pensei, eu pudesse carregar as sacolas para ela assim que fôssemos apresentadas adequadamente. Porque, depois que fôssemos apresentadas, e o fio cósmico entre aquele momento e a festa do deputado em Beacon Hill fosse esticado, nossos caminhos certamente permaneceriam entrelaçados.

Mais alunos se enfiaram na minha frente e no campo de visão dela – alunos com hálito de hortelã e relógios de pulso, prontos para relatar o que haviam absorvido.

A parte sobre consciência de classe, disse um. Provavelmente a melhor coisa que já ouvi.

A professora Gill franziu a testa, como se alimentar a ideia de uma "melhor coisa" fosse ofensivo. Ela olhou na direção da saída como se fosse um amigo à sua espera.

Eu gostaria de discutir oportunidades de pesquisa..., disse outro aluno. Poderíamos...

A professora Gill acenou com a mão com civilidade entediada e fez um comentário sobre o horário de expediente. Quando se moveu em direção à saída, entrei em seu caminho.

Professora Gill, eu disse. Sou eu.

Ela estremeceu. Estendi a mão de um jeito tímido.

Na verdade, eu disse, não nos conhecemos *oficialmente*.

A professora Gill olhou para minha mão como se eu estivesse segurando uma granada. Seus olhos dispararam para os alunos reais observando nossa troca, então se voltaram para mim. Seu rosto endureceu. Em tom de desdém, ela disse: É o fim do semestre, e você está se apresentando agora?

A galeria de alunos riu.

Você estava naquela festa, falei. Você deixou cair a...

Isso, disse a professora Gill para seus admiradores, não é nem mesmo uma tentativa bem disfarçada de conseguir nota. Esperar até o final do semestre para tentar ser favorecida é uma perda do meu tempo e do seu. Imploro a todos que pensem duas vezes antes de fazer avanços tão imprudentes e ofensivos.

Os alunos de verdade sorriram, condescendentes. A professora Gill ajustou as sacolas nos ombros e saiu do auditório, me deixando sozinha com minha decepção desnorteada.

O ar fresco não ajudou.

Mesmo longe dos estudantes boquiabertos, do lado de fora do auditório, eu me sentia desancorada. Os gramados e caminhos do campus balançavam, instáveis. Havia corpos de pássaros caídos sem vida no chão: estorninhos deixados para trás nos esforços de limpeza. Dois estavam aninhados em uma sacola plástica de compras, como gêmeos dormindo. Mais pássaros jaziam na passarela. Pássaros em um banco. Pássaros nas folhas soltas ao redor dos arbustos. Como eu os havia ignorado? Os estorninhos eram uma das profecias apocalípticas de meus pais que ganharam vida: um trampolim para o apocalipse. Um sinal de que o fim dos tempos estava próximo.

Durante semanas, o campus de Harvard parecera um santuário. Mas aquelas salas de aula – cheias de encantamentos de literatura, matemática e história – não ofereciam refúgio diante do desastre. Minha mãe estivera certa o tempo todo: *A tabela periódica não vai te salvar quando a MBNV.*

Eu queria que minha vida tivesse sentido. Um caminho secreto. Um propósito predestinado. Queria um mundo que não fosse aleatório, caótico, cruel. Queria uma ligação entre a festa do deputado e o momento atual, porque isso sinalizaria que havia um plano maior. Que alguém estava no comando. Que nem tudo estava perdido.

Ninguém estava vindo me salvar, no entanto. Nem a professora Gill nem ninguém.

A melancolia havia cravado os dentes em mim; ela mordia e sacudia. Eu poderia ter saído do campus e entrado direto em um vulcão, um poço de lava, saltado da beira de uma terra plana. Em vez disso, tropecei na Mass Ave e entrei em uma multidão entoando palavras de ordem na Harvard Square.

Um homem de olhos avermelhados se jogou na minha frente.

Você sabia que Harvard é na realidade uma empresa imobiliária?, ele indagou. Um abrigo fiscal para os ricos?

Eu sabia que não devia responder a perguntas feitas por estranhos na rua – perguntas na rua eram uma forma de sermos atraídos para uma situação indesejada –, mas estava tão angustiada que mordi a isca.

Eu acreditaria nisso, respondi.

Mais perguntas continuaram chegando, gritadas acima dos cânticos do grupo: Eu sabia que Harvard havia sido fundada sobre um legado de discriminação e injustiça? Que sua doação fora construída em parte com o comércio de escravizados? Que a instituição fora responsável pela invenção do napalm *e* pela plataforma de mídia social que estava corroendo nossa democracia? Que a universidade investia na extração de combustíveis fósseis? Que comprava direitos de água em comunidades onde os moradores não podiam sequer tomar banho? Que exacerbava a desigualdade de renda? Que formara indivíduos que fizeram coisas indescritíveis? Que a educação institucionalizada era um meio de transmissão de poder, não de libertação? Que o que importava agora, mais do que nunca, era um compromisso com a libertação?

Continuei assentindo com a cabeça, como se soubesse aonde aquilo estava indo. A multidão de pessoas entoando, segurando cartazes e tocando tambores era amorfa, absorvendo os transeuntes – como eu – enquanto pedaços do grupo também se separavam para se fundir com a multidão que se movia pela Harvard Square. Eu estava em um protesto instantâneo; estava em seu núcleo vibrante. Um lugar perigoso para estar e, ainda assim, o caos da multidão abafou o rugido na minha cabeça. Havia um conforto familiar na paranoia acusatória da multidão. Alguém tinha um transmissor da polícia e ouvia com a orelha pressionada no aparelho. *Hora de dar no pé*, ele gritou, e então todos começaram a dispersar. *Tome isso*, disse outra pessoa. Então, uma bicicleta cambaleante foi empurrada em minhas mãos, e eu me vi pedalando com estranhos por uma rua e depois por outra, viajando para além de minhas rotas habituais, mesmo com a luz do dia desaparecendo e o transmissor zumbindo acusadoramente.

Acabamos em um beco. Alguns membros do grupo foram parar dentro de uma lixeira. Então eu estava na lixeira também. Meus pés afundavam em montinhos úmidos, incitando uma avalanche de celofane escorregadio. Eu me equilibrei nas paredes frias de metal, cheias de ferrugem, pegajosas. Não me importei. Estava pronta para ser assassinada, sacrificada a um deus do lixo. A novidade da experiência pelo menos atenuaria a dor da rejeição da professora Gill.

Uma pessoa se levantou do meio do lixo, sua mochila lhe deixando com uma aparência de tartaruga. Seu lábio superior brilhava enquanto ela esticava as mãos para a frente, as palmas segurando uma laranja. Devo ter parecido confusa, porque ela recolheu a fruta e cutucou a casca. O cheiro cítrico tomou conta do ar. A laranja, desnudada, pairava entre nós. Quando balancei a cabeça, a pessoa partiu a fruta ao meio, extraiu um único gomo como uma pequena fatia de lua – uma lua crescente brilhante – e pressionou a carne lunar entre meus lábios.

Doçura; uma estrela explosiva; um golpe cerebral azedo; um beijo na boca. Alegria.

Depois vieram cachos de uvas roxas e pacotes de alface-romana, caixas de cerveja artesanal de Idaho. Uma enorme roda de Parmigiano-Reggiano. Vasilhas de castanha-de-caju sabor Tabasco. Noz-moscada. Buquês de cravos tingidos de azul e amarelo. Sanduíches de presunto cortados em triângulos. Potes de molho. Latas de anchova. Tubos de maionese com ervas.

O grupo recolheu tudo e seguiu adiante, a cidade refeita como um terreno de potencialidades. Eles se moviam como uma ameba, participantes aderindo e desprendendo-se. Minha inclusão foi banal. Nada era esperado de mim, ninguém me perguntou coisa alguma. Eu poderia ter ido embora, mas não quis. Em outro beco, sacos de lixo brilhavam pretos como cetim e gordos como bolinhos chineses. Uma mulher usando óculos fundo de garrafa se arrastou para a frente. Sob o poste de luz, sua faca brilhava como uma barbatana. Ela cortou. A bolsa se partiu. Pães se espalharam. Produtos do dia anterior que não haviam sido vendidos em uma padaria. Biscoitos embrulhados em plástico. Bagels. Croissants. Um derramamento de arco-íris de macarons. As pessoas mordiscavam bolinhos de aveia com a seriedade de grandes conhecedores.

Em seguida, veio uma lixeira cheia de caixas de palitos de queijo vencidos havia apenas um dia. *Essas coisas nunca estragam de verdade*, alguém disse. *É tudo um golpe de marketing para manter as pessoas comprando*. Os transeuntes pairavam ao redor do perímetro, sua trajetória de volta para casa soluçando conforme paravam para observar a escavação. *Libertem-se do condicionamento social. Há comida aqui, e é grátis.* Uma mãe e sua filha pegaram um pão de centeio e punhados de caramelo salgado. Transeuntes sorriam. Outros faziam caretas. Um homem barbudo subiu em uma caixa de leite para fazer um discurso. *O planeta sangra recursos!* Então uma mulher de cabelo rosa também falou: *Chega de escravidão assalariada!* Discursos sobrepostos, misturados. *Não estamos fazendo nada ilegal*, alguém me disse, e então eu estava dizendo às pessoas também: *Nada de ilegal, nada de errado, exceto a vastidão desse lixo.*

Nosso estranho desfile estripava, inspecionava, distribuía. Atrás de uma loja de artigos esportivos, alguém encontrou caixas de bonés de beisebol costurados com o nome de um perdedor do Super Bowl. Os bonés devem ter sido feitos por engano antes do tempo – uma aposta que deu errado. Juntamos os bonés e os vestimos, como um time vitorioso: o inverso da realidade. História reescrita. Erros corrigidos, reparados.

Minhas primas gritaram, os lábios roxos de vinho, os olhos vermelhos e enevoados, quando abri a porta do apartamento por volta das duas da manhã.

Victoria pulou do balcão da cozinha e correu em minha direção – parou a alguns centímetros de distância. Ela pressionou os dedos nas bochechas com força suficiente para deixar manchas brancas.

A gente não sabia o que fazer, ela disse. Você nunca fica fora até tarde. Íamos ligar para a polícia, mas a Jeanette tem aquela multa de estacionamento e...

Está tudo bem, eu disse. Estou ótima.

Onde você esteve?, perguntou Victoria. A gente estava bastante preocupada...

De um saco plástico, tirei uma concha de macarons empilhados como moedas de arco-íris. Coloquei o recipiente sobre o balcão da cozinha.

Victoria arregalou os olhos e se moveu na direção dos biscoitos. Jeanette disse à irmã para esperar, precisávamos conversar, mas Victoria já estava com um macaron rosa na boca. Então Jeanette pegou um também. Apresentei mais itens: laranjas, bolachas de arroz macrobióticas, latas de pinhões tostados. Surpresa e prazer se misturavam no rosto das minhas primas.

De onde veio tudo isso?, sussurrou Jeanette.

Empurrei os pinhões para ela em vez de responder. Tinha a sensação de que ela não queria realmente saber. Ou não precisava. Embora ainda estivesse ferida pelo que tinha acontecido com a mulher de preto, a professora Sylvia Gill, eu estava gostando da sensação de contribuir para a casa na qual eu vinha sendo uma hóspede entorpecida. Gostei de deixar minhas primas felizes. Gostei também da possibilidade de me reconectar com aquela massa de pessoas que se movimentava por Boston em seus próprios termos. O fato de que ela havia me absorvido tão naturalmente tinha de significar alguma coisa. Aquelas pessoas que sabiam encontrar valor nos lugares mais improváveis: elas tinham visto algo em mim e me puxaram para perto. Será que esse algo era coragem? Eu esperava que sim.

Jeanette e Victoria engoliram os pinhões. Percebi que recolher suprimentos também poderia ajudar a resolver os problemas financeiros das minhas primas. Elas estavam chegando ao final de seus recursos, bem como de ideias sobre o que fazer. O último esquema restante das duas havia sido roubar uma pintura da galeria e vendê-la no mercado clandestino – mas ali estava um caminho melhor a seguir, que não envolvia roubo nem maridos ricos de Harvard. Victoria acariciou meu ombro e suspirou satisfeita. Jeanette me deu um beijo na bochecha.

Pequena Wilhelmina, ela disse. Estávamos preocupadas com você, mas não deveríamos ter nos preocupado nem um pouco.

Minhas primas se importavam comigo. Talvez não do jeito que se importavam uma com a outra, mas, ainda assim: eu era alguém para elas. Meu coração ferido estremeceu. Nós nos sentimos como uma família de verdade ali. Só nós três. Poderíamos sobreviver a esse mundo estranho e difícil.

Os freegans, era como eu chamava o grupo, embora, se soubessem, fossem resistir ao rótulo. O termo *freegan* estava apenas parcialmente correto, era insuficiente, já carregado de história e escárnio público. Mesmo se fosse um termo preciso, rotular algo é marcá-lo, encaixotá-lo para consumo: enjaular propósito em parâmetros. Os freegans nunca consideraram a si mesmos um grupo, mas um agrupamento. Se havia um nome para o agrupamento, cada um tinha o seu. Não havia uma doutrina oficial, nenhum líder oficial, nenhum horário oficial de reunião. Nenhuma lista de e-mail ou site. Tinha de ser assim; quaisquer esforços remotamente parecidos com ativismo eram facilmente infiltrados. Muito facilmente condenados. Não se podia planejar um comício ou uma marcha com antecedência. Não naqueles dias. Não da forma como as coisas funcionavam. As reuniões tinham de apenas acontecer. A espontaneidade era a ordem. E assim os freegans operavam por instinto: uma reação química coletiva, borbulhando por fomentar a agitação. Quando chegava o momento, eles sabiam.

Nos meses seguintes, comecei a saber. Desenvolvi um instinto para adivinhar onde e quando os freegans se reuniriam, cultivando uma consciência do formigamento no pescoço que sinalizava um protesto instantâneo ou uma corrida espontânea para catar lixo. Para mim e minhas primas, eu levava para casa lotes de mercadorias abandonadas.

Morangos ligeiramente murchos. Baguetes do dia anterior. Barras de chocolate importadas quebradas em pedaços, mas deliciosas. Levava também móveis abandonados: cadeiras de sala de jantar que não combinavam entre si, pufes gastos, tapeçarias, vasos de plantas.

Embora continuasse trabalhando no The Hole Story, o trabalho não era mais um meio para um fim. Era um meio para muitos fins, muitos significados. Eu me considerava uma infiltrada, uma espiã. Era uma revolucionária à vista de todos. Enquanto Ruby vasculhava a caixa registradora, eu colocava as sobras do café em sacos de lixo limpos e colocava esses sacos no beco para a coleta freegan.

Roupas estavam entre os itens mais fáceis de encontrar. Assim que comecei a procurar, percebi que estavam em toda a parte, espalhadas pela cidade como peles de cobra descartadas. Encontrei camisas de flanela e lenços em tie--dye, chapéus-coco e minissaias. Com uma lavagem e algumas costuras restauradoras, as roupas renasciam. Gostava de imaginar os corpos que haviam habitado as roupas antes de mim: antigos corpos gordos, antigos corpos magros, corpos mais jovens, corpos menos elegantes, corpos mais ambiciosos, cadáveres. Havia um elemento ressuscitador em usar refugos, embora uma freegan tenha me avisado para tomar cuidado com a energia negativa. Depois de vestir um terninho abandonado, ela havia sido tomada por premonições tão intensas que desmaiou. Teve de deixar o terninho estendido em um banco do parque.

Objetos armazenam sentimentos, ela dissera. *Esses sentimentos permanecem.*

Eu nunca soube o nome dela. Nunca soube o nome de nenhum freegan. Isso era intencional. Todos eram anônimos – ou usavam apelidos alfabéticos aleatórios, como "K", "O" ou "V". Ninguém sabia onde os outros moravam, com o que trabalhavam ou de onde vinham. Os freegans me aceitaram sem questionar. Eu os amava por isso. Adorava que não tivéssemos histórias pessoais, apenas possibilidades. Eu não precisava explicar que havia sido criada com produtos enlatados e a retórica do controle mental dos ras-

113

tros químicos. Não precisava mencionar como meus pais haviam me abandonado em um mundo que tiveram medo demais para enfrentar. Eu podia viver no agora absoluto. Podia ser mais que meu passado. Podia ser como os itens que recuperávamos e revivíamos: as mercadorias que deixávamos boas.

Eu podia estar feliz, mas não conseguia esquecer a professora Gill. Os freegans me distraíam, me encantavam, mas não conseguiam fazer a lembrança dela desaparecer. Ela se instalara no fundo dos meus pensamentos e aparecia nos meus sonhos: o rosto carrancudo, os lábios marrons franzidos. Apesar de todas as novas pessoas que conheci, os cantos escondidos da cidade que descobri, a decepção por meu encontro com Sylvia permanecia alojada dentro de mim, emitindo uma dor surda: ruim como uma bala.

Decidi olhar o lixo dela.

Se isso parece absurdo, entenda que, depois de um verão passado estripando lixeiras, o lixo se tornou um portal para dar sentido a uma cidade que antes parecia insondável. Ao vasculhar com os freegans, eu havia aprendido a perceber o subtexto secreto da sociedade: havia comida mais que suficiente para alimentar todos, e ainda assim as pessoas passavam fome; havia móveis e roupas de graça em todos os lugares, mas as pessoas compravam novos produtos sem parar; nós desperdiçávamos o tempo todo para continuar fazendo girarem as rodas de uma economia que beneficiava apenas alguns.

A professora Gill era uma mulher que tinha segredos. Eu sabia disso instintivamente. Se eu espiasse seu lixo, disse a mim mesma, ela poderia por fim fazer sentido. Se eu soubesse o que ela desejava esconder, poderia encontrar o ímpeto para seguir em frente com a minha vida.

Eram meados de setembro, fazia um calor escaldante – e úmido também –, mas os recordes de calor não significavam muito mais, mesmo com jogadores de beisebol desmaiando no meio do jogo em Fenway. Eu estava no norte de Cambridge. Tinha sido fácil seguir a professora Gill quando ela saíra de Harvard naquele dia. Ela pegara a linha vermelha para o norte, e eu espreitei de um vagão de trem vizinho, observei-a pela janela, depois a acompanhei para fora da estação, o suor engordurando os óculos escuros que eu usava como disfarce.

O calor havia me deixado um pouco maníaca.

A professora Gill morava em um bairro superlotado de casas, telhados esbarrando uns nos outros, carros estacionados encostados no meio-fio. Sua casa era metade de uma casa colonial de dois andares, com tábuas pintadas de cinza-azulado com acabamento em branco. Um pequeno alpendre dava para uma faixa de grama comum cercada por estacas de granito e barras de ferro forjado. Um passeador de cães cruzou, a atenção voltada para o telefone. Fora ele, a rua estava vazia; a professora Gill entrara em casa sem olhar para trás.

No caminho estreito que separava a casa da professora Gill da do vizinho havia um conjunto de latas de lixo. Por um momento, o absurdo da minha missão pareceu imenso. O que eu imaginava que encontraria naquelas latas de lixo? Garrafas de vodca? Bilhetes de raspadinha? Bolas de cabelo emaranhadas? Bonecos assustadores? Rascunhos de insultos para lançar sobre os alunos?

Algo – qualquer coisa – que pudesse me libertar da minha fixação?

Meus dedos formigavam. Teria sido mais sensato esperar até o anoitecer, mas atravessei a rua e desci o caminho estreito da entrada da casa. Peguei a tampa de plástico de uma lixeira.

Não se atreva...

Uma das vizinhas da professora Gill estava na varanda olhando para baixo. A mulher usava um roupão e chinelos dos Red Sox. Ela segurava o telefone entre ela e eu como se fosse uma arma.

Sy, ela chamou. Sy, venha aqui fora. Tem uma intrusa. Estou filmando tudo.

Outros vizinhos, ao ouvirem os gritos, apareceram em suas próprias varandas, abrindo as cortinas para assistir. Eles também seguravam telefones para filmar. Eu me agachei, tentando esconder o rosto, mas estava presa. Se corresse, apenas levantaria mais suspeitas.

Os gritos da vizinha finalmente atraíram a professora Gill. Eu não podia ver seu rosto de onde estava agachada, mas pude ouvir a irritação em sua voz quando ela disse à vizinha: Por favor, pare de me chamar de *Sy*. Já pedi isso em várias ocasiões, junto com instruções específicas para me deixar fora da sua cabala de vigilância da vizinhança.

A vizinha protestou, mas a professora Gill não tinha interesse em discutir; a porta da frente se abriu enquanto ela se movia para voltar para dentro. Se ela fosse embora, eu ficaria à mercê dos vizinhos – que não pareciam particularmente misericordiosos. Eu me levantei e pedi que ela esperasse.

Se o meu aparecimento perturbou a professora Gill, dessa vez ela não demonstrou. Olhou para mim de sua varanda, a mil metros de altura. Uma sobrancelha se arqueou. Ela gesticulou em direção à porta aberta com enorme cansaço, como se ela – em sua infinita e extraordinária sabedoria – estivesse me esperando aquele tempo todo.

Como começar a descrever o interior da casa da professora Gill? A entrada oferecia o brilho cintilante de velas, cera acumulada sobre candelabros, luz espirrando em espelhos que refratavam a professora Gill e eu, estilhaçando nosso corpo até a casa se encher de nós. A sala de estar tinha um luxo decadente: uma coleção desajeitada de almofadas de veludo e mantas e sofás cor de vinho. Livros abertos como mariposas em repouso. Tapeçarias costuradas com lantejoulas brilhavam nas paredes. Um tapete grosso aninhava meus pés. No meio de tudo isso estava a professora Gill, que parecia crescer do chão como se a sala a tivesse produzido, o drapeado de seu vestido elegante nas sombras iluminadas por velas, o teor marrom da sala destacando sua boca graciosa.

Por que você me seguiu até aqui?, ela questionou.

A pergunta me surpreendeu. Imaginei que ela soubesse por quê; imaginei que soubesse de tudo. Minha boca estava aberta, como um cofre saqueado.

As narinas da professora Gill se dilataram. Ela deve ter se arrependido de me deixar entrar na casa. Fechou os olhos, respirou fundo com ar de erudição. Quando ela falou de novo, sua voz estava mais suave, mais lenta, embora a curta expectativa por informações fervilhasse por baixo.

Qual é o propósito da sua visita?

Ela estava me testando, pensei. Ela sabia que eu queria olhar o lixo e descobrir os segredos dela. E, ainda assim, como começar a me explicar?

Eu sou... eu sou uma estudante, eu disse.

A expressão da professora Gill permaneceu inalterada. Ela esperou por mais detalhes.

Tentando evocar as frases que eu tinha ouvido estudantes reais de Harvard usarem, com seu efeito de sofisticação sem esforço e autoengrandecimento casual, acrescentei que estava conduzindo um estudo independente com implicações sociológicas inovadoras. Achei que ela poderia ajudar.

É sobre lixo, eu disse.

Os olhos da professora Gill se estreitaram e ela me estudou como fizera na festa do deputado: era a sensação de ser lida, de ter a personalidade processada. Como eu quisera que ela me olhasse daquele jeito de novo – e, ainda assim, como eu tinha mentido, sua percepção parecia intensa demais para suportar.

Soltei: Posso usar seu banheiro?

Ela franziu a testa, mas apontou para um ambiente cor-de-rosa que cheirava a tudo que era adorável. Uma vela tremeluzia ao lado da pia, o espelho do banheiro refletindo sua luz. Uma banheira com pés de garra repousava no canto, os pés de latão empoleirados nos ladrilhos como se estivessem prontos para fugir. Demorei muito para lavar o rosto. Para me acalmar, cheirei cada um de seus sabonetes e loções sucessivamente, resistindo à vontade de aplicar todos os cremes para as mãos, então cedendo à vontade, de modo que, quando voltei para a sala, cheirava a limão, madressilva e pepino.

A professora Gill havia se acomodado em um dos sofás cor de vinho com as pernas dobradas embaixo do corpo. Fiquei observando do canto da sala enquanto ela folheava um livro. Ela não havia notado meu retorno e, quando um coelhinho de pelo preto saltou até ela, ela largou o livro e o pegou, acariciando suas orelhas. Senti inveja do animal. Eu me sentia ao mesmo tempo desesperada por sua atenção e totalmente indigna dela. A professora Gill parecia perdida em pensamentos enquanto acariciava o coelho, uma aura de tristeza impregnando seus gestos. Eu não tinha o direito de incomodá-la. Eu não pertencia àquela casa cintilante com aquela mulher elegante. Eu pertencia ao The Hole Story, fritando rosquinhas. Ou vasculhando lixeiras.

Bem, muito obrigada, eu disse. Acho melhor eu ir.

O rosto da professora Gill se virou subitamente para mim. Não...

O coelho saltou do colo dela.

Quero dizer, ela disse – o ar de realeza retornando –, pode ir embora. Vá em frente. Tenho muito o que fazer. Desconfio, porém, que ainda não seja seguro, com os vizinhos lá fora. Esta é a segunda vez nesta semana que eles tentam prender um "intruso". Eu já teria me mudado se a universidade não subsidiasse minha moradia.

Seus olhos percorreram a sala de estar. Embora ela tivesse me encarado com intensidade antes, agora ela parecia incapaz de me ver.

Já que está aqui, ela continuou, por que não me conta sobre seu projeto? Se quiser, posso fazer um chá para nós.

Sem esperar por uma resposta, ela se levantou e saiu da sala. Ouvi o som de uma chaleira sendo colocada no fogão. Um queimador ganhou vida.

Permaneci imóvel. A professora Gill tinha feito a oferta tão despreocupadamente que eu precisei repetir as palavras na minha cabeça para ter certeza de que as tinha ouvido certo. Uma porta de armário se abriu e se fechou na cozinha. Fui até um sofá macio, abaixando o corpo até o tecido de veludo. Aproximei o nariz de uma almofada, inspirando um doce almíscar. Meu pulso acelerou. Eu tinha a tênue consciência de que o que estava fazendo era perigoso. Eu havia dito à professora Gill que era estudante e teria de manter essa mentira. Mais importante, a professora Gill já havia me ferido antes; ela tinha a capacidade de fazer isso novamente.

E, no entanto, não havia nenhum lugar onde eu quisesse estar mais do que na casa dela, abrigada nos móveis macios, mesmo com as luzes de perigo piscando em meu cérebro.

O coelhinho foi até mim. Seu focinho rosa estremeceu. Acariciei seu pelo e sussurrei: *O que eu faço agora?*

Se o coelho pudesse responder, não teria tido tempo. A professora Gill voltou trazendo uma bandeja de biscoitos doces.

Você conheceu Simone, ela disse.

Ela afundou no sofá à minha frente e descansou o rosto nas mãos, como se o peso de sua mente precisasse de apoio extra. Seus dedos pareciam longos o suficiente para percorrer teclas de piano, delicados o suficiente para virar páginas finíssimas de livros sem rasgá-las. Meu coração disparou mais alto e me perguntei se deveria ter ido embora da casa dela, afinal.

Você está interessada em lixo, ela me lembrou. Para um estudo independente.

Ela falava com um tom seco e experiente – do tipo que faz você querer dizer algo interessante. Em retrospecto, suas perguntas talvez tivessem traços de sarcasmo. Havia muita coisa que nós duas não estávamos dizendo. No entanto, se o sarcasmo espreitava em suas palavras, eu o perdi na explosão de sua atenção, as velas piscando e seu rosto atento ao meu: olhar firme, dedos dedilhando a bochecha enquanto ela apoiava um cotovelo na almofada do sofá. Um telefone vibrou sobre a mesa de centro, mas ela o ignorou.

O que há no lixo, especificamente, que lhe interessa?

Era a professora Gill que me interessava; era perto da professora Gill que eu queria estar. Estar perto dela, porém, significava encontrar algo para dizer. Comecei a contar a ela sobre os freegans, porque não consegui pensar em mais nada. Contei sobre os protestos instantâneos, a coleta de lixo e os milagres da recuperação de recursos, e quando parei para respirar ela era toda visão de raio-X, seus olhos me engolindo.

O que você acha?, perguntei.

Acho, disse a professora Gill, que você é uma pessoa muito incomum.

Ah.

Minha fragilidade parecia evidente; como seria fácil para aquela mulher me cortar em pedaços. Ela havia feito isso antes.

Mas, em vez de me desmontar, ela acrescentou, em voz mais baixa: Eu gosto do incomum.

Um toque de brilho em seus olhos. Meu corpo inteiro ficou tenso. Eu me preparei para o que poderia estar por vir, mas também para manter firme o tremor da minha própria excitação. A professora Gill prendeu o cabelo atrás de uma orelha, expondo um pescoço firme e liso.

A chaleira começou a apitar.

Naquela época, uma série de diretrizes especialmente perturbadoras foi emitida pela Casa Branca, incluindo o anúncio de que Boston, assim como várias outras grandes cidades, seria entregue ao controle federal "interino" depois que as autoridades da cidade se recusaram a cumprir as ordens executivas anteriores. Os freegans falavam muito sobre isso quando eu os via. Chegara a hora, diziam, da revolução. Suas ideias para a revolução incluíam rasgar documentos bancários e jogá-los como confete dos telhados em uma festa por toda a cidade; arrancar o calçamento e plantar jardins no meio das ruas; um estilo de vida anticonsumista considerado o Culto da Inconveniência; e um esquema político chamado Democracia Representativa Geracional, em que os representantes do governo eram votados por faixa etária e não geograficamente.

Eu mal podia esperar para descrever tudo isso à professora Gill.

Após nossa conversa inicial, ela me disse que deveríamos nos encontrar novamente. Ela queria saber mais sobre os freegans; meu conhecimento de dentro a interessava, dado seu estudo contínuo sobre movimentos sociais.

Mas você vai precisar manter isso entre nós, ela disse. Eu não costumo orientar estudantes de graduação. Para você, no entanto, vou abrir uma exceção.

Ela acrescentou que seria melhor nos encontrarmos na casa dela, por conta da necessidade de discrição.

Volte neste horário na próxima semana, ela disse.

Eu voltei. Saltitando em minha caminhada pelo norte de Cambridge, estava tão cheia de detalhes sobre os freegans que as palavras saíam dos meus lábios em fragmentos sussurrantes. Eu não podia acreditar que tinha sido escolhida dentre todos os alunos dela – mesmo que não fosse realmente uma aluna. O fato de eu poder dar à professora Gill informações privilegiadas sobre um fenômeno social florescente me empolgava. Talvez ela fosse estudar os freegans para um trabalho acadêmico.

Subi os degraus da frente e bati alegremente à porta.

Ela levou muito tempo para atender – tempo suficiente para eu me preocupar que os vizinhos pudessem aparecer novamente. Quando abriu a porta, foi apenas uma fresta.

Você voltou.

Não é uma boa hora?, perguntei.

O silêncio se estendeu até que, com voz resignada, ela disse que, já que eu estava ali, podia muito bem entrar.

O interior não estava alegremente iluminado por velas como na vez anterior. Na sala, tropecei na borda de uma mesa de centro antes de encontrar um lugar em um sofá.

A professora Gill sentou-se pesadamente. Ela tossiu e disse: Não tenho dormido bem.

Como não sabia se deveria perguntar sobre a saúde dela ou se deveria falar sobre os freegans, eu não disse nada. Ela era uma massa sombria à minha frente – um mistério. Ficamos sentadas em silêncio. Senti que a estava irritando; eu era uma intromissão que ela estava aturando. Um desejo confuso brotou em mim. Ela quisera que eu voltasse da vez anterior em que nos encontramos; ela poderia ter me mandado embora se não me quisesse por perto.

Comecei a dizer isso, mas a professora Gill interrompeu. Precisamos de um pouco de luz, não?

Um abajur de mesa ganhou vida, iluminando o rosto da professora Gill: havia uma névoa de exaustão ao redor de seus olhos.

Aconteceu alguma coisa?, perguntei.

Os olhos da professora Gill se aguçaram e ela retrucou: Claro que aconteceu alguma coisa.

Você quer que eu...

A ferocidade no rosto dela me silenciou. Senti vontade de chorar. Ela apertou os lábios, como se estivesse selando palavras.

Aí seus ombros caíram. Sua ferocidade se transformou em fadiga. Com uma voz calma, mas autoritária, ela disse: Conte-me sobre seus amigos freegans.

Então eu contei.

Continuei contando a ela, por uma série de semanas, até meados do outono. Às vezes, a professora Gill estava mal-humorada, a casa escura. Mas ela também podia estar bastante equilibrada, levemente divertida com as perguntas que me fazia. Nesses dias, comíamos biscoitos açucarados e bebíamos chá. Seus olhos brilhavam quando ela fazia perguntas. E, quando isso acontecia, eu tinha a sensação de que seria capaz de explodir com a maravilha do momento: eu estava lá com ela, naquela casa. Simone fungava em torno de nossos pés, e ela pegava a coelha, acariciando suas orelhas. Para mim, era incrível respirar o mesmo ar que ela, a constelação de sua inteligência girando pela sala, refratando no jogo de luz em espelhos e castiçais cravejados.

Os freegans se consideram anarquistas?, ela perguntou, com uma sobrancelha levantada.

Respondi que alguns freegans sim e outros não, alguns não se importavam. E continuei sem parar, como se minha fala sozinha nos mantivesse no ar: como as batidas frenéticas de asas de um beija-flor. Eram os freegans que me mantinham perto dela, que impediam a professora Gill de afundar em mau humor, distante e fria. Eram os freegans que nos aproximavam.

Eu deveria ter me perguntado por que a professora Gill arranjava tempo para mim? Quais eram os interesses dela, de fato? Por que só nos encontrávamos na casa dela? Provavelmente. Mas, com a situação já tênue – delicada e onírica –, eu não ousava questionar nada. Era mais fácil supor que a professora Gill, como muitos outros, estivesse empenhada em parecer calma durante um período caótico do mundo. Rotina: um bálsamo para a agitação. E o meu aparecimento se tornou uma rotina.

Ela me chamava de "L". Foi como eu pedi que me chamasse – pegando emprestada a convenção freegan de usar uma letra aleatória no lugar de um nome. Talvez, pensei, ela acredite que meu nome completo seja Elle, Elizabeth ou Eldorado. Talvez haja uma estudante de verdade com esse nome no banco de dados de Harvard. Eu fazia o máximo para parecer uma estudante. Fazia perguntas sobre sociologia – *Qual era mesmo o Teorema de Thomas? Ela acreditava na tese de Davis-Moore?* – e, quando ela respondia, cravava as unhas na palma das mãos, porque seu jeito de falar nitidamente britânico se infiltrava em mim como água em uma tomada.

Então, um dia, no final de outubro, cheguei à casa dela cheia de energia após uma reunião com os freegans. Tínhamos escapado por pouco de um grupo de policiais à paisana que invadiram o armazém abandonado onde os freegans às vezes guardavam suprimentos recuperados. Descrevi isso à professora Gill em uma torrente de palavras, sem me dar ao trabalho de sentar. A polícia estava atrás de nós porque colocávamos o *status quo* em perigo. O que estávamos fazendo fazia a diferença – faria a diferença. Em meio à imensa turbulência, nem tudo estava perdido.

São necessários protestos de apenas 3,5% da população, eu disse – citando uma das estatísticas favoritas dos freegans –, para remodelar toda uma sociedade.

A professora Gill se aproximou de mim, com um olhar estranho no rosto, como se estivesse angustiada e intrigada. A manga da minha camisa havia rasgado durante a minha fuga da polícia, e ela passou os dedos pelo pedaço esfarrapado, alisando-o. Ela nunca tinha me tocado antes, mas fez o gesto como se tivesse feito isso mil vezes, os dedos longos alisando, alisando, alisando. Continuei falando, mais rápido ainda enquanto seus dedos se demoravam no tecido rasgado: a fina barreira entre ela e eu.

Eu me pergunto o que vai acontecer, eu disse – colocando meus dedos nos dela, o rasgo na minha manga momentaneamente desfeito –, porque os freegans ficam mencionando um *momento* próximo. Eles dizem que está se aproximando. Que todos precisamos estar prontos.

A professora Gill puxou a mão de volta.

Com a voz rouca, ela disse: Não seja boba. Esses freegans podem parecer companheiros de armas agora, mas o que acontecerá em um mês ou dois? Esse é o problema com os movimentos sociais. Há os primeiros adeptos e as pessoas que aparecem mais tarde, para a festa, por assim dizer. Para a maioria das pessoas, o ativismo é um hobby. Uma diversão que as faz se sentirem bem. Elas sempre caem fora quando as coisas ficam difíceis. E as coisas vão ficar difíceis.

Depois disso, ela me disse que eu devia ir embora; ela tinha trabalho a fazer.

Halloween. O dia estava cinza, uma fina camada de nuvens sujando o céu. Os carvalhos das calçadas pareciam galhos, as folhas caindo em montes de mofo: vítimas de um fungo que havia dizimado florestas em toda a Nova Inglaterra. As árvores moribundas adicionavam um mofo em decomposição a um outubro superaquecido. O ar atordoava o cérebro, embaralhava as intenções. No MIT, já haviam construído salas oxigenadas para estudantes preocupados com a qualidade do ar e deficiências cognitivas.

Tinha sido um dia estranho, com fantasias e feitiçaria por toda a cidade, assim como o anúncio de que o controle federal interino seria indefinido. Todos estavam com medo das eleições de novembro, a menos de uma semana. Eu tivera um turno no The Hole Story naquela manhã, a caixa registradora do café apitando sem parar por causa do tráfego extra de pedestres e da demanda por produtos de confeitaria com temas de Halloween. Rosquinhas de gelatina vampírica. Versões com abóbora. Granulado preto e laranja para todo lado. Em tempos de agitação – e, em retrospecto, aquela era uma época de agitação –, os feriados são tudo. As datas comemorativas são os pilares que mantêm uma sociedade no lugar.

Mas o que eu sabia sobre datas comemorativas? Eu nunca celebrei o Halloween quando criança. Não havia ninguém para visitar na floresta perto da cabana da minha família, ninguém de quem uma criança pudesse esperar doces. Mesmo durante os breves períodos em que nos mudamos para outro lugar – parando o trailer nas cidades com estações de esqui do norte, em estacionamentos de Walmart –, meus pais consideravam o Halloween comicamente perigoso. Havia motoristas bêbados. Sequestros. Lâminas de barbear em doces. Intoxicação por chumbo em fantasias. Lanternas de abóbora explodindo. Assassinos em série mascarados. Sacrifícios dos Illuminati. Diabetes. Minha primeira experiência de Halloween veio com minhas primas, que adoravam a chance de usar orelhas de animais com lingerie e passear pela cidade como coelhinhas coquetes, panteras paqueradoras ou coalas sedutoras.

Naquele Halloween, porém, minhas primas haviam decidido ficar em casa.

Maratona de filmes assustadores, Jeanette me explicou enquanto eu andava pelo apartamento.

Tem certeza de que não quer se juntar a nós?, perguntou Victoria. Podemos abrir espaço.

Ela deu um tapinha no braço do pequeno sofá que eu havia recuperado. Sentei-me ao lado da dupla e tentei me acomodar para ver o filme. Na tela da televisão, uma garota de camisola corria gritando pela floresta, mas tudo em que eu conseguia pensar era na professora Gill. Eu queria me desculpar com ela, embora não soubesse ao certo pelo quê. Também queria sentir seus dedos no meu braço mais uma vez. E além desses dois desejos estava o de contar a ela o que estava acontecendo com os freegans. Porque algo estava acontecendo. Uma energia turbulenta os estava percorrendo – percorrendo a mim –, mais poderosa que qualquer força que já houvesse animado um protesto instantâneo.

Eu precisava ir até ela, decidi. Então me despedi das minhas primas e voltei para a cidade, pegando uma caixa de rosquinhas com tema de Halloween que tinha levado do café. Os doces seriam meu pretexto para fazer uma visita em um dia não agendado.

Do lado de fora do apartamento das minhas primas, as ruas crepusculares de Boston estavam cheias de demônios, falsas celebridades e dezenas de bruxas: de rosto verde, segurando vassouras e usando chapéus pontudos. Uma névoa esfumaçada enchia o ar, junto com uma batida que não era música, mas também não era aleatória. Minha visão tinha um tom alucinatório, como se eu não tivesse acordado por completo, mesmo enquanto meu sangue latejava e eu me conectava, fugazmente, ao magnetismo da reinvenção: uma efervescência humana.

Eu precisava chegar à professora Gill.

Desci até uma estação T que piscava. Um trem parou. A multidão me empurrou contra um poste oleoso marcado por impressões digitais. Mais passageiros se amontoaram. Eles se contorciam e agitavam, suas risadas se fundindo com os freios estridentes, os anúncios distorcidos do alto-falante. Algumas pessoas ficavam de pé nos assentos, como se fossem pranchas de surfe. Uma briga começou. Dois bruxos se beijaram. As pessoas davam risadinhas, desabavam umas sobre as outras, entravam e saíam dos vagões. Se eu não estivesse tão obcecada com a professora Gill, poderia ter me submetido àquela euforia compartilhada, um campo de força agitando-se no ar, o instinto puxando os cantos secretos de cem mil almas. Eu poderia ter me lembrado das palestras da professora Gill sobre funcionalismo estrutural e teoria do contágio e histeria em massa e mania de dança e julgamentos de bruxas. Poderia ter pensado em pássaros caindo do céu. Poderia ter pensado na conversa dos freegans sobre revolução: as muitas maneiras de refazer o mundo.

Em vez disso, eu imaginava o prazer da professora Gill quando lhe presenteasse com as rosquinhas. Ela gostava de doces, eu sabia disso. Talvez minha oferta desfizesse o que quer que tivesse acontecido entre nós. Ela pegaria a caixa educadamente e surrupiaria um donut quando achasse que eu não estava olhando. Então sorriria levemente, dedilharia a bochecha e lamberia um traço de glacê do próprio lábio. Ela me pediria para contar a ela as últimas notícias dos freegans.

Uma sensação de calma percorreu meu corpo, mesmo com o trem gritando e chacoalhando através de um túnel subterrâneo. Um garotinho vestido de abacaxi me encarou enquanto segurava a mão do pai. Então um estrondo soou. As luzes se apagaram.

Àquela altura, dezenas de cidadãos fantasiados estavam reunidos ao redor do porto de Boston. Eles invadiram o convés de um navio amarrado a uma ponte (a armadilha para turistas do movimento Tea Party), seus gritos chamando atenção, fazendo com que uma multidão se aglomerasse ao longo da orla. Os freegans sempre absorviam pessoas, absorviam recursos abandonados; eles absorviam males, erros e injustiças também. Eles se agarravam ao que outros haviam esquecido, ao que outros se recusavam a ver. Oleodutos, envenenamentos. Corrupções políticas. Eles transformavam o que de outra forma seria indesejado. Eles convertiam más notícias em movimento. Assim, na ponte da Congress Street, os foliões do Halloween chegaram em massa, arrastados pelo barulho, pela fumaça e por uma mania das festas misturada com um mal-estar mais profundo. Eles resistiram à aplicação da lei, atraíram espectadores, até que a multidão se tornou uma massa agitada, desequilibrada pelo atrito da frivolidade e da frustração, pela faísca do medo.

Mais tarde, o evento viria a ser chamado de Revolta do Halloween, embora também houvesse outros nomes. Havia outras versões da realidade ecoando da interpretação oficial. Uma versão era que manifestantes fantasiados haviam convergido para Fort Point e despejado baldes de sangue no porto de Boston porque era para isso que o governo os estava tributando. Outros alegaram que os manifestantes não tinham derramado sangue, mas que o sangue havia sido derramado de seus corpos quando a polícia começou a atirar, embora alguns tenham dito que a polícia jamais disparou um único tiro, que o barulho vinha de bombas caseiras que perturbaram os iates e espirraram água sobre as docas e nos turistas que atravessavam a ponte. Não, disseram outros, foi a polícia que detonou os explosivos. Eles estavam tentando impedir que as pessoas escapassem. A polícia planejava explodir a ponte o tempo todo; eles haviam orquestrado tudo para justificar a tomada federal – não era o que estava acontecendo em San Francisco, Chicago, Columbus, Nova York? Afinal, o que se seguiu foi um toque de recolher que pairou sobre Boston por semanas, junto com o retorno de batidas e postos de controle, a cidade vigiada por seguranças, porque a posição oficial no final foi que os distúrbios haviam sido incitados por um grupo de terroristas esquerdistas *antiestablishment* descentralizados altamente secretos que também tinham sido responsáveis por outros incidentes em todo o país e, portanto, embora nenhuma conexão oficial tenha sido estabelecida, essas figuras sombrias receberam a culpa: os radicais ameaçando a fumaça do sonho americano.

Haviam se passado horas quando cheguei à casa da professora Gill naquela noite. Aqueles de nós que estavam no vagão de trem parado tiveram de fazer uma saída de emergência – percorrendo um túnel do metrô antes de subir por escadas rolantes paradas até uma cidade que se tornara caótica. Quando cheguei ao norte de Cambridge, estava exausta, tendo percorrido um caminho tortuoso para evitar gás lacrimogêneo e ruas bloqueadas. Helicópteros zuniam no alto. Tudo em que conseguia pensar era chegar à professora Gill. Segurava as rosquinhas pressionadas contra o peito.

Quando bati à porta dela, ninguém atendeu. Testei a maçaneta. A porta se abriu.

Lá dentro, as luzes estavam apagadas. Uma TV estava ligada com o volume alto, exibindo imagens dos tumultos que eclodiam pela cidade. Explosões estouravam como fogos de artifício. Um repórter de TV havia sido jogado no chão e pisoteado ao vivo no ar.

Professora Gill?, chamei.

Minha pele se arrepiou. Eu não deveria ter entrado na casa sem ser convidada – mas precisava entregar os donuts, disse a mim mesma. Essa era minha razão.

Havia água correndo no andar de cima; eu nunca tinha estado no segundo andar. Subi as escadas, dizendo "olá" baixinho. Havia uma luz acesa no banheiro, a porta entreaberta. O chuveiro estava ligado. Eu só queria bater na porta, mas ela se abriu ao meu toque, liberando uma nuvem de vapor. A professora Gill estava sentada no chão.

L...

Meu nome falso soou molhado em sua garganta. Seu peito subia e descia sob o tecido do vestido, que pendia mole contra o corpo, úmido do vapor e da água que espirrava além da cortina do chuveiro. O delineador estava borrado ao redor de seus olhos.

Desculpe, eu disse. Não queria incomodar você. A porta estava aberta, e eu... Você está bem?

A professora Gill sufocou uma risada.

Se estou bem?, ela indagou. Se *estou bem*? Eu estava aqui sentada me perguntando se você estava bem. Vi o noticiário. Eu tinha certeza de que você estava na ponte. Tinha certeza de que você havia se machucado. Seria minha culpa, depois do que eu disse a você...

Ela continuou falando, falando em termos teóricos sobre como eu poderia ter desenvolvido uma atitude arrogante em relação à participação ativista depois de seu comentário sobre primeiros adeptos e adeptos secundários em movimentos sociais. Eu não conseguia entender o que ela queria dizer. Era difícil me concentrar com ela no chão e eu de pé. Então me ajoelhei ao lado dela. A água do chuveiro borrifou minhas costas.

Trouxe isso para você, eu disse, entregando as rosquinhas a ela.

Desculpe, elas ficaram esmagadas.

Ela olhou para a caixa e desviou o olhar. Um traço de delineador rolou por sua bochecha.

Desculpe, eu disse de novo – me sentindo agitada, uma pressão crescendo em meu corpo, como se eu pudesse explodir para fora da minha própria pele. Eu fiz algo errado?

Ela parecia inconsolável e irada. Eu tinha feito alguma coisa. A água do chuveiro batia e batia, as fracas exclamações da TV subindo do andar de baixo. Deslizei até o chão, de modo que ficamos sentadas na mesma poça de água acumulada nos azulejos. As dobras do vestido dela colaram nas minhas pernas. Ela era toda rosto: as pupilas enormes e as narinas se contraindo. O ar entre nós parecia elástico e viscoso. Eu estava perto o suficiente para inalar a desolação que reverberava dela. Como, eu me perguntava, abordar a dor de outra pessoa quando você mesma pode tê-la causado? Eu me lembrei de quando – anos antes – tinha atirado aquela bala na floresta e atingido um bordo-açucareiro. Depois, encontrei a árvore, a que eu havia machucado, com seiva vazando da ferida. Eu havia levado a boca àquele lugar machucado, lambido a doçura que vazava, porque foi tudo que consegui pensar em fazer.

Também não consegui pensar em mais nada naquele momento. Coloquei os lábios no canto de um de seus olhos e depois no outro, embora suas lágrimas fossem salgadas, não doces, e cheias de tinta na minha língua. Ela me puxou para si. E eu coloquei minha boca na dela, porque as lágrimas haviam escorrido até lá também.

No início de novembro, o horizonte de Boston estava cheio do zumbido de drones, como se fossem mosquitos nascendo.

Com o instinto de autoimolação de um inseto, o galeão espanhol navegou em direção a uma fogueira que ardia na costa: um brilho intenso em uma noite sem lua sinalizando uma passagem segura, a promessa de um refúgio.

Não havia promessa. Não era um sinal, a menos que fosse tomado como um sinal do que estava por vir: um recife serrilhado como uma faca. Madeira rachada. Os gritos de moribundos.

Enquanto isso, em Eleutéria, os colonos tropeçavam em torno de uma fogueira de madeira de naufrágio e erguiam vozes desafinadas para cantar canções sobre moças bonitas e a alegre Inglaterra e uma amante chamada mar. Acima deles, constelações giravam, tontas com suas horas: Andrômeda, Perseu e Pégaso voando em círculos. Os colonos engoliram os últimos restos de bebida oferecidos pelos colonizadores de Boston – não guardando nada para arrancar dentes ou esterilizar feridas –, porque, depois da explosão inicial de gratidão, sua indústria havia esfriado. Cada dia se tornava o dia anterior ao início do trabalho real.

Afinal, a perfeição repousa mais facilmente em um horizonte distante.

Quando amanheceu, os colonos eleuterianos se levantaram dos leitos arenosos em que haviam caído. Eles se arrastaram pela praia, com a visão embaçada, as botas batendo nas poças de maré. Deve ter parecido uma miragem quando eles cambalearam entre as maravilhas trazidas à praia: paletes de madeira preciosa, baús de prata, caixotes abarrotados de esmeraldas, uma estátua de Nossa Senhora de um metro feita de ouro maia derretido. Tantos tesouros extraídos do interior do continente – que antes estiveram a caminho do mar – estavam espalhados pelas areias da ilha, brilhando como estrelas caídas ainda quentes com a bênção do céu.

Apenas alguns entre eles se sentiram inquietos. Nada daquela natureza estivera nos planos iniciais da companhia. No entanto, não haviam conseguido afastar seus companheiros colonos do que lhes havia sido prometido: uma terra de oportunidades, a chance de subir acima das estações concedidas a eles no nascimento. Eles não podiam negar um milagre quando ele brilhava na praia diante deles: um banquete para homens famintos.

Assim, nas horas sem fôlego que se seguiram, os colonos pegaram a chalupa do capitão e remaram pelos recifes da ilha, extasiados com a descoberta. Pouco antes, haviam batizado aqueles cardumes de Espinha Dorsal do Diabo – chamavam o coral de amaldiçoado –, mas o nome perdera o significado. O tesouro naufragado, decidiram os colonos, fora divinamente distribuído. O Deus deles era irado, sim. Ele operava vingança sobre os ímpios. Mas aquele mesmo Deus recompensava os justos, levando tesouros aos bem-aventurados.

Quando confrontados com os corpos (inchados, mordidos por tubarões), os colonos desviaram o olhar. Eles olharam para o céu. Para as próprias mãos. Para qualquer lugar, menos para os olhos uns dos outros. Recolheram seus tesouros, retiraram-se para seus casebres escassos: os barracos frágeis construídos com lama de calcário quebradiço e folhas de palmeiras cobertas de palha. Pegaram seus achados e deixaram os corpos para os pássaros, o fedor para a brisa do mar, a verdade para a maré – que levava de volta o que dava, duas vezes por dia. Ondas se abriram como mãos salgadas, raspando a ilha como quem espera retribuição por todos os presentes que deu.

5

Viseira, tênis de couro vegano, moletom, chapéu de sol, shorts cáqui, camisa polo, apito...

Meus pertences espalhados na minha cama, atirados sobre os lençóis, enquanto eu vasculhava meu armário do Acampamento Esperança procurando pelo *Vivendo a solução*.

... camiseta, maiô, óculos de natação, garrafa d'água, mochila.

A fumaça da fogueira dos trabalhadores estava impregnada no meu cabelo. Não tendo conseguido encontrar Roy Adams no Centro de Comando – ou tirar uma explicação decente de Lorenzo –, arranquei mais itens do armário, tentando encontrar o livro que pudesse falar por Adams, oferecer consolo, mostrar um cenário em que o Acampamento Esperança não estivesse se inclinando para o colapso.

Jachi se arqueou na lateral do beliche, observando com sereno interesse.

O que é isso?

Ela apontou para o envelope de Sylvia – ainda fechado – que estava guardado entre os outros itens, como uma bandeira branca de rendição.

Lixo, respondi. Digo, reciclagem.

Parece uma carta.

Jachi desceu do beliche e pegou o envelope. Minha voz ficou presa na garganta, como se eu tivesse sido tocada em um lugar sensível.

Eu adorava cartas, disse Jachi enquanto virava o envelope nas mãos. Sabe, eu recebia quilos de correspondência quando era atriz. As pessoas me mandavam bilhetes escritos à mão. Escreviam poemas. Enviavam desenhos. Elas me contavam sobre suas vidas e o que meus filmes significavam para elas. Eu sempre ficava muito emocionada. Costumava achar que era a mais pura expressão de amor, mandar uma carta. Você libera sua adoração no universo para que outra pessoa encontre. Não há garantia de que você vá receber algo de volta. Eu sei que eu era a destinatária, e é verdade que era a minha assistente que respondia, mas eu valorizava o que aquelas pessoas estavam fazendo. Então comecei a receber mensagens de ódio.

Jachi continuou sorrindo, embora sua expressão tenha ficado sombria. Ela olhou para o envelope como se tivesse percebido que poderia ser perigoso.

Tem uma coisa escrita aqui...

Puxei o envelope de volta. Marcas azuis corriam diagonalmente ao longo de um lado. Inicialmente hieroglíficas, as marcações se reorganizaram em números impressos ao contrário: um número de telefone.

Não de Sylvia. Eu conhecia aquele número. Eu também havia examinado o envelope antes de sair de Boston e nunca tinha notado nada escrito; aqueles números haviam aparecido como tinta invisível.

Minha mente voltou para aquele primeiro dia em Eleutéria, quando, largada sob uma orelha-de-elefante, eu apertara o envelope entre as palmas suadas.

Deron.

O quê?, indagou Jachi.

Ele escreveu o número dele na minha mão...

Que maravilha!, falou Jachi. Quem é Deron?

Alguém que talvez possa ajudar.

Algumas horas depois, com o sol cutucando o horizonte, deixei o Acampamento Esperança. Apressei-me pela estrada de terra que levava do complexo à rodovia, depois segui pela rodovia, que abraçava a costa. Meus cadarços balançavam e se debatiam. Eu estava indo para o assentamento local mais próximo. E estava indo rápido. Eu ia encontrar Deron.

Eu tinha ligado para ele usando o telefone do Centro de Comando. Embora fossem quatro da manhã, ele não parecera se abalar com a minha ligação – pelo menos depois que percebeu que era eu e não um de seus amigos passando um trote.

Você não vai acreditar no que está acontecendo aqui, eu disse.

Vamos ver, ele respondeu.

Descrevi os acontecimentos do mês anterior. A malfadada viagem de caiaque. A insolação. O lançamento atrasado. A frustração dos trabalhadores. A pressão cada vez mais intensa das mudanças climáticas. O fato de Adams estar desaparecido e Lorenzo não saber explicar para onde ele tinha ido. Deron ouviu sem interromper, como se tudo aquilo fizesse sentido.

Então ele se foi, Deron repetiu. Para o continente.

Não sei, respondi. Lorenzo não soube me dizer. Achei que você pudesse conhecer alguém que o tivesse visto. Talvez alguém no aeroporto...

Willa, disse Deron, você nunca se perguntou se não há mais coisa no Acampamento Esperança além de pilhas de compostagem e painéis solares?

Como?

Olha só, falou Deron. Não estou querendo ofender você. Na verdade, estou tentando construir algo como uma aliança, acredite se quiser. Porque ainda dá tempo de evitar que tudo isso exploda na cara de todo mundo. Se desse um passo para trás, você veria.

Não respondi, mas Deron ouviu minha frustração crepitar pelo telefone.

Eu sei onde Roy Adams está, ele disse. Ou pelo menos tenho uma boa ideia. Se você passar no hotel amanhã, posso explicar. Agora preciso ir dormir.

Desculpa, declarei – lembrando que horas eram –, não queria estragar sua noite.

Deron respondeu que tudo bem e que eu não precisava me preocupar, com um tom amistoso genuíno na voz. Sua gentileza me fez segurar a respiração. Fazia muito tempo que eu não sentia nada parecido.

Até breve, falei – e desliguei.

Agora, a caminho do hotel, o oceano corria ao meu lado, a água pingando entre as casuarinas. O oceano estava por toda parte em Eleutéria. Dois oceanos, na verdade: a estreita centena e meia de quilômetros ficava presa entre a agitação índigo do Atlântico e a calmaria azul-turquesa do Caribe. Eu estava no lado caribenho, onde estradas arenosas marcavam os lugares em que os pescadores locais puxavam seus barcos para o mar. Ao longo da costa, conchas erguiam-se em pilhas pontiagudas e desbotadas pelo sol. Todas as conchas estavam marcadas por um corte de facão onde um molusco havia sido separado de sua casa – um fato sobre o qual eu tinha ouvido as garotas das artes liberais discutirem: Corrine chamando o consumo de conchas ameaçadas de um ato de tradição e necessidade, Dorothy chamando Corrine de relativista cultural moralmente falida e Eisa observando que, quando ouviam o som do oceano em uma concha, as pessoas experimentavam o efeito de oclusão: *São as frequências de seu próprio corpo.*

Se eu colocasse uma concha no ouvido, tudo que ouviria seriam furacões.

Apesar de qualquer progresso que eu pudesse ter feito (qualquer informação que Deron pudesse compartilhar), eu continuava furiosa com os membros da equipe por fazerem uma festa na praia. O destino do planeta estava em jogo, e ainda assim eles haviam "jogado a toalha".

Acelerei o passo, como se pudesse superar minha própria decepção.

A estrada se afastava da costa e entrava na mata da ilha, a vegetação densa bloqueando qualquer visão do mar. O assentamento mais próximo ficava a oito quilômetros de distância, mas, depois de um mês de SDCCs, conseguia cobrir essa distância com facilidade. Eu meio caminhei, meio corri, uma série de postes telefônicos elevando-se e inclinando-se ao meu lado. Os fios haviam sido consumidos por trepadeiras de laranja: um caos elétrico emaranhado. Teias de aranha também se estendiam entre os fios, suas criadoras do tamanho de punhos se protegendo da brisa.

Um farfalhar soou da massa de galhos frondosos subindo em ambos os lados da estrada. Continuei me movendo. Uma faixa de céu azul se estendia acima como uma estrada inversa.

O farfalhar continuou, como se o próprio matagal estivesse despertando.

Um pássaro, talvez. Ou um caranguejo terrestre.

O que importava era chegar a Deron, encontrar Adams, lançar o Acampamento Esperança. Eu me perguntei se Adams estaria ferido, detido ou preso. Se seria eu quem o resgataria e salvaria todo o empreendimento.

À frente, o matagal se reduzia a um prado irregular. Linhas de telhados espreitavam além de uma colina baixa. Uma placa de madeira torta soletrava o nome do assentamento em letras pastel desbotadas.

O farfalhar se intensificou, e o matagal cuspiu um cachorro: peludo e dourado, o pelo sujo de terra. Parado entre mim e o assentamento, o cachorro abaixou a cabeça, rosnando como um motor ganhando vida.

Diminuí a velocidade, fiz ruídos tranquilizadores enquanto o contornava. Então, mais dois cães emergiram do mato, maiores e mais atléticos que o primeiro. Suas costelas se erguiam enquanto latiam. O primeiro cachorro atacou, e eu pulei para fora do caminho com um ganido.

Vai para casa, eu disse. Sai.

O assentamento estava a apenas cem metros de distância, mas não paravam de sair cães do meio do mato. Eles formaram um círculo ao meu redor, latindo com as mandíbulas bem abertas, o rosa de suas gargantas exposto. O cão dourado atacou novamente, mordiscando meu tornozelo. Um cachorro maior agarrou meu shorts cáqui nas mandíbulas e puxou até o tecido rasgar. Girei para me desvencilhar, tropecei nos cadarços e caí para trás, esfolando a palma das mãos.

Parem, eu disse. *Por favor.*

Os cães pararam, como se estivessem esperando que eu pedisse. A cabeça deles se virou ao mesmo tempo, focinhos no ar. Eles galoparam de volta para dentro do mato.

Deitei de costas, respirando com dificuldade.

O céu continuava festivamente azul.

Duas crianças olharam para mim, suas pequenas figuras iluminadas pelo sol da manhã.

Você está morta?, perguntou uma delas.

Eu não estava. Havia batido a cabeça com força no chão, mas – olhando para as crianças – minha tontura se transformou em uma sensação de ressurreição assombrosa.

Ser uma criança andando à toa. Ser uma criança com um dia do tamanho de um ano. Houve uma época na minha própria infância em que eu fazia o que chamava de expedições. Caminhava da cabana dos meus pais para a floresta, ficando à vista da cabana, depois à vista de uma árvore que estava à vista da cabana, e assim por diante. Eu era um elástico preso a um ponto fixo; a ideia era sempre voltar. Uma vez, encontrei outra cabana na floresta, mais velha que a nossa, com o teto quase engolido pelo musgo. Outra vez, encontrei um glacial errático em forma de punho gigante. E uma vez tirei uma soneca em uma aconchegante poça de sol ao lado de um riacho; ao acordar, não conseguia me lembrar de como chegar em casa. Demorou horas e horas até eu irromper na pequena cozinha da nossa cabana, assustando minha mãe com minhas lágrimas.

Isso é o que você ganha, ela disse, *por andar por onde não entende.*

Mesmo assim, continuei essas expedições pela floresta. Eu estava procurando por algo, embora não soubesse o quê.

Então, um dia, vi uma pessoa na floresta. Um homem usando meias compridas, shorts esportivo, uma camiseta suada e bandana e carregando uma mochila enorme. Aquela era minha expedição mais distante até então, e o homem devia ser um caminhante que havia deixado uma trilha nas proximidades. Mas, para mim, ele parecia um cosmonauta caído de outra galáxia.

Eu me escondi em um arbusto de mirtilos. O homem se agachou sob um grande pinheiro, entre duas raízes que se erguiam como joelhos de cada lado dele. Ele abaixou o shorts e a cueca. Olhou ao redor. E então parou de olhar. Quando terminou, cobriu a bagunça com folhas e enfiou um graveto na terra para marcar o local. O gesto me pareceu notavelmente altruísta. Quando fazia cocô na floresta, eu deixava a bagunça onde estava, como uma corça.

Saltei do arbusto de mirtilos, animada para conhecer o cosmonauta caminhante. Quando o homem me viu, porém, soltou uma torrente de palavrões. Segurando o shorts na cintura com uma mão, saiu correndo pela vegetação rasteira. Eu não o segui porque não queria perder meu caminho de volta para a cabana e porque fui tomada pela vergonha, que coalhou o lugar dentro de mim que continha a esperança de que eu pudesse encontrar alguém para explorar o mundo ao meu lado.

Mas eu nunca desisti totalmente dessa possibilidade. Nem mesmo quando viajei a Eleutéria.

Você está morta?

Acho que não, respondi.

Para provar que não estava morta, eu me levantei. Limpei as mãos no shorts, alisei a camisa polo. As crianças pareciam ter por volta de cinco e doze anos – um menino e uma menina com as mesmas bochechas angelicais e olhos citrinos que me estudavam com ceticismo.

Você é um dos loucos?, perguntou o menino.

Seu nome era Elmer e ele era o mais jovem dos dois; sua irmã era Athena. Elmer estava sem um dos dentes da frente. Ele enfiava a língua no buraco, falando com um leve ceceio. Athena usava óculos redondos, o cabelo trançado em pequenas mechas. Ela beliscou Elmer quando ele perguntou se eu era louca. Como Elmer, vestia jeans e camiseta. Como Elmer, tinha carrapichos de plantas presos nos punhos, o que sugeria que eles tinham acabado de sair do meio do mato. Ambos carregavam sacolas plásticas volumosas, as partes de cima bem amarradas.

Athena pegou a mão do irmão e começou a caminhar em direção ao assentamento.

Espere, eu disse. Aonde vocês estão indo?

Em um único movimento rápido, Athena se virou e arremessou uma pedra que passou zunindo pela minha cabeça.

Um cão solitário, à espreita na estrada atrás de nós, saltou de volta para o mato.

Não o machuque...

A gente não precisa machucar eles, disse Athena. Só precisa mostrar a eles que pode fazer isso.

Ela me lançou um olhar severo e continuou andando. Elmer pegou mais pedras e as arremessou em várias direções, fazendo *pow pow* conforme erguia o corpo em um giro, perdendo o equilíbrio antes de correr para alcançar a irmã.

Athena o repreendeu, riu dele e o cutucou para que continuasse andando. Segui atrás do par. Eles basicamente me ignoraram ao entrar no assentamento, ainda que, quando eu fazia perguntas a Athena, ela respondesse com curtas declarações. Os cães selvagens eram chamados de bolos, ela me disse. Haviam ficado mais malvados desde os recentes furacões, com menos restos para vasculhar ao redor dos assentamentos, sem turistas para dar a eles bolinhos ou rocambole de goiaba. Os cães não a assustavam.

Fiquei sabendo que Athena e Elmer haviam nascido em Eleutéria. Tinham estado em Nassau duas vezes, mas não mais longe – quando Nassau era um lugar para onde qualquer pessoa ia e ainda não tinha sido arruinada por tempestades. Antes que o mar engolisse o resort Atlantis, quando as ruas em tons pastel da cidade estavam lotadas de turistas, vertiginosas com música, e as praias eram limpas, não cheias de restos de navios de cruzeiro desmembrados.

Perguntei se eles estavam a caminho da escola – era terça-feira –, mas Athena respondeu que não havia mais escola.

Todos os professores foram embora, ela disse.

E não voltaram, declarou Elmer. Então cantou: Não voltaram, não voltaram. Não voltaram!

Passamos por uma estrutura de cimento sem teto cheia de garrafas de refrigerante, pedaços de jornal e bromélias. Mais adiante havia casas de madeira contornadas por varandas arqueadas, bem como casas térreas de blocos de concreto. Passamos por uma cabra amarrada a uma longa corda e a mastigando com entusiasmo. Um pé de tamarindo sombreava uma clareira ao lado da estrada.

Um homem se inclinou para fora de uma porta e disse "olá". Elmer acenou com um graveto. O homem disse mais alguma coisa, olhando para mim. Athena gritou uma resposta rápida demais para eu entender.

A timidez tomou conta de mim. Desejei que aquelas crianças gostassem de mim. Queria sair do meu corpo adulto e andar à toa com eles, jogando pedras e pegando gravetos. A fogueira dos membros da equipe do acampamento havia me enfurecido porque era um desvio da missão do Acampamento Esperança, mas, por baixo daquela raiva, havia uma solidão de longo prazo. Eu achava que fazia parte de uma equipe no Acampamento Esperança, que estávamos todos lutando pelos mesmos ideais, mas eu não fazia parte de nada e nós não estávamos fazendo isso. Essa percepção me causou um aperto na garganta. Todas aquelas semanas tentando me encaixar, tentando fazer o certo – e para quê? Para os trabalhadores desistirem de seu compromisso? Eu não havia aberto o envelope de Sylvia, mas sabia que continha uma carta que dizia: *Eu avisei.*

Sentia falta de Sylvia – mas ela também nunca havia sido uma amiga para mim.

Em vez de perguntar às crianças como pegar uma carona do assentamento até o hotel, perguntei o que elas estavam fazendo na mata.

Athena balançou a cabeça, mas Elmer ficou saltitando até que a resposta explodiu: Tesouro!

Ele me contou que os dois tinham um mapa e incomodou a irmã até que ela puxou um pergaminho de um saco plástico, o papel úmido revelando uma representação manchada de tinta de um litoral. Linhas pontilhadas marcavam uma trilha que levava a um X. Athena explicou em tom sério que eles estavam tentando determinar onde exatamente aquilo ficava em Eleutéria.

Estamos percorrendo a costa, disse ela. Enseada por enseada.

Elmer agarrou minha perna para que pudéssemos olhar o mapa juntos. Ele traçou um dedinho sobre os pontos. Perguntei o que eles esperavam encontrar.

Uma dama de ouro gigantesca, disse Elmer. Com esmeraldas no lugar dos olhos. E uma coroa coberta de joias. E ela está segurando um bebê.

Uma ma-don-na de ouro, corrigiu Athena. Vale um milhão de dólares.

Cinquenta milhões!, falou Elmer.

De um navio espanhol, disse Athena. Que naufragou na ilha há muito tempo. Mas ninguém nunca encontrou esse tesouro.

Nosso tio nos falou sobre isso, falou Elmer.

O tio de vocês desenhou este mapa?, perguntei.

Elmer franziu a testa, olhou para Athena. Ela apertou os lábios, pegou o mapa da minha mão e o enrolou novamente.

Tenho certeza de que o tesouro está lá, eu disse. Se vocês continuarem procurando...

Precisamos ir, declarou Athena, pegando a mão de Elmer e o levando embora.

Permaneci onde os dois haviam me deixado na beira da estrada. Minha cabeça começou a latejar da queda, a dor cravando meus pensamentos. Mais adiante na estrada havia um velho posto de gasolina com um logotipo do 7-Eleven pintado à mão na lateral. O som de um rádio saía por uma janela. Talvez tivesse sido ali que Lorenzo comprara comida e bebida para a fogueira dos trabalhadores. Talvez ele estivesse certo de fazer isso. A luta contra as mudanças climáticas havia acabado. A humanidade havia falhado. Não restava nada a não ser festejar ao pôr do sol – beber cerveja na praia até o mar em elevação nos alcançar ou o ar se encher de poluentes demais e nos asfixiar.

Talvez eu convidasse Deron para uma festa daquela. Talvez eu convidasse todo mundo.

Eu me virei para procurar Athena e Elmer para poder perguntar sobre como pegar uma carona para o hotel. A dupla, a essa altura, já havia se encontrado com várias outras crianças, todas sentadas em círculo sob um pé de tamarindo.

Athena tinha desenrolado o mapa novamente. Ela estava fazendo uma apresentação para os outros, gesticulando em direção ao papel como um treinador narrando jogadas.

E talvez eu tivesse perguntado – talvez eu tivesse ido para o hotel para encontrar com Deron, tido uma conversa difícil, mas importante, sobre soberania local em uma ilha onde, durante séculos, o idealismo se invertera em exploração e a possibilidade paradisíaca nunca cumprira sua promessa – se um som não tivesse quebrado o silêncio da manhã. Até então, o assentamento estava marcado apenas pela voz das crianças, o canto melancólico de um galo, o som de um rádio abafado. Nesse silêncio, ressoou um rugido – ficando cada vez mais próximo – explodindo no ronco de um motor movido a algas. Uma van branca passou pela estrada em uma rajada de poeira e pedras. Curvado sobre o volante, um homem enorme, os óculos estilo aviador cintilando. A van parou com um guincho logo depois do posto de gasolina. Roy Adams se inclinou para fora da janela aberta e perguntou se eu planejava ficar ali o dia todo como um maldito relógio de sol.

O que se poderia condenar em Adams era também o que me fazia acreditar nele.

A partir de West Point, ele subira nas patentes do exército até chegar a tenente-general. Enterrara cidades sob chuva sulfúrica, enviara óxido de urânio para o ar e estilhaços sobre carne humana, derramara sangue em cursos d'água já poluídos com a hemorragia dos Humvees. Havia explodido museus de arte, florestas antigas e procissões de casamento, não deixando nada para as pessoas além da própria miséria. Fora um homem que fazia essas coisas e dormia saciado de bife e batata, com uma esposa de bobes enrolados no cabelo ao seu lado.

Então ele mudou.

Depois de fazer um cruzeiro pelo Caribe, voltou um homem diferente. Ele havia nascido de novo, batizado pelas águas azuis-turquesa, tão emocionado pela beleza da região quanto pelo perigo em que se encontrava. E se Adams havia sido capaz de mudar, de cair de joelhos em uma praia cheia de lixo, de pegar um pelicano flácido – a barriga inchada com tampas de garrafas plásticas –, segurar o pássaro e chorar as lágrimas gordas do arrependido, então tudo era possível. Até o Acampamento Esperança.

A van entrou em movimento antes que eu fechasse a porta. Caí de costas contra meu assento, minha jornada para o assentamento se revertendo em um borrão. Adams se inclinou sobre o volante, um palito de dente se contorcendo na boca. A abertura de sua camisa polo se estendia sobre o peito, expondo um triângulo de pele bronzeada pelo sol. Um colar de dente de tubarão pendia de seu pescoço. Ele irradiava calor. Cheirava a lascas de madeira de cedro, loção pós-barba e um plano.

Não acredito, falei. É você.

Esperando outra pessoa, Marks?, disse Adams, a voz sismicamente alta.

Não acredito que nos encontramos, respondi. Eu estava procurando por você.

Seu *modus operandi*.

E agora você está aqui.

A segunda vez é da sorte.

Comecei a perguntar onde ele tinha estado, o que estava acontecendo, mas Adams seguiu em frente.

Você tem um *timing* absurdo, sabia, Marks? Algumas pessoas simplesmente sabem quando aparecer. E, juro por Deus, você sabe quando aparecer.

Se Adams estava me condenando ou me elogiando, eu não tinha certeza. Meu rosto estava tão tenso que poderia se despedaçar. Era difícil pensar com ele ao meu lado e a van seguindo atabalhoadamente pela estrada. Do lado de fora das janelas, a ilha passava zumbindo. Adams mastigava o palito. A madeira se partiu e um pedaço atingiu minha bochecha.

Conhecer você, eu disse, é uma honra.

Falando em conhecer, vamos apresentar você, disse Adams, virando-se para falar por cima do ombro: Digam "oi" para Willa Marks, pessoal.

Eu me virei para trás. Para minha surpresa, havia doze adolescentes sentados em silêncio nos bancos traseiros, com as mãos no colo. Todos estavam de olhos vendados.

Não sejam tímidos, disse Adams. Digam "olá". E falem alto.

Olá-Willa-Marks, os adolescentes responderam em um coro atropelado.

Adams acelerava, os óculos aviador cintilando, as grandes mãos no volante. Aos adolescentes, acrescentou: Marks vai mostrar tudo para vocês, deixar vocês por dentro das coisas. Ela é uma lutadora. Durona como uma hiena... não é mesmo, Marks?

Acho que sim, eu disse.

Você acha que sim?

Sim. Certamente.

Agora sim, disse Adams. É o que eu quero ouvir.

Atrás de nós, os adolescentes balançavam em seus assentos. Em voz baixa, perguntei quem eles eram. Adams gritou que não havia necessidade de sussurrar. Eram recrutas, embora eu também pudesse pensar neles como "reforços" ou "a última peça desse maldito quebra-cabeça".

O lançamento está de volta?

Antes que você possa piscar, disse Adams, o Acampamento Esperança estará na ponta da língua de todos, de políticos a entregadores de pizza. Nós vamos conquistar alguns corações e mentes, gata – e esses garotos vão ajudar.

Ele bateu uma pata enorme no meu ombro, apertando até o osso. A dor desceu pelo meu braço, incandescente, mas maravilhosa. Tentei encontrar as palavras para responder, mas meu cérebro estava confuso com o prazer do toque. Adams me informara que eu fazia parte da operação; eu importava.

Eu me concentrei em respirar, mantendo a postura ereta. Adams encostou a van no muro de buganvílias do Acampamento Esperança. Empurrou o câmbio e se virou

145

para mim. Seu rosto enorme se aproximou: a pele de couro esburacada, o cabelo cortado a navalha, olhos azuis acima dos óculos aviador.

Agora deixe-me perguntar uma coisa, ele disse, antes que todos apareçam e causem um alvoroço. Posso contar com você, Marks? Está pronta para fazer o que for preciso?

Nós dois já sabíamos minha resposta, então foi um recruta que invadiu o espaço entre pergunta e resposta. Um menino louro lá atrás chamou, a voz rastejante como uma enguia: Podemos tirar essas vendas?

Os recrutas... quem eram eles? Eram filhos e filhas de corretores de Wall Street, de advogados de alto nível, de cirurgiões plásticos de elite e CFOs, e, em um caso específico, de um senador norte-americano muito respeitado. Todos tinham em torno de dezesseis anos. Todos, de acordo com Adams, nascidos e criados para grandes coisas. Eles seriam o toque final nos preparativos do Acampamento Esperança, aguçando sua ótica em um grau final.

Garotos deixam as pessoas empolgadas, disse Adams no discurso que fez aos trabalhadores mais tarde naquele dia. Garotos são fofos. Garotos lembram às pessoas o que está em jogo. E, como todos sabem, há muito em jogo agora, não é?

Os trabalhadores assentiam com entusiasmo solene, sorrisos se abrindo em seus rostos enquanto visualizavam coletivamente oceanos cheios de peixes mortos, plataformas de petróleo sugando a terra e tornados químicos varrendo o país. Eles sorriram para os recrutas. Embora *Vivendo a solução* não mencionasse especificamente a inclusão de jovens, aquele acréscimo se encaixava na premissa geral. Se o Acampamento Esperança fosse ser um marco cultural – um sonho de febre ecológica –, não faria mal ter jovens, além de outras figuras inspiradoras. A juventude pode ser o graveto que incendiará a consciência global.

Agora eu sei, disse Adams, que minha ausência causou confusão. Entendam, porém, que eu não queria fazer promessas que não poderia cumprir. Entendam que cada movimento que faço é para garantir que, quando levarmos esse show para a estrada, façamos valer a nossa única chance. Tivemos uma pequena pausa em nossa operação, claro, mas vai valer a pena. É uma estratégia militar: um movimento retrógrado. Não vou entrar em detalhes agora, porque acho que há algo ainda mais significativo em ação aqui. Algo que quero explicar, embora possa soar um pouco viajante para alguns de vocês...

Adams acenou com a cabeça para dois engenheiros solares. Eles responderam o aceno com bom humor.

... Entendam que, há várias semanas, quando estava naquele recife, eu tive uma visão. Era a visão de uma criança. Uma criança agarrada a um afloramento de coral. Ver a criança lutando destruiu este velho homem. Nada comove as pessoas mais do que crianças. Interpretei minha visão como um sinal de que precisávamos adicionar mais um ingrediente ao Acampamento Esperança para cativar nosso futuro público. Algo ainda mais extraordinário do que o que já realizamos...

Uma brisa varreu a praia, despenteando os cabelos dos trabalhadores e fazendo estremecerem as folhas das palmeiras. Tudo estava em silêncio. Até as gaivotas pararam para ouvir.

... Claro, disse Adams, agora todos sabemos que não foi uma criança que vi no recife. Foi nossa companheira ecoguerreira Willa Marks, fora de si por causa da insolação.

Os trabalhadores riram alegremente. Olharam para mim com carinho, como se nunca tivessem sentido nada além de camaradagem. Eu não tinha certeza se me sentia constrangida ou animada. As pessoas começaram a bater palmas. Um membro da equipe gritou. Adams fez um gesto pedindo silêncio.

Os fundamentos do Acampamento Esperança permanecem os mesmos, disse ele. Acabamos de receber esses garotos aqui agora: o mais jovens possível sem envolver demais os pais. E assim que treinarmos esses garotos, vamos lançar isso aqui e salvar o mundo...

Aplausos estouraram, espalhando aves marinhas pelo ar e caranguejos pela areia. Herpetologistas, hidrologistas e compostologistas agitaram os braços. A equipe de Agro chorou. As garotas das artes liberais pontificavam alegremente umas com as outras. Jachi apertou as mãos com a serenidade de uma adivinha, olhando fixamente para o sol. O lançamento estava novamente iminente, todas as perspectivas possíveis. Embora doze trabalhadores tenham sido deslocados de seus beliches para dar lugar aos recrutas, ninguém reclamou. Os deslocados ficaram felizes em colocar redes na casa de barcos até que mais alojamentos pudessem ser erguidos. Todos estavam prontos para esquecer a devassidão impelida pelo desespero da noite anterior. As latas de alumínio e embalagens plásticas de comida da festa foram rapidamente escondidas em meio aos destroços do oceano quando Adams não estava olhando. Todos estavam prontos para seguir em frente.

Apenas Lorenzo parecia incerto. Durante todo o discurso de Adams, ele me encarou, contraindo o bigode. Quando os outros membros da equipe partiram para suas tarefas designadas, ele puxou meu cotovelo.

Você me dedurou?, ele perguntou.

Não.

Você não mencionou a festa, nem um pouquinho?

Não.

A gratidão acalmou seu rosto ansioso. Solenemente, ele disse: Eu lhe devo uma, Willa Marks. Vou retribuir isso, você vai ver.

Dei de ombros. Alardear a festa só teria retardado o progresso, respondi, mas Lorenzo repetiu a promessa.

Isso não significou nada para mim na hora. Acenei para Lorenzo ir embora e saí pelo complexo. Meu problema, o problema que me contorcia por dentro – e que me incrimina agora – é que os recrutas me davam uma sensação de desânimo. Contra meus melhores impulsos, não gostei das garotas recrutadas com seus cabelos dourados como mel e suas unhas não roídas. Não gostei dos garotos recrutados com pele macia como pêssego, naturalmente atléticos. Aqueles garotos se chamavam Cameron, Thatcher ou Blair, como se fossem todos primeiros-ministros britânicos. Aqueles garotos haviam crescido com equipes de torcida, times de futebol, *hoverboards*, melhores amigos, festas do pijama, piscinas, bolos de aniversário, casas de veraneio e fundos fiduciários. Isso fazia meu estômago revirar, ver o dinheiro neles: a pele grossa do privilégio.

Naquele primeiro dia, os recrutas olharam cautelosamente para os painéis solares e os jardins do Acampamento Esperança enquanto as garotas das artes liberais tropeçavam umas nas outras para descrever os projetos ecoespaciais. Alguns dos recrutas pareciam entediados com aquela palestra; alguns ostentavam olhares alegres de satisfação, como se fossem donos do lugar. Aqueles doze jovens não me pareciam indivíduos que pudessem estar interessados no destino do planeta. Não me pareciam preparados para o que o Acampamento Esperança exigiria: o desgaste físico do estilo de vida. A rotina mental também. Eles não poderiam se comunicar com o mundo exterior até o lançamento. Precisariam viver como os trabalhadores viviam.

A decisão deles de se juntar ao Acampamento Esperança fazia pouco sentido.

No entanto, eu não queria que meu ciúme atrapalhasse a missão. Queria impressionar Roy Adams – fazer o certo por Adams – porque ele já era tudo o que desejara do fundador do Acampamento Esperança. Eu ficava pensando na maneira como ele havia apertado meu ombro na van. Tinha parecido um gesto paternal – como o toque de um pai que acreditava no futuro. Que acreditava em *mim*.

Enquanto os recrutas ocupavam seus beliches depois do jantar, eu me aproximei das garotas das artes liberais – que estavam assistindo à procissão e transbordando de satisfação consigo mesmas – e fiz um comentário sobre como os recrutas deviam ter sido sequestrados.

Quero dizer, eu disse, por que mais eles viriam para cá?

Corrine ergueu as sobrancelhas e disse: Você nunca frequentou a faculdade, não foi?

149

Eu fui para Harvard...

Corrine riu e disse: Essa foi boa. Você quase me pegou.

Abri a boca para explicar os cursos universitários que havia vasculhado, mas acabei dando risada junto. Explicar Harvard também exigiria explicar Sylvia.

Não há nada de que se envergonhar, disse Corrine. Não com as fronteiras estruturais do ensino superior e a paralisia econômica da dívida estudantil...

Ela não estava pedindo uma atualização de status sobre educação superior, interrompeu Dorothy, antes de se virar para dizer: Tudo que você precisa saber é que hoje em dia não se entra em faculdades de primeira linha como aluno nota A com um monte de atividades extracurriculares e notas altas nas provas. Nem adianta ser todas essas coisas e ser rico. É preciso ser extremamente incomum.

Certo, disse Corrine. Meu palpite é que Adams prometeu a um monte de pais de escolas preparatórias um programa de imersão de verão em um local exótico com iniciativas generosas e *pesquisas reais* com cientistas genuínos. Sem mencionar o estrelato internacional iminente. Faculdades querem realizadores, não apenas sonhadores. Inovadores, não apenas oradores...

Mártires, não apenas milionários?, indagou Eisa.

Corrine olhou de lado para a outra garota das artes liberais, então acrescentou: A mudança climática é quente, sem querer fazer trocadilho.

Você totalmente queria fazer trocadilho, disse Dorothy.

A questão é que, falou Corrine, quando o lançamento acontecer, esses garotos vão ficar famosos. Vão ser jovens pioneiros. Dada a estrutura da economia da atenção, vão ser acelerados para...

Dorothy interrompeu com outra crítica semântica. Enquanto ela e Corrine discutiam, Eisa interferiu.

Eu costumava trabalhar meio período em um escritório de admissões, ela disse. Você não ia acreditar nas coisas que ouvi. Milhares gastos em treinadores com conhecimento da Ivy League. Tentativas de suborno, ameaças de morte, favores sexuais – tudo para os pais conseguirem para seus filhos a melhor chance de sucesso. Eles devem ver o Acampamento Esperança como parte desse esforço. O que é bom para nós. Quero dizer, esses garotos não apenas serão uma ótima vitrine para quando a mídia chegar para o lançamento, como eu também não ficaria surpresa se os pais deles enchessem os cofres do Acampamento Esperança várias vezes.

Ela contraiu o olho, quase dando uma piscadela.

Com os últimos recrutas desaparecendo para dentro de seus respectivos alojamentos, fiquei me perguntando o que eles estariam achando dos alojamentos rústicos do Acampamento Esperança. O desconforto potencial deles, porém, não fez com que eu me sentisse melhor. Em vez disso, fez eu me lembrar da minha criação dispersa, das horas que passara sozinha no bunker de sobrevivência fazendo terrário após terrário, como se eu pudesse ter construído uma realidade alternativa perfeita o suficiente para convencer meus pais a continuar vivendo... como se eu pudesse tê-los salvado.

Pensei também nas crianças locais de Eleutéria. Elas poderiam ir para a faculdade? Poderiam ir para qualquer lugar? Tinham caminhos a seguir além daqueles delineados em um mapa do tesouro desenhado à mão, uma promessa rabiscada em um rolo de papel úmido, sem bússola clara, com probabilidades improváveis? Os recrutas tinham uma trilha bem-preparada para eles. Seus mapas haviam sido elaborados meticulosamente, testados pelo tempo, adquiridos de modo injusto.

Então, é verdade, eu me sentia secretamente satisfeita com os desafios que os recrutas enfrentavam no Acampamento Esperança, em especial no início. Eles suavam durante sessões brutais de exercícios matinais, corriam para tomar banhos de trinta segundos e completar suas muitas tarefas – limpeza do aquário, triagem de recicláveis, revolvimento do composto. Todas as coisas que eu duvidava que eles já tivessem feito antes.

Embora a maioria dos recrutas fossem veteranos de internatos, endurecidos pela separação dos pais, alguns ficaram com saudades de casa; se não pela casa, por conta do conhecido conforto do continente. Alguns choravam à noite em seus beliches. Um ou dois choravam abertamente durante o dia, o rosto avermelhado, privados de sono e exaustos. Tais exibições duraram pouco tempo. Os recrutas eram habilidosos em acalmar a si mesmos. Tinham um talento especial para se estabelecer em uma atenção suave e educada sempre que uma situação exigia. Nenhum dos outros membros da equipe considerava isso desanimador. Na hora das refeições, os trabalhadores falavam com admiração sobre o extenso vocabulário e os modos refinados dos recrutas. Chamavam eles de fofos. E, se algum deles ficava chateado, havia um recife de coral para reabilitar, um lote de biodiesel para produzir. O consolo chegava por meio de instruções alegres.

Antes de prosseguir, deixe-me acrescentar que, apesar da minha inquietação, eu nunca quis que os recrutas se machucassem. Nunca quis que nada realmente ruim acontecesse com eles. Eu só não gostava de tê-los por perto. Não achava que o Acampamento Esperança precisasse deles. Apesar de toda a submissão deles, de sua articulação de escolas preparatórias, eles não pareciam se importar em proteger o meio ambiente, em fazer um mundo melhor para todos, exceto da maneira mais superficial. Eles tinham ido para o Acampamento Esperança para enriquecer suas inscrições para a universidade. Tinham ido por si mesmos.

Eu confiava em Roy Adams, no entanto. Se ele considerava os recrutas essenciais, eu faria tudo que pudesse para prepará-los para o lançamento. Eu queria que o Acampamento Esperança fizesse a diferença no mundo, e se isso significava trabalhar com os recrutas, eu faria isso. Faria isso por ele.

Foi por isso que, para cumprir sua ordem de dar "coragem" aos recrutas, eu os levei para o matagal.

A viagem era uma maneira de entrar no desconhecido, de lutar contra o risco: sumidouros, madeira venenosa, aranhas. É verdade que eu também tinha os cães selvagens em mente. Talvez eu tenha imaginado os cães assustando os recrutas antes de demonstrar como um arremesso de pedra poderia nos salvar. Talvez eu quisesse que eles compreendessem todo o poder da natureza, que a respeitassem. Que sentissem um toque de medo em vidas que pareciam, de fora, decadentes em fartura e amor.

Estacionei a van em uma estrada arenosa que desaparecia na mata. Eu tinha visto a estrada durante minha caminhada até o assentamento local duas semanas antes. Um dos geólogos tinha me dado uma bússola e jurou que, se seguíssemos sempre para oeste, chegaríamos à costa. Uma equipe marinha conduzindo pesquisas de mangue nos buscaria quando chegássemos.

O geólogo, assim como os outros membros da equipe do acampamento, passara a me tratar de maneira amigável. Embora anteriormente eu fosse vista como o motivo pelo qual Adams se ausentara do Acampamento Esperança, agora era vista como o motivo pelo qual ele havia retornado: trazendo com ele reforços essenciais. Eu era a razão pela qual – muito em breve – faríamos o lançamento.

Os recrutas estavam de bom humor quando partimos, conversando entre si sobre as localizações das segundas casas de suas famílias e suas companhias aéreas internacionais favoritas. A estrada arenosa transformou-se num caminho naturalmente pavimentado com planos de calcário. Pés de mangue-de-botão e álamo filtravam a luz do sol. Pássaros gorjeavam e saíam voando do mato.

À medida que nos aprofundamos no matagal, porém, o mato foi ficando mais denso, e a madeira venenosa se aproximando. Os pássaros estavam mais reclusos; os insetos, mais ativos. Passamos por uma cobra morta, aberta e parcialmente comida. Os recrutas caíram em um silêncio inquieto.

Estamos indo no caminho certo?

A pergunta veio de Lillian McClatchy, a filha loura do CEO de uma empresa de bebidas. Ela era uma das quatro recrutas que haviam insistido em usar brincos de pérola com o uniforme do Acampamento Esperança.

Para onde vamos mesmo?, perguntou Thatcher Craven III.

Repeti que estávamos indo para o outro lado da ilha; seríamos apanhados de barco.

Mas por quê?, questionou Cameron Espinoza.

Coloquei um dedo nos lábios, escutei o farfalhar, esperando que os cães selvagens aparecessem. Com a mão livre, enfiei os dedos no bolso e acariciei um punhado de pedras lisas. Eu esperaria até que os recrutas estivessem adequadamente assustados antes de assustar os cães.

A ilha permanecia quieta. Seguimos marchando, o sol alto e tórrido no céu. O geólogo havia mencionado que escalaríamos uma colina antes de chegar à costa, mas parecia que estávamos perdendo altitude. Estávamos caminhando fazia mais de uma hora. Não tínhamos levado muita água.

Posso tentar usar a bússola?, perguntou Lillian.

Dei o aparelho a ela, meu interesse na excursão diminuindo. Eu queria estar de volta ao Acampamento Esperança, não fornecendo a garotos ricos histórias para suas inscrições na faculdade.

Mas precisava pensar em Adams – impressionar Adams. Queria sentir novamente a mão dele em meu ombro, ouvir seu louvor estrondoso. *Marks*, eu o imaginei dizendo. *Seu comprometimento sempre se destacou. Você está disposta a fazer o que for preciso para termos esses recrutas totalmente treinados. Para treiná-los direito.*

Deveríamos ir por ali, disse Lillian. Ela apontou para o caminho por onde tínhamos vindo. Se voltarmos um pouco, podemos pegar uma das trilhas laterais.

O mundo precisa de pessoas como você. Pessoas que veem a missão por completo.

Os recrutas partiram, e eu fui atrás deles, perdida em minha conversa imaginária com Adams. Quando eles pararam de repente, me assustei.

Havíamos chegado a uma caverna.

A boca de pedra se escancarava, abrindo-se em uma cavidade espaçosa. O chão era plano e arenoso. A caverna parecia um lugar onde pessoas podiam viver – e provavelmente tinham vivido.

O que é isto?, perguntou Cameron. Pensei que estávamos caminhando na direção do oceano.

Você tem alguma ideia de onde estamos?, indagou Margaret Lu, franzindo a testa.

Para manter um pingo de autoridade, forcei um sorriso. Disse aos recrutas que a missão na verdade era encontrar aquela caverna. Agora eles estavam livres para explorar.

Os recrutas olharam para os relógios como executivos em treinamento pressionados pelo tempo. Thatcher levantou o assunto do jantar. Continuei sorrindo – ferozmente – até que eles vagaram relutantemente pela caverna, mergulhando em suas sombras, chutando o chão arenoso.

Fiquei observando com interesse fugaz. Que elaborem ensaios de inscrição na universidade sobre aquele buraco em um penhasco; todos acabariam em lugares como Harvard de qualquer maneira.

Em vez de observá-los, fiquei imaginando como poderia usar a excursão como motivo para falar com Adams, obter sua aprovação. *Você é incrível, Marks. Verdadeiramente dedicada e...*

Um recruta se esgueirou ao meu lado.

O nome dele era Fitz Albemarle. Tinha um nariz adunco, lábios carnudos, o rosto obscurecido por um chapéu de abas largas – uma necessidade, considerando sua pele: pálida como papel de arroz. Embora tivesse apenas quinze anos, tinha o comportamento zombeteiro de alguém já firme em uma atitude de desprezo geral. Parecia um garoto que jogava lacrosse só para bater nos outros com um bastão. Um garoto que se tornaria banqueiro para poder executar hipotecas. Um garoto transformado em recruta que fazia comentários para trabalhadores do acampamento apenas para irritá-los.

Se aqueles idiotas caírem lá de cima, disse ele, vão quebrar o pescoço.

Ele gesticulou em direção à parede da caverna, que vários recrutas haviam começado a escalar.

Eles vão ficar bem, eu disse.

Há sumidouros por aqui?

Talvez.

Você tem alguma ideia do que está fazendo?, perguntou Fitz. Quero dizer, existem mesmo regras aqui? Como isso pode ser legal?

Cerrei os dentes. Não queria me incomodar com as perguntas de Fitz. Queria ficar sozinha com minha conversa imaginária com Adams, ou melhor ainda: queria voltar ao Acampamento Esperança para poder falar pessoalmente com Adams. Mas precisava responder, então fiz algumas observações neutras sobre a importância de mergulhar na ecologia local enquanto se pensava nas mudanças climáticas em escala global.

Fitz estava dando as costas, mal-humorado, quando notou algo perto do meu pé.

Essas aranhas costumam picar?

Um aracnídeo do tamanho de uma moeda de dólar andava por cima dos meus dedos dos pés.

Eu havia tomado a decisão imprudente de caminhar no meio da mata usando sandálias esportivas de tiras. A pele nua do meu pé formigou. Sem mover a metade inferior do meu corpo, dei de ombros e respondi que a aranha não era um problema.

Fitz ergueu o queixo. Seu chapéu deslizou para trás, revelando olhos rosados nas bordas. Sua boca se contraiu com desdém. A sensação de formigamento subiu pela minha panturrilha. Eu me obriguei a não olhar para a aranha. Não daria àquele garoto rico e metido a satisfação do meu pânico. Fiquei imóvel, mesmo enquanto me preparava para uma picada.

Nossa, disse Lillian – intrometida demais para não notar –, olhem o tamanho dessa coisa.

Mais recrutas se reuniram ao meu redor. Os que estavam escalando a parede da caverna chegaram perto para observar a aranha enquanto ela rastejava pela minha coxa, sobre meu quadril, meu torso, fazendo todo o caminho até meu pescoço. Fechei os olhos enquanto os recrutas gritavam, deliciados.

Pensei em Adams – sua proclamação de que eu era "uma lutadora" e "durona como uma hiena". Ele havia dito isso na frente dos recrutas. Eu não queria que soubessem que ele estava errado. Não se tratava de proteger meu orgulho nem mesmo minha segurança. Tratava-se de mostrar aos recrutas que Adams quisera dizer o que dissera: que o Acampamento Esperança e seus trabalhadores eram para valer.

É comprometimento, o seu comprometimento total, que vai mudar o mundo...

Os recrutas gritaram mais alto quando a aranha rastejou ao longo da minha mandíbula. Deram pulinhos e cobriram os olhos quando a aranha alcançou meu queixo, as longas pernas testando meus lábios. Esperei que a aranha se movesse em direção ao meu cabelo antes de dizer com voz calma: Não há por que ter medo. Quando paramos de nos preocupar com perder tudo é que podemos realizar alguma coisa.

Era uma frase de *Vivendo a solução*. Eu me senti tão forte quanto parecia. Os recrutas assentiram, maravilhados enquanto eu guiava a aranha para a minha mão e depois para o chão.

Todos, exceto Fitz. Ele havia se derretido nas sombras da caverna com todo aquele descuido, inexplicável como um fantasma.

Mais um corpo: inchado pelo sol, raiado de sal, deixado para apodrecer nas rochas. Podia ter sido um acidente a primeira vez que os colonos queimaram uma fogueira perto de um trecho irregular de recife – a luz atraindo um navio que passava em direção a um porto ilusório, o casco de madeira logo dilacerado, marinheiros clamando por salvação. Mas não foi um acidente na vez seguinte ou na próxima.

Não foi por acaso que um sobrevivente de um naufrágio se arrastou na areia branca e fina da ilha, cuspindo sangue e água do mar, implorando por ajuda, apenas para receber, em vez disso, um chute na têmpora: uma morte rápida, a coisa mais próxima de uma recepção hospitaleira.

Não havia leis em Eleutéria – nem autoridades para aplicá-las. Não havia magistrados nem tribunais. Não havia impostos. Nem sistemas bancários. Não havia tutores ou seminários para semear a iluminação. Não havia ferreiros decentes. Nada de dentistas, nem mesmo ruins. Não havia igrejas nas quais se prostrar, a não ser que se contasse a caverna – um dente em um penhasco, com apenas uma pedra como púlpito – e, mesmo assim, não havia clero.

Os que viviam em Eleutéria eram azarados, rebeldes. Teimosos demais para ir embora. Teimosos demais para viver em outro lugar. Seus números cresciam aos trancos e barrancos. De outras colônias foram enviados quakers impenitentes, adúlteros, batedores de carteiras, desajustados – todos aqueles que o Novo Mundo não queria entre os seus. Para Eleutéria foram enviados os negros livres que inquietavam os colonos brancos, os negros escravizados que amedrontavam os colonos brancos – tramas de rebelião inflamando a paranoia na alma apodrecida dos chamados senhores.

A ilha: uma penitenciária não oficial – embora não particularmente penitente – poderia ser um local de liberdade se alguém conseguisse sobreviver. Aranhas venenosas na folhagem, tubarões cruzando as águas rasas, arraias dispostas como trampolins para o fundo do mar. A ilha era um outro mundo. Os condenados prosperavam, e os abençoados expiravam. A ilha era uma vida após a morte: um paraíso ou um inferno, ninguém sabia ao certo. Uma mulher, uma vez envergonhada e banida, podia escolher seu caminho ao longo da costa, vasculhar cordas de algas marinhas em busca de tesouros naufragados ou pedaços de âmbar cinza para fazer um perfume caro cheirar mal. Quando o dia ficava longo e interminável, o tédio sendo o carcereiro mais cruel, ela podia procurar outros itens também. Conchas bonitas e pedras lisas. Os grãos em forma de coração que flutuavam pelo Atlântico como missivas de um amante.

O mar trazia o que escolhia – apesar de todas as suas incógnitas, isso era certo –, o que aparecia na praia, rastejava, ficava preso ou não.

Vivia ou não.

À noite, os colonos seguravam lanternas na escuridão, a luz um olho piscando – um diamante aninhado contra o veludo, um grão de sal na língua –, o brilho acenando, *aproxime-se*.

6

O rosto de Sylvia pairava perto de mim, seus olhos nublados em sombras, a boca brilhando molhada. Estávamos no chão do banheiro do andar de cima, e eu ainda podia sentir a pressão dos lábios dela nos meus, sentir o sabor de suas lágrimas salgadas. A eletricidade tinha acabado, e era como se o beijo tivesse convocado a escuridão surpresa. Então a água do chuveiro também desligou – não havia mais borrifos no ambiente – e tudo ficou imóvel. Exceto que eu estava tremendo. Não estava nem um pouco imóvel, nem quieta: minha respiração estava curta e rápida. Se era o arrepio provocado pelas roupas molhadas ou uma expectativa vibrante, eu não sabia. Mas tinha a sensação de que morreria se não conseguisse o que queria. Estava me sentindo quase como se *tivesse* morrido e caído em um outro mundo, com tudo de cabeça para baixo: um tumulto rugindo lá fora, e eu, de alguma forma, sentada em um piso de cerâmica com a professora Sylvia Gill.

Ela começou a falar, então eu a beijei novamente.

Dessa vez, ela respondeu com lábios macios como travesseiros, depois urgentes, as mãos – os dedos longos e elegantes – agarrando a base do meu pescoço e o meu cabelo. Quando os olhos dela encontraram os meus, estavam selvagens. Sua voz saiu rouca: *Aqui não.*

Saímos para o corredor, os braços entrelaçados, sua boca encontrando a minha na porta do quarto dela. Uma pilha de livros caiu invisível no escuro. Sua cama era um mar de cobertores se erguendo ao nosso redor. Meu tremor se intensificou. No ar gelado, senti a pele arrepiada e os músculos tensos. Tirei minhas camadas de roupas úmidas. Sylvia tirou as dela. Então pressionou o corpo perto do meu, seu calor penetrando em mim, e a tensão em meus membros se derreteu em um desejo impotente. Amoleci. Estava perdida. Ela enroscou as pernas em volta das minhas, mordeu meu ombro, meu pescoço. O perfume dela subiu pelo meu crânio – aquele almíscar úmido e muito doce de âmbar cinzento – junto com o cheiro de pele molhada, cabelo molhado. Uma feminilidade picante. Enterrei meu rosto nela. Eu a estava inspirando. Estava nadando nela.

Ela se afastou.

Isso foi errado?, perguntei, sussurrando baixinho: Estou fazendo errado?

Senti frio novamente. O que eu conhecia, exceto a vastidão excruciante do meu desejo por Sylvia? Um desejo que me deixava vulnerável, que havia me colocado em perigo antes. Em setembro, eu saíra da palestra de Sylvia e encontrara estorninhos mortos caídos por todo o campus. Estorninhos nos caminhos. Estorninhos nos degraus da biblioteca. Todos aqueles dormentes emplumados, não mais se flexionando e ondulando, deslizando pelo céu em um único milhão. Depois da rejeição de Sylvia, eu também me sentira caída: quebrada pela altura da expectativa.

Errada, repetiu Sylvia, você é toda errada.

Meu estômago parecia estar cheio de estorninhos: uma massa agitada e cantante. Eles tinham ido parar dentro de mim, e eu tinha ido parar naquele outro mundo. A escuridão nos envolveu; poderíamos estar em qualquer lugar. Em qualquer momento. Pássaros no meu estômago, gritando, se revoltando. Só que Sylvia estava se aproximando novamente, as mãos no meu rosto, dedos elegantes pegando meus lábios. Mãos deslizando pelo meu corpo – errada, errada, errada. Escorreguei para dentro do oceano de um gemido, toda dor, sem saber se era meu ou dela, ou do mundo inteiro. Do lado de fora, além do quarto de Sylvia, estava a extensão metropolitana – repleta de sirenes e o rugido de um protesto ainda não reprimido –, mas eu ouvia apenas a respiração curta de Sylvia, sentia apenas o torniquete dos lençóis, o frio de um outono de Massachusetts absolvido no calor do aquecedor. Não importava que estivéssemos em um outro mundo, porque tudo o que eu queria era a boca molhada dela, seus quadris macios, o enterrar dos dedos na carne, um paraíso de sentimentos, estorninhos voando livres.

Ela não estava lá pela manhã.

Se eu não tivesse acordado na cama dela, poderia ter achado que o que acontecera havia sido um sonho.

Havia sirenes tocando pela cidade, o gemido de um alarme. Eu quase me esquecera dos protestos. A energia estava de volta, e a TV havia despertado no andar de baixo. Fui até a sala de estar enrolada em um cobertor. Na TV, imagens do dia anterior se desenrolavam. Eu me dei conta de que os freegans estavam envolvidos – esse devia ser o "momento" sobre o qual eles tanto falavam. Afinal, na noite anterior, eu sentira a atração de sua reunião, o puxão de uma consciência coletiva. Se não fosse por Sylvia, eu teria estado com eles. Estaria na cidade agora.

Mas estava pensando no corpo dela contra o meu. O doce terror daquele toque. A dor entre minhas pernas que se transformara em um prazer quase bom demais para suportar.

Tinha sido minha primeira vez. Isso deveria significar alguma coisa. Por algum motivo, eu sempre imaginara que minha primeira vez seria com um homem, embora nunca tivesse me sentido especialmente atraída por um e só conseguisse visualizar o ato acontecendo de forma abstrata. Minhas primas falavam comigo sobre homens o tempo todo. Elas me provocavam perguntando quais eu achava fofos. Eu respondia aleatoriamente; Victoria e Jeanette davam risada, indiferentes. Às vezes, reuniam homens para aparecer em nossas fotos, na época em que as tirávamos. Uma vez, me disseram para beijar um cara que pegamos do lado de fora de um bar – e o cara me agarrou antes que eu pudesse dizer não. Aquilo me chocou, a língua dele enfiada na minha boca, a barba arranhando meu rosto. Tive a sensação de estar me afogando. Até minhas primas foram capazes de ver que o beijo me perturbara. Depois daquilo, não me incomodaram mais tanto sobre namorados.

Com Sylvia, não tive a sensação de estar me afogando.

Eu ainda estava em seu sofá, envolta em cobertores e vendo TV distraidamente, quando a porta da frente se abriu naquela tarde. Simone, a coelhinha, estava sentada ao meu lado. Eu havia comido as rosquinhas que levara na noite anterior, e o açúcar me deixara zonza antes mesmo que ela aparecesse. Eu sabia que deveria ir embora. Mas não queria. Então, inventei uma história na minha cabeça sobre como ela ficaria feliz em me encontrar lá quando voltasse.

No entanto, quando ela entrou na sala de estar – com o farfalhar de um longo casaco de lã e botas estalando –, seus olhos brilharam, acumulando irritação no rosto como uma nuvem de tempestade. Ela estava altiva e elegante. Formidavelmente linda. Meu sangue parou, engrossado pelo açúcar. Senti um desejo me percorrer.

Como você pode imaginar, disse Sylvia, tenho muito do que cuidar agora.

Ela começou a vasculhar uma pasta em uma mesa no canto da sala. Esperei enquanto ela mexia na pasta, papéis voando, a TV passando imagens dos protestos repetidamente: explosões e pessoas correndo, o prefeito nomeado pelo governo federal condenando o comportamento dos cidadãos.

Eu me desembrulhei dos cobertores no sofá e fui até ela. Minha pele nua sorriu com minha própria coragem; eu não havia me vestido.

Como ela me ignorou, deslizei uma mão para sua cintura. A mão dela avançou e me agarrou com força. O aperto quase doeu. Então doeu de verdade. Mas eu me senti aberta pela sensação: sua proximidade e toda a possibilidade daquilo.

Por que, ela perguntou, você ainda está aqui?

Para ver você, eu disse.

Você é uma boba.

E?, falei, me sentindo insolente com meu próprio desejo, o açúcar subindo à cabeça. Você me quer aqui também.

Você deveria ficar longe de mim.

Eu não quero.

Eu não sou uma boa pessoa.

Isso me fez rir – o que fez Sylvia recuar, surpresa. Respondi que ela era a melhor pessoa: minha pessoa favorita. Disse que ela era fascinante, brilhante e ousadamente justa, e, quanto mais eu falava, mais aflita ela parecia.

Ah, ela exclamou, como se estivesse ferida. Pare.

Não parei. Continuei falando, listando todas as qualidades encantadoras dela, até que ela não aguentou mais. E me puxou para perto e de volta para a sua vida.

Início de dezembro. Cinco semanas desde a Revolta do Halloween. A cidade tensa, o toque de recolher mantido. Drones zunindo no escuro. Andavam dizendo que todas as eleições governamentais seriam adiadas, até que os cidadãos se estabilizassem. Autoridades alertaram sobre uma rede terrorista descentralizada radical que perseguia a nação – a implicação era que qualquer pessoa poderia ser indiciada por atividade suspeita. Entre meus colegas de trabalho no The Hole Story, circulavam especulações sobre prisões clandestinas, interrogatórios secretos, pessoas "desaparecidas" por um ramo extrajudicial de aplicação da lei. Eu não via os freegans desde antes dos tumultos; vasculhar o lixo não era seguro. Parecia um risco até mesmo ir além do caminho entre o apartamento das minhas primas e meu trabalho. Era um risco ir à casa de Sylvia.

Mas eu ia.

Tínhamos chegado a um novo padrão em que eu ia até a casa dela e acabávamos no quarto. Não havia mais conversa sobre movimentos sociais ou chá sentadas no sofá. Era apenas sexo. Nossos encontros eram intensos, efêmeros, o que parecia bom e depois terrível – mas o bom era bom o suficiente. Mesmo que Sylvia sempre desaparecesse depois.

Então, uma manhã, acordei enquanto ela estava se vestindo. Estava escuro do lado de fora, mais noite do que manhã. Sylvia estava sentada na beirada da cama, calçando uma meia preta. Um abajur abafado iluminava um guarda-roupa esculpido em madeira, uma porta coberta de echarpes. Havia pilhas de livros na mesa de cabeceira. Uma penteadeira, pressionada contra uma parede, estava coberta de blush.

Sylvia se abaixou para pegar um brinco errante e colocou alguns livros da mesinha de cabeceira em uma bolsa de tecido. Tinha colocado um vestido preto, apertando a cintura com um cinto. O cabelo estava penteado, e os olhos, pintados com delineador escuro. Parecia uma rainha preocupada.

Muito ocupada, ela disse quando notou que eu estava observando. Você sai por conta própria?

Ela estava sempre ocupada, sempre não podendo falar. Percebi que sentia falta do jeito que costumávamos ficar na sala de estar, enquanto eu falava sem parar sobre os freegans. Queria poder dizer a ela que eu não os via fazia muito tempo. Eu me preocupava com eles; me perguntava se estavam se escondendo, se estavam camuflados ou se haviam sido levados para prisões secretas.

Sylvia procurou pelos óculos de leitura ao redor do quarto.

O que tem de tão importante hoje?, perguntei.

Sylvia continuou procurando enquanto explicava que um programa de notícias havia pedido que ela comentasse sobre o partido da vez: os Republicanos Verdes. Eram outra facção política recém-nascida tentando se firmar em meio ao caos político. A emissora de televisão queria que sua perspectiva acadêmica equilibrasse os comentários insanos de especialistas malucos, embora esses especialistas provavelmente fossem receber a maior parte do tempo de fala. Ela não adorava essas participações, mas elas elevavam seu perfil acadêmico. E ela precisava manter seu perfil elevado, com o colapso de dezenas de universidades do país e a mentalidade implacável de seus colegas. Eram lobos em blazers de tweed. Não deixariam um incidente específico passar.

Que incidente?, perguntei.

Nada importante.

Não é o que parece.

Não se preocupe, disse Sylvia – virando um travesseiro para espiar debaixo dele.

165

Eu não estava preocupada. Tudo o que me preocupava era que Sylvia estava partindo novamente. A única coisa que a mantinha por perto era que ela ainda não havia encontrado os óculos.

O que quer que seus colegas pensem, eu disse, sei que você é mais inteligente que todos eles.

Sylvia se virou para que eu não a visse apreciar o elogio. Vi os óculos de tartaruga dela em uma dobra do edredom. Eu os peguei e coloquei sobre o meu nariz.

Mas talvez você precise disso aqui...

Sylvia tentou pegar os óculos, mas eu me esquivei.

L, ela disse. Eu não tenho tempo para isso.

Relutantemente, entreguei os óculos. Ainda não queria que ela fosse, e tinha a sensação de que uma parte dela também não queria ir embora.

Podemos tomar chá de novo algum dia?, perguntei.

Sylvia sentou-se na cama. Ela passou um dedo ao redor do meu tornozelo nu, então o deixou deslizar ao longo da minha panturrilha. Seus olhos pularam para os meus, e todo o meu corpo ganhou vida. Eu me senti como um espécime interessante na floresta. Uma florzinha. Uma muda. Eu queria ser colhida, olhada – amada. Queria ser arrancada da minha vida normal e achatada em um livro para preservação.

O telefone de Sylvia vibrou, devolvendo-a ao assunto em questão.

Esse produtor não para de ligar, ela disse. Como se eu nunca tivesse feito uma participação antes...

Saltei da cama. Uma ideia havia estremecido em mim, e eu vesti minha camiseta, o suéter e a calça, tentando mantê-la em mente. A ideia deixou minha pele quente; ainda não estava totalmente formada e eu não queria perdê-la. Meu casaco estava no chão do corredor. Corri para fora do quarto para recuperá-lo e Sylvia foi atrás de mim.

O que está acontecendo com você?, ela perguntou.

Enfiei os braços nas mangas do casaco. Eu não podia me explicar para ela, ainda não. A ideia estava ficando mais alta, e eu queria ouvi-la até o fim. Beijei sua bochecha, então corri para fora da casa na escuridão antes do amanhecer, a ideia esperando por mim como um navio escondido em um porto – nossa viagem iminente.

Chuva gelada durante a noite. Calçadas escorregadias de gelo, parquímetros e placas de PARE brilhando em suas carcaças congeladas. Postes de iluminação endurecidos em pedaços amarelos congelados. Mesmo assim, meus membros balançavam leves e incansáveis enquanto eu caminhava pela cidade congelada. Deslizava os pés para a frente como se estivesse esquiando. Expirava fumaça como um trem. Cantarolava.

A menção de Sylvia a falar na televisão havia agitado os preparativos de um plano, e esse plano – embora ainda estivesse em formação – me tornava invencível. Eu seria capaz de caminhar por quilômetros e nenhuma temperatura me afetaria. Caminhei durante a parte escura da manhã, atravessei Cambridge e a ponte de Harvard e desci até o South End. O sol nascia rosa-pálido quando me aproximei do apartamento das minhas primas. A luz iluminava a paisagem congelada, adornando-a, fazendo com que tudo parecesse infinitamente precioso. Se não precisasse ir trabalhar no The Hole Story, talvez eu tivesse caminhado por mais horas, visto a cidade ganhar vida enquanto os bostonianos saíam de casa para jogar sal nas calçadas e abrir à força as portas geladas dos carros.

O plano era que Sylvia pudesse ajudar os freegans. De certa forma, eles poderiam ajudá-la também. A obviedade desse arranjo brilhou através de mim. O fato de Sylvia dar palestras, escrever artigos e aparecer no noticiário fazia dela a pessoa mais poderosa que eu conhecia. Ela era uma mercadora de perspectivas. As pessoas a ouviam; acreditavam no que ela dizia. Se ela defendesse os freegans e pessoas como eles, como um movimento em formação, poderia influenciar a opinião pública. Poderia explicar como os freegans não eram um perigo para a sociedade, mas uma chance de salvação. Eles não eram uma rede terrorista radical descentralizada; eram um amontoado de indivíduos despertos para o que a civilização poderia ser.

Os fatos da minha existência começaram a se alinhar. Nós significávamos alguma coisa, Sylvia e eu. O universo havia nos unido por uma razão: tínhamos sido chamadas cosmicamente para servir ao bem maior.

Durante todo o dia, sonhei acordada com cenários futuros. No The Hole Story, distraída, misturei demais a massa, produzindo um lote de rosquinhas duras como ferro. Não importava. Descartei-as rapidamente e fiz mais. Passei todo o meu segundo turno de trabalho assobiando também. Eu havia assumido horas extras: minhas primas e eu precisávamos do dinheiro, com a recuperação nas lixeiras dificultada. Victoria e Jeanette começaram a se candidatar a novos empregos, já que o trabalho na galeria era de meio período e mal remunerado. No entanto, as chances de elas encontrarem alguma coisa eram baixas, considerando a estranheza e os currículos escassos das duas e o mercado de trabalho atrofiado.

Cada preocupação desaparecia diante do brilho do plano que eu logo compartilharia com Sylvia. Naquela noite, o clima frio ficou ainda mais frio, e um vórtice polar se retorceu por Boston, levando a água do mar para os túneis rodoviários e congelando-os como canos antes de despejar mais de um metro de neve sobre a cidade. Galhos de árvores se chocaram com fios elétricos e esmagaram os carros que não estavam perdidos nos montes de neve. O transporte público parou. E, no entanto, eu imaginava uma vida maravilhosa pela frente, harmoniosa com potencial cooperativo, de modo que, quatro dias depois, bati na porta de Sylvia, zumbindo com tanta expectativa como quando saíra no outro dia.

Ninguém atendeu. Eu me remexi dentro do casaco para me manter aquecida. A vizinha de Sylvia apareceu na varanda em frente usando um gorro do Red Sox. Ela cutucou o gelo nos degraus, fingindo coincidência, antes de dizer: Você é a aluna.

Claro, respondi.

A escola está fechada?

Dei de ombros, sem me importar em explicar. Mexi os pés; bati novamente.

Estranho, disse a vizinha, estudantes vindo até aqui.

Para manter os dedos aquecidos, soprei neles.

Vocês são todas iguais, continuou a vizinha. É como se fossem copiadas em carbono. Ou clonadas, como fizeram com aqueles bebês em...

Bati de novo, o mais alto que pude sem estragar a porta, e dessa vez ouvi passos do outro lado. Estremeci, pronta para compartilhar meu plano de ajudar os freegans, pronta para tornar o mundo melhor, mas então a porta se abriu e fui engolida pela casa perfumada – por Sylvia –, e tudo virou do avesso, inclusive eu.

Esse era o problema: eu nunca conseguia encontrar o momento certo para explicar minha ideia a Sylvia. Ela precisava estar com o humor certo – receptivo –, mas seus humores eram difíceis de acompanhar. A janela de sua atenção era limitada antes que outros assuntos consumissem sua mente. Quando ela estava focada em mim, eu não conseguia resistir ao dilúvio de seu desejo. Eu gostava de me sentir necessária, mesmo que apenas por um curto período. Queria ser o que a desviava do trabalho. Queria ser desejada. Queria minha mente embaralhada por horas na cama, de modo que, quando saía cambaleando da casa dela, atordoada, e lembrava o que pretendera pedir, já era tarde demais.

A desordem decadente e dispersiva da casa dela também não ajudava meu senso de foco. Mas a casa dela era o único lugar onde podíamos nos encontrar. Sylvia tinha me dito para parar de entrar furtivamente em Harvard.

Eles melhoraram a segurança, ela disse. Não vale o risco. E certamente não posso lidar com a responsabilidade de autorizar você. Tenho muito mais coisas acontecendo.

Como falar com ela sobre os freegans? Como pedir mais, quando ela já me dava mais do que queria dar? Na casa havia papéis empilhados por toda parte. Livros abertos no chão da sala, notas adesivas marcando páginas como barbatanas amarelas. Às vezes, os livros também se aninhavam nas cobertas da cama – suas lombadas cravadas em mim como se insistissem que eles mereciam Sylvia mais que eu.

Eu não queria perdê-la. Não ousaria perdê-la. Sylvia era o bote salva-vidas que me mantinha na superfície.

Todo o inverno se passou assim; o quarto dela se tornara o único lugar real na cidade. Todo o resto se desvanecia, saía de foco, mesmo quando os especialistas denunciavam a deterioração do estado da sociedade e líderes religiosos elogiavam os prazeres da vida após a morte – um prêmio de consolação para aqueles que lutavam com o presente – e lideranças americanas atiçavam com nacionalismo as brasas do preconceito. Fronteiras erguiam-se por toda parte. A fronteira Estados Unidos-México, eletrificada e minada, era patrulhada por drones com ainda menos simpatia que seus predecessores humanos. Dinamarca, Suécia, Noruega, Finlândia – abandonando a capenga UE – prendiam outros do lado de fora. A China e a Espanha prendiam seus cidadãos do lado de dentro. Os ultrarricos fortificavam seus refúgios apocalípticos na Nova Zelândia. Em todo o mundo, manifestantes mal conseguiam erguer os cartazes antes que a aplicação da lei entrasse em ação em nome da segurança pública e da propriedade privada. No entanto, toda vez que eu encontrava coragem para contar minha ideia a Sylvia, o momento falhava e meu plano flutuava para fora do alcance, para a esquina do minuto seguinte, da hora seguinte, do dia seguinte.

O que não quer dizer que não tenha havido momentos em que – na fila do balcão de racionamento do supermercado, passando pelos paramilitares que faziam a segurança de um escritório corporativo, lendo sobre outro desastre natural – eu tenha me lembrado de como os freegans diziam que era preciso apenas 3,5% de uma população para iniciar uma mudança cultural maciça; em que eu tenha me lembrado da conversa deles sobre arrancar a calçada da cidade e plantar jardins nas ruas; em que eu tenha me lembrado de que queria pedir para Sylvia ajudar a comunicar a luta freegan pela revolução, ajudar a descobrir para onde eles tinham ido, ajudá-los da maneira que precisassem, porque o mundo precisava de algo diferente, e os freegans eram o mais diferente possível.

Imagino que uma parte de mim, no fundo, sabia que pedir algo a Sylvia mudaria o que tínhamos.

E eu gostava do que tínhamos, por mais imperfeito que fosse.

A primavera chegou em uma explosão brilhante. Os montes de neve desapareceram, seu conteúdo secreto exposto: a arqueologia derretida de xícaras de café, luvas avulsas e chaves de casa perdidas. Narcisos nasceram do solo em lâminas verdes, vestindo seus gorros amarelos. Rododendros floresceram. Azaleias também. Cerejas pintavam as margens do Charles de rosa. Havia flores por toda a cidade – mais do que o normal – e, se eu estivesse prestando atenção, teria ligado a floração ao pico global de CO_2. Tais exibições estavam acontecendo em países de todo o mundo – e também no mar, onde os corais resplandeciam em amarelo, rosa, violeta, as cores visíveis do ar como sinais de neon desesperados implorando por atenção, por resgate, sua maravilha implorando ao olho humano por ajuda.

Talvez as flores pelo menos tenham feito meus olhos se abrirem mais, porque, uma tarde, perto de uma requintada moita de rododendros, notei um cartaz de "procurado" colado na parede.

Havia cartazes semelhantes por toda a cidade: impressos como pôsteres de cinema ou apresentados em imensas telas de vídeo. O governo dos Estados Unidos, cortejando a solidariedade pública, havia dado início a uma campanha de *Inimigos entre Nós*. As mensagens usavam a estética do Velho Oeste para destacar infratores da lei, pessoas sem documentos, terroristas algoritmicamente suspeitos. *A única coisa entre nós e a lei e a ordem... são eles*, diziam os cartazes. Eu geralmente ignorava essas imagens, mas, andando pela rua, reconheci o rosto de uma freegan: uma mulher de cabelo rosa que eu conhecera na minha primeira incursão pelas lixeiras.

Arranquei o cartaz da parede e corri para Harvard. Embora tivesse um turno marcado no The Hole Story – e embora Sylvia tivesse me dito para não entrar furtivamente no campus –, eu não podia esperar mais nenhum segundo.

O escritório de Sylvia ficava no final de um corredor, depois de salas de reunião com paredes de vidro, um assistente administrativo carrancudo e um grupo de estudantes de pós-graduação cercando reverentemente uma copiadora.

Entrar no campus fora mais fácil do que o esperado, embora eu soubesse que as medidas de segurança nem sempre eram visíveis. Usei o diretório do campus para encontrar o departamento de sociologia e localizei o escritório com a placa "Sylvia Gill".

Sua porta estava abençoadamente entreaberta.

Entrei, aliviada ao ver Sylvia atrás de sua mesa. Com o cabelo penteado, os olhos pintados com delineador preto, a echarpe ao redor dos ombros, ela parecia tão imponente como sempre, irradiando o potencial de fazer tanto bem.

Corri para o lado dela e estendi o cartaz amassado. Minhas palavras caíram umas sobre as outras quando eu disse: São os Freegans...

Sylvia não olhou para o cartaz nem para mim. Em voz baixa e fria, respondeu: Eu disse para você não vir aqui.

Havia duas outras pessoas na sala – homens, sentados do outro lado da mesa: acadêmicos com camisa social amarrotada e óculos de lentes grossas. Eles apertaram os olhos para mim e murmuraram um para o outro. Um ergueu as sobrancelhas para Sylvia.

Sério, Sy?, ele perguntou. Depois do que aconteceu antes?

Nós falamos sobre isso, disse o outro homem. Alunos estão fora de questão.

Sylvia apertou a boca. Ela estava linda e aterrorizante: a echarpe balançando sobre os ombros. Eu queria tocá-la – ser tocada por ela –, mas ela não olhava para mim.

Você está colocando em risco todo o departamento, um dos homens continuou. Você sabe que estamos a um fio de cabelo da fusão com o departamento de ciência política.

Havia uma alegria na repreensão do homem, no aceno de cabeça do outro. Eles olhavam para mim como se eu fosse um animal de zoológico. Odiei os dois; desejei que Sylvia olhasse para mim, mesmo que apenas por um segundo, para confirmar sua indignidade.

E ela é idêntica...

Sylvia se levantou da cadeira em um movimento brusco. Disse aos homens que eles não tinham o direito de fazer tais declarações; suas inferências eram mal-informadas e sensacionalistas. Mas, quando seus olhos finalmente encontraram os meus, havia medo no rosto dela.

Sy, imaginei que a essa altura você teria mais consciência. Pelo menos seja discreta...

Ela abriu a boca para responder; mas não saiu nenhum som. Isso, mais que tudo, me perturbou; Sylvia sempre sabia o que dizer. Ela podia puxar qualquer conversa a partir do nada, torcer comentários em pequenas reverências. Só que não conseguia dessa vez. Sua mudez deve tê-la perturbado também, porque ela fugiu do escritório com o lenço esvoaçando e o rasgo vermelho de uma boca furiosa.

Cheguei uma hora atrasada para o meu turno no The Hole Story.

Enquanto eu operava mal-humorada a estação de fritura, minha chefe, Ruby, fez um discurso retórico sobre pontualidade: *Foi isso que você aprendeu em seu bunker? Não havia relógios lá?* Eu mal escutava. Minha mente estava agitada com o episódio em Harvard. Eu havia saído logo depois de Sylvia – sentindo raiva dos homens, mesmo que apenas por estarem presentes. Também estava chateada com Sylvia, embora com o passar do tempo – e a mistura de massa e as muitas rosquinhas que fiz – tenha passado a sentir apenas pena e tristeza. Talvez eu tivesse um defeito: não compreendia relacionamentos. O que era esperado. As

173

regras. Sylvia havia me dito para não ir ao campus, e eu não escutara. Mas, por outro lado, eu precisava contar a ela sobre os freegans, e parecera não haver outra maneira.

Eu precisava que alguém me explicasse quem estava com a razão. Mas a quem eu poderia perguntar? Não aos meus colegas – eles já me consideravam uma esquisita e faziam questão de me evitar ainda mais depois da repreensão de Ruby.

Quando meu turno terminou naquela tarde, voltei ao apartamento, esperando que minhas primas pudessem me dar alguma ideia. Estava vazio. Havia diversos blazers de bom gosto empilhados sobre o balcão da cozinha. Eu me lembrei de que Victoria havia conseguido um emprego em tempo integral na semana anterior. O trabalho era um milagre, na verdade – uma clínica odontológica a contratara para administrar as mídias sociais. Houvera uma grande afluência de clientes abastados em busca de tratamento odontológico em caso de colapso total da sociedade. Isso foi bom para a prática odontológica – e para Victoria –, embora não tenha sido tão bom para sua irmã. A clínica havia contratado apenas uma pessoa para o cargo. Jeanette teve que continuar trabalhando meio período na galeria. As duas primas choraram no primeiro dia de trabalho de Victoria; não estavam acostumadas à separação. Mas, dada a situação financeira delas, não havia escolha. Tudo o que Jeanette podia fazer era trabalhar suas horas na galeria e depois ficar por perto da clínica para que ela e a irmã pudessem se reunir assim que o dia de trabalho de Victoria terminasse. Jeanette provavelmente estava lá naquela tarde.

Senti uma dor forte nas têmporas. Não sabia ao certo quando minhas primas voltariam, ou se sequer seriam capazes de analisar meu relacionamento. Eu nunca havia contado nada a elas a respeito, assim como nunca tinha falado sobre os freegans. Embora minhas primas e eu tivéssemos nos tornado mais próximas, elas ainda me viam como sua *pequena Wilhelmina*. Se eu explicasse os verdadeiros contornos da minha vida, elas ficariam chocadas demais para oferecer informações úteis.

Minhas têmporas latejavam. Sentindo-me fraca, cambaleei até a janela do apartamento e a abri, engolindo o ar úmido da primavera.

Na calçada abaixo estava Sylvia.

Com as mãos unidas, ela olhava para os pedestres como se esperasse que alguém parasse e questionasse sua presença.

Fechei a janela com cuidado. Então fui até a pia e joguei água no rosto. Minha dor de cabeça, junto com o tumulto dos meus pensamentos, havia se tornado um vazio entorpecido.

Desci para vê-la.

L...

O rosto de Sylvia se iluminou quando ela me viu pisar na calçada, mas mantive a expressão neutra. Perguntei como ela havia encontrado meu apartamento.

Eu segui você, ela respondeu. Depois que você saiu do trabalho. Chamei você várias vezes, na verdade. Mas você estava, bem, preocupada.

Você sabe onde eu trabalho?, perguntei.

Aquela revelação me pegou desprevenida. Então me lembrei de como, muitos meses antes, Sylvia havia aparecido no The Hole Story. Ela não tinha parecido me notar na época. Eu imaginara que a visita tinha sido uma coincidência fortuita.

Escute, disse Sylvia – um leve rubor subindo em seu rosto –, tem algumas coisas que eu preciso falar com você. Há coisas que preciso explicar.

Ao nosso redor, pessoas passavam apressadas na calçada. Veículos corriam entre os semáforos, passando por buracos, buzinando. Apesar do barulho, da movimentação, Sylvia parecia mais presente do que nunca – os olhos fixos em mim –, como se estivesse lá apenas comigo, não com todos os outros na cidade. Como se não houvesse mais nada em sua mente.

Do que aqueles homens estavam falando na sua sala?, perguntei.

Sylvia apertou a mandíbula, pegou minhas mãos nas dela. Era a primeira vez que ela encostava em mim fora de sua casa. A visibilidade do toque – o fato de que qualquer um podia nos ver – fez com que um calor tomasse conta dos meus braços e pernas, mesmo com a preocupação crescendo dentro de mim.

Você se parece com alguém, L.

Sylvia estremeceu com as próprias palavras, mas continuou.

Você se parece com alguém que eu conhecia, ela disse. Uma jovem com quem já estive envolvida. Quando você apareceu na minha sala hoje, meus colegas notaram.

Não estou entendendo, falei.

Buzinas de carros soaram. As pessoas passavam com dificuldade, lançando-nos olhares de lado ou nenhum olhar. Sylvia avançou, dizendo o que nenhuma de nós queria ouvir.

A semelhança me perturbou quando vi você pela primeira vez, disse ela. Me desequilibrou. Você me desequilibrou. E ainda mais quando continuou aparecendo na minha vida. Você me assombrava. Me lembrava dos meus erros. Continuava se aninhando mais perto de mim. Tentei manter você à distância, realmente tentei. Você precisa entender isso. Eu tentei. Mas você foi tão persistente. Você foi...

Outra pessoa?, perguntei. Você pensou que eu fosse outra pessoa?

A tristeza me atingiu. Eu me afastei. Ficou difícil respirar. A cidade começou a girar.

Sinto muito, Sylvia estava dizendo, enquanto continuava com a explicação de que a pessoa era uma aluna e tinha sido um grande erro. Fácil e natural no início, quase uma tradição acadêmica, mas um erro no final. Uma série de incidentes ocorreu e a menina precisou deixar a faculdade. Toda a provação quase custara o emprego de Sylvia, e talvez devesse ter custado, mas o momento era tal que ela acabara de avançar na carreira, e o reitor lhe devia um favor. Foi uma situação complicada e...

Não acho complicado, eu disse. Você pensou que eu fosse outra pessoa. Você estava fingindo que eu era outra pessoa.

As bochechas de Sylvia ficaram mais vermelhas. Ela não era uma mulher que demonstrava vergonha facilmente.

Não combinava com ela. Ela não se permitia. Eu quase admirava a maneira como ela se livrava do sentimento: um fardo que se recusava a carregar.

Não, ela disse. Talvez tenha começado assim, mas eu me apaixonei por você, L. Você precisa entender isso. Eu não conseguia parar de ver você, por mais que tentasse.

Você nem me conhece.

Eu conheço, eu...

Você nem sabe meu nome verdadeiro, eu disse. É Willa. Willa Marks.

Sylvia hesitou, e tive a sensação de que essa informação não era nova. Talvez ela já soubesse – talvez ela soubesse havia muito tempo.

Bem, ela disse, eu *quero* conhecer você, Willa Marks. Achei que não nos conhecermos nos protegeria. Eu estava errada. E não quero mais isso. Quero saber tudo sobre você. Quero saber como uma criatura tão incomum e milagrosa como você conseguiu se virar nesta cidade – neste século.

Um drone nos observava. Pairando perto, como um inseto espionando, ele zumbia enquanto nos observava. Nós duas o ignoramos. Ignoramos também o silêncio que tinha tomado conta da rua: o sinal de um toque de recolher inesperado. Poderíamos ser multadas se não saíssemos dali.

Fui dominada por um cansaço. Eu não tinha certeza se acreditava em Sylvia. Não tinha certeza de nada. Queria cavar um buraco, me deitar nele e dormir. Desejei que os freegans aparecessem, que eu sentisse no pescoço o formigar de um protesto instantâneo e me deixasse levar pelo êxtase irracional da efervescência humana, que não precisasse pensar em nada.

Sylvia estava dizendo que queria consertar aquilo. Que queria consertar as coisas. Você nunca deseja poder refazer algum aspecto da sua vida?, ela perguntou. Reparar o que fez de errado? Entenda que eu estava, no mínimo, tentando revisar minha própria história de uma maneira que parecesse moralmente correta, para desfazer meus erros...

Pensei no que significaria revisar meu próprio passado. Eu poderia ter salvado meus pais? E se, aos dezessete anos, eu tivesse parado de brincar com aqueles terrários e tivesse saído do bunker de sobrevivência mais cedo? Se os tivesse encontrado antes de morrerem? Talvez eu pudesse tê-los salvado.

Sylvia estava dizendo que queria ter um relacionamento de verdade. Tudo abertamente. As questões dela, a necessidade dela de esconder as coisas, tinham sido o problema. Mas aquilo já estava feito. Ela estava pensando que podíamos fazer uma viagem juntas. Recomeçar. Uma amiga havia oferecido que ela ficasse em um chalé da família em Martha's Vineyard. Ela poderia ligar para a amiga e combinar. Não seria legal? Fazer uma viagem? O que eu achava? Eu poderia responder em vez de ficar olhando para o espaço? Havia algo que eu queria? Havia algo que ela pudesse fazer?

Sim.

Do meu bolso, tirei o cartaz amassado e mostrei a ela.

Eu quero que você ajude os freegans, eu disse.

Sylvia estreitou os olhos, fitando o drone que pairava no alto, enquanto eu explicava como os freegans precisavam de ajuda. Eles estavam sendo bodes expiatórios, sendo reprimidos; poderiam estar em prisões secretas. Aquilo não estava certo. E, de qualquer forma, as ideias deles para reinventar a sociedade eram importantes demais para serem desconsideradas. Eles precisavam de um defensor. Precisavam de alguém como Sylvia para defendê-los.

Você poderia ir à TV, eu disse. Compartilhar as propostas deles. As pessoas escutam você.

O drone zumbiu mais perto, e Sylvia pareceu estar se esforçando para não olhar para ele. Ela estendeu a mão e tocou levemente no meu rosto.

Você acredita tanto, ela falou. Acho inspiradora a forma como você tem esperança nas coisas.

Então você vai ajudá-los?

Ela segurou meu rosto com as duas mãos, e minha respiração falhou – porque seu toque me desfez. Seu toque continuava sendo a força mais poderosa que eu conhecia.

Querida, é claro.

Ela me puxou para um abraço, seus braços me envolvendo, o cartaz de "procurado" desaparecendo entre nossos corpos. Eu tinha mais coisas a dizer, mas minhas palavras flutuaram, e uma sonolência caiu sobre mim. Eu queria adormecer ali mesmo junto ao corpo dela. Fechei os olhos, e o almíscar de seu perfume me envolveu, me acalmou, superou todos os sentimentos ruins.

Primeiro, ela murmurou, vamos sair daqui. Vamos fazer uma viagem. Só nós.

Partimos nove dias depois. Sylvia arranjou uma babá para Simone. Deixei um bilhete para minhas primas preso no futon.

Tendo revelado seu segredo sobre a ex-aluna, Sylvia parecia mais solta, mais leve. Quando estávamos no convés de uma balsa saindo do continente, ela agarrou o parapeito com o elã de um marinheiro, a echarpe esvoaçando.

Férias de duas semanas, ela declarou. Acho que nunca fiquei tanto tempo fora.

Ela sorriu – um sorriso de arrasar – e eu tentei me sentir feliz em vez de nervosa. Sylvia estava beliscando batatinhas que havia comprado na lanchonete da balsa. Atirou uma para uma gaivota que pairava no ar. O pássaro pegou a batatinha no ar, o que deveria ter sido engraçado, mas eu continuava olhando por cima do ombro para o continente que desaparecia.

Sylvia não me conhecia; eu também não a conhecia, não de verdade.

Ali, no convés da balsa, ela me observava orgulhosa, exposta ao vento. Disse que estava muito feliz por estarmos fazendo aquilo.

Você já esteve em alguma dessas ilhotas?, ela perguntou.

Eu nunca andei de barco, respondi.

Nem mesmo um barco a remo?, questionou Sylvia. Ou uma canoa?

A curiosidade dela me espantou. Quando tínhamos longas conversas antes, o assunto nunca era pessoal. Só falávamos sobre o freeganismo, o conteúdo de suas palestras,

Simone ou diferentes tipos de chá. Nossas histórias nós mantínhamos intocadas.

Nem mesmo um pedalinho com sua família?, questionou Sylvia.

Minha verdadeira resposta subiu pela garganta como bile: meus pais não confiavam em barcos – eles os consideravam perigosos, suscetíveis a tempestades, naufrágios, sequestros de piratas, assassinatos. *A maneira mais fácil de esconder um homicídio*, meu pai dizia. *Desovar um corpo no oceano. O governo faz isso o tempo todo. Você acha que tantas pessoas assim caem de seus barcos a remo e se afogam? Inclinam-se demais nas laterais dos navios de cruzeiro? Você realmente acredita que todos aqueles barquinhos simplesmente "desapareceram"?* Barcos, para meus pais, eram uma entre um número infinito de ameaças potenciais.

Como explicar isso para Sylvia?

Em uma guinada doentia de perspectiva, percebi que me sentira tão conhecida por ela – tão reconhecida – porque ela me via como outra pessoa: sua ex-aluna. Aquela garota havia sido uma estrela acadêmica em ascensão, nascida em uma família normal no subúrbio de Connecticut. Eu vinha de uma família que era uma bagunça constrangedora e que se escondia nos bosques de New Hampshire. Quanto mais Sylvia soubesse sobre mim, mais seu interesse poderia desaparecer à medida que crescesse a distância entre mim e meu arquétipo misterioso.

Estremeci com isso – que meu passado pudesse afastar Sylvia. Um novo nervosismo nasceu dentro de mim enquanto a balsa se afastava do continente.

Então você cresceu em algum lugar sem corpo d'água?, disse Sylvia.

Eu cresci no circo, eu disse.

Eu esperava que ela desse risada e nós seguíssemos em frente, mas ela esperou por uma resposta real. Estava se esforçando para ser paciente. Senti o estômago revirar. Anunciei um enjoo que justificava entrar na cabine da balsa.

As perguntas de Sylvia, porém, me seguiram até Martha's Vineyard. Estavam alojadas na fumaça de diesel do porto, nos turistas queimados de sol que enxameavam a costa e no cheiro de peixe frito que dominava as esquinas dos restaurantes de frutos do mar. As perguntas se enrolavam ao longo das estradas à beira do penhasco da ilha, escondiam-se nas hortênsias azuis cor de algodão-doce que cercavam o chalé emprestado – que não era um chalé coisa nenhuma, mas uma mansão com telhas salinas, com uma varanda arejada contornando a base. As perguntas desciam do céu. Erguiam-se na névoa úmida das manhãs costeiras, enquanto Sylvia e eu ficávamos sentadas na varanda segurando nossas xícaras de chá quente.

Você tem um lugar favorito?, ela perguntou.

Quando balancei a cabeça, ela acrescentou que Vineyard a deixava nostálgica pelo litoral inglês.

E olha que nunca sinto falta de casa, acrescentou, exceto quando como chocolate americano.

Ela tomou outro gole do chá. Perguntou do que eu sentia falta da minha infância.

Por que eu sentiria falta de alguma coisa, eu disse, quando tenho tudo isso?

Inclinei-me para tentar me livrar de mais interrogatórios com um beijo, mas Sylvia se esquivou para fora do meu alcance. O tempo havia ficado mais lento na ilha. Enquanto em Boston havia uma urgência frenética, em Martha's Vineyard, os minutos duravam mais. Os dias se moviam em câmera lenta. Parecíamos estar fora do tempo; nenhuma notícia ruim ou evento mundial sombrio poderia nos atingir.

Eu não conseguia escapar das perguntas de Sylvia. Ela me tratava como um geodo – como se acreditasse que havia algo brilhante esperando dentro de mim, se ao menos ela conseguisse encontrar o lugar certo para atacar.

Me conta, ela disse. Do que você sente falta?

Sinto falta de cinco minutos atrás, respondi. Sinto falta de amanhã. Sinto falta do agora.

Comecei a falar sobre o clima, mesmo que apenas para preencher o silêncio. Não me ocorreu perguntar a Sylvia sobre ela e desviar a conversa para o outro lado. Eu não via necessidade de os fatos de nosso passado inundarem o espaço entre nós. Saber sobre o romance de Sylvia com uma ex-aluna só obscurecia o presente. E eu queria pensar no presente, ou, melhor ainda, em um futuro em que Sylvia e eu trabalhássemos juntas para salvar os freegans. Queria Sylvia como eu a conhecera: como a mulher de preto, que me salvara por pura bravata impulsiva.

Talvez eu também reconhecesse, em algum nível, que saber demais sobre o passado de uma pessoa só causaria dor.

Para alcançar o centro do geodo de alguém, você precisa quebrá-lo primeiro.

A ilha era muito encantadora, quando era... bem, encantadora. Sylvia e eu assistimos a pores do sol rosa-vívidos. Fizemos amor nos muitos cômodos da mansão, cercadas por decoração náutica: velhos cordames, boias e barômetros, moitões e lampiões de vidro. Passeamos pelas lojas, onde Sylvia comprou sabonetes com aroma de espuma do mar. Nadamos no frio do Atlântico cheio de algas, balançando sobre as ondas enquanto as balsas iam e vinham do continente.

Até andamos no velho carrossel da ilha, os cavalos de madeira laqueada subindo e descendo, nós duas rindo quando um anel de latão passou zunindo.

Deveríamos ficar apenas duas semanas, mas a amiga de Sylvia ligou para dizer que sua família decidira ir para Nantucket naquele verão. A mansão continuava à nossa disposição. Duas semanas se transformaram em três.

Sabe, eu disse uma tarde, talvez eu precise fazer umas ligações.

Bêbada de sol, esticada em um cobertor estendido na areia, rolei até Sylvia, que estava sentada, usando óculos escuros grandes e folheando um periódico de sociologia como se fosse uma revista de moda. Uma orquestra tocava ao ar livre em meio a uma concentração de pessoas fazendo piquenique.

Acho que preciso ligar para a minha chefe, continuei.

Sylvia fechou a revista de repente e disse: Você não pediu dias de folga?

Dei risada e disse que não, minha chefe não teria dado, de qualquer maneira. Como Sylvia não respondeu, acrescentei que talvez devesse ligar para minhas primas também, já que eu não ia para casa havia algum tempo.

Como é morar com as suas primas?

Fiquei em silêncio. Tentando conseguir mais informações, Sylvia falou sobre seus próprios primos. Havia muitos no Reino Unido. Comparados a irmãos, ela meditou, primos eram um híbrido do conhecido e do desconhecido. Ela apreciava seu mistério acessível.

Você se dá bem com as suas? De que lado da família elas são?

Dei de ombros e comecei a ficar de pé, como se de repente tivesse decidido nadar. Eu não queria que Sylvia soubesse sobre as minhas primas. Falar sobre as minhas primas, o motivo pelo qual eu morava com elas, parecia muito próximo de uma explicação sobre meus pais. A maneira como eles viveram – e depois morreram – estava à espreita como uma névoa pantanosa e nauseante, pronta para envenenar a percepção que Sylvia tinha de mim.

Nos vemos daqui a pouco, falei, cambaleando enquanto me levantava.

Os dedos de Sylvia envolveram meu tornozelo.

Fique, ela disse suavemente.

Eu me sentei. Ao nosso redor, crianças corriam das toalhas de praia para a beira da água. Sylvia começou a narrar a própria infância. Ela parava periodicamente para que eu respondesse com minha própria vida. Como eu não fazia isso, ela continuava. Eu queria fugir da história, mesmo que me envolvesse, porque, quanto mais ela falava, mais desequilibradas nossas histórias pessoais se tornavam.

Ela havia crescido em Londres, contou, filha de um fabricante têxtil imigrante e de uma autoproclamada comunista cristã. Era a filha do meio de um bando de irmãos. Todos dividiam um apartamento de dois quartos na parte sudoeste da cidade.

Na escola, ela disse, eu usava um uniforme que incluía uma saia xadrez plissada, uma blusa branca e um suéter azul-marinho com um bordado em forma de escudo. No início, os professores imaginavam que eu tivesse algum problema de desenvolvimento, por conta da minha timidez e de um pequeno problema de fala, além da caligrafia ruim – que preenchia as páginas com traços grandes e ilegíveis. Então foi só quando eu tinha quase onze anos que alguém descobriu que eu não apenas sabia ler e fazer contas matemáticas, como também ia extraordinariamente bem nessas matérias. Às vezes me pergunto se eu ia tão bem naquelas matérias *justamente* por ter sido colocada com os alunos com necessidades especiais em uma sala com tesouras sem ponta, barbante colorido e tempo livre. Minha mente era faminta por movimento naqueles anos. Eu fazia problemas de álgebra mentalmente. Li a enciclopédia página por página – um hábito que os professores confundiam com compulsão – e lia livros depois da escola também, porque passara o dia todo muito entediada. Minha colocação também não foi ajudada pelo fato de meu pai ter nascido no exterior. Os professores usavam isso contra mim, embora, é claro, nunca fossem admitir.

Quando era criança, eu sabia que em algum nível estava guardando um segredo – e que segredos eram errados. Eu não aspirava à imoralidade. No entanto, também sabia que perderia alguma coisa se fosse descoberta. Na maior parte das vezes, alunos com necessidades especiais eram tratados com gentileza e não precisavam repetir gramática, ficar sentados por horas nem conviver com as panelinhas e os valentões do ensino médio.

Um dia, uma das professoras – ou quem sabe uma mãe voluntária – tropeçou no meu segredo. Eu estava lendo poesia medieval em casa. Minha mãe tinha uma seleção eclética de livros pela casa, e várias passagens ficavam na minha memória. Entre elas estava um poema chamado "A terra da Cocanha". Eu o havia lido várias vezes em casa, enquanto meus irmãos davam risadinhas ao meu redor, tocando em nosso xilofone de brinquedo ou criando fortes com as almofadas do sofá. As rimas no poema me encantavam, assim como as imagens. Na escola, em um pedaço de cartolina, rabisquei o início do poema para pensar em seu significado com mais profundidade. *Além do oeste da Espanha*, é como começa, *fica uma terra que chamam de Cocanha. Nenhum lugar na Terra se compara a ele, por puro deleite e felicidade.* Aos onze anos, minha caligrafia era melhor, embora ainda grande demais e inclinada para trás – como se soprada pelo vento – de uma maneira que um analista mais tarde caracterizaria como um sinal de egoísmo e túnel do carpo iminente. De qualquer forma, a auxiliar de ensino viu esse fragmento de poema e me perguntou sobre ele. Na época, ela me parecia uma mulher inofensiva – de corpo frágil, fala mansa, amante de suéteres de lã felpudos –, e eu confiei nela o suficiente para recitar todo o poema de memória. Mas a auxiliar de ensino não me deu o olhar doce e tímido de aprovação que dava às outras crianças. Ela ficou contrariada. Foi a primeira vez que reconheci o efeito que a inteligência de alguém pode ter sobre outras pessoas. As pessoas a veem como perigosa, especialmente quando vem de uma fonte inesperada.

De qualquer forma, vários adultos ruminaram sobre se eu exibia sinais latentes de Asperger* ou sinais precoces de esquizofrenia. Suas várias teorias foram transmitidas a meus pais em uma reunião solene. Meus pais, distraídos por meus outros irmãos até aquele momento – meu irmão mais velho tinha problemas com a lei –, deram risada ao receber a informação.

Tudo o que Sylvia faz é ler, minha mãe respondeu. *Não há nada de errado com ela. Ela é apenas tímida.*

Fui prontamente transferida para as aulas regulares da escola, meu assento pegajoso com restos de chiclete, minha presença recebida com curiosidade tonta pelos colegas. Soube imediatamente que havia cometido um erro terrível ao expor minhas capacidades. Eu preferia mil vezes a liberdade de ler e pensar como quisesse. Mas não havia nada a ser feito a não ser tirar o melhor da situação. Terminei o ensino

---

* O termo "Asperger" foi substituído por "transtorno do espectro autista" (TEA) nos manuais médicos, englobando variações de sintomas e níveis de suporte, apesar de ainda ser usado informalmente. (N.E.)

médio com um histórico impecável e fui para Oxford. Mais tarde, tive a ideia de ir para Stanford, embora a Califórnia, no final das contas, não tenha me agradado. E agora estou aqui.

Sylvia fez uma pausa em sua história e se virou para mim.

Sim, eu disse. Você é uma socióloga famosa.

Um peso caiu sobre Sylvia, e suas pernas achataram contra a toalha de praia. Eu provavelmente a havia lembrado de todo o trabalho que ela não havia feito – trabalho que estava adiando por estar comigo – ou então era o fato de eu não ter respondido com minha própria história.

Quer dizer, falei, você é a minha socióloga favorita.

Como a de muitas pessoas, ela respondeu. Eu queria ser outra coisa primeiro.

O quê?

Sylvia me deu um olhar de reprovação, como se eu tivesse perdido um aspecto crucial de sua exposição.

Poeta, ela falou – e seu rosto ficou triste, depois se partiu em uma risada aguda de pássaro. Eu estava obcecada com a ideia de um poema como uma espécie de granada social: uma bola bem compactada de emoção e experiência humana atirada para as multidões. É arrogante e melodramático dizer isso agora. É muito mais eficiente estudar granadas reais e conflitos sociais reais. As pessoas dizem que tive sorte com minha pesquisa de doutorado. Eu estava muito à frente de todos em meu trabalho de campo no movimento Occupy. Mas, de uma perspectiva sociológica, não foi nem um pouco de sorte. Era contexto. Física social.

Eu não acho que seja bobo, eu disse. Sobre a poesia.

Sylvia franziu os olhos em um gesto de afeição madura. A orquestra tinha parado de tocar. Todos estavam aplaudindo.

Mais tarde, Sylvia me contou que seu pai estava aposentado e entediado em Leeds e que sua mãe sofria de demência e morava em um asilo. Os irmãos haviam se espalhado por toda parte, apesar de apenas um também viver nos Estados Unidos: o irmão mais velho, aquele que tivera problemas com a lei. Agora ele era cirurgião ortopédico e trabalhava em um hospital em Milwaukee.

Você terá de conhecê-lo algum dia, disse Sylvia. Você ia gostar do Thomas. Ele coleciona bicicletas antigas e as pedala em desfiles.

Ela fez uma pausa, como sempre fazia, para eu compartilhar detalhes da minha própria história, e, como não fiz isso – porque nunca fazia –, suspirou mais fundo que o habitual. Quando falou de novo, sua voz estava calma, mas firme: ela estava fazendo todo o possível para ser gentil.

A mística foi encantadora no início, ela disse. Mas tornou-se frustrante, Willa.

Nós estávamos na varanda, no chalé-mansão. Estávamos acomodadas em grandes cadeiras de vime, afundadas em almofadas macias. Estávamos na parte de uma tarde de verão que parecia interminável, quente demais para se mexer, quando se começava a acreditar que o dia, a terra, estavam presos no lugar. Insetos trinavam uma única longa nota. Sylvia estava fumando um dos cigarros aromáticos que encontrara em um armário da cozinha. Usava um vestido xadrez tingido de índigo – o algodão arejado incomum para ela – que havia comprado em uma loja por impulso. Era como uma fantasia. Estávamos fingindo, nós duas. Ela não era ela, e eu não era eu. Talvez, pensei, fôssemos ficar suspensas assim: para sempre não sendo exatamente nós mesmas. Então, embora eu sentisse o impulso de desviar do pedido de Sylvia – de fazer alguma piada sobre ter crescido em um programa de proteção a testemunhas ou ter sido criada por lobos –, perguntei, lentamente – as palavras gotejando, a luz do sol funcionando como um soro da verdade –, se ela já havia pensado no fim do mundo.

E se, falei, você tivesse hipoteticamente passado toda a sua vida tentando superar um desespero que aprendeu quando menina? Um sentimento ruim que corria tão fundo que ameaçava partir você ao meio? Uma sensação de que não havia nada que alguém pudesse fazer com a própria vida a não ser esperar o fim do mundo; que o único ato proativo era encontrar esse fim mais cedo?

Fechei os olhos. Em meio ao calor intenso, ao cricrilar lento dos grilos, ao arrastar lento das marés e à luz do fim do dia piscando sobre a umidade em nossas xícaras de chá gelado, contei a ela. Contei a Sylvia sobre as profecias apocalípticas de meus pais, o bunker de sobrevivência e meus terrários. Contei sobre a overdose dos dois, a minha mudança para Boston e as fotos com as minhas primas. Contei como, na festa do deputado, ela – Sylvia – havia me salvado. Ela me fizera acreditar que eu valia a pena ser salva, que uma pessoa podia ser corajosa em vez de medrosa. Que coragem era um modo de ser. Que é possível ajudar as pessoas sem motivo, exceto por ser a coisa certa.

Eu disse a Sylvia que a amava.

Ela se inclinou para a frente em sua cadeira de vime, as fibras esmagando umas às outras. Exalou uma longa baforada de tabaco. A fumaça pairou e rodopiou.

Eu também te amo, Willa.

Assim que ela disse as palavras, foi como se uma porta se fechasse; havíamos nos trancado juntas em um castelo que nós mesmas tínhamos construído. Ponte levadiça para cima. Fosso transbordando. E era bom. Era onde eu queria estar, eu disse a mim mesma, enquanto ela apertava os lábios em algo como um sorriso, pegava minha mão e segurava firme.

Tomar o poder era uma expressão muito delicada, porque os Lordes Proprietários tinham um *domínio do poder*. Os homens usavam perucas de cachos esvoaçantes, pavoneavam os salões do palácio em *justaucorps* de seda, os sapatos pontudos com fitas. Estavam flatulentos de profiteroles, embriagados de espumante e por suas novas posições elevadas. Estavam arrumados e empoderados, nomeados e ungidos. Os ventos da rebelião, frustrados: *Deus salve o rei*. Apenas dois Lordes tinham vislumbrado o Novo Mundo, mas todos os oito controlavam enormes extensões de terra. As Carolinas os preocupavam mais, embora as Bahamas tivessem potencial.

Tabaco, disse um.

Índigo, falou um segundo.

Algodão, disse um terceiro, mantido em produção por milhares de mãos em lotes designados por nosso rei e tributados de forma programada.

Os Lordes Proprietários assinaram decretos, as penas se contorcendo como um bando de pequenos pavões. Gravaram linhas em mapas, enjaulando o continente, fantasias neofeudais batendo-lhe no coração. Ao lado deles, sobre uma mesa de mogno – a madeira polida e modesta –, uma tigela oferecia a mais recente sensação colonial: espetada e estranha, um "abacaxi", como chamavam. Os Lordes Proprietários ainda não haviam provado a fruta – a carne ainda valiosa demais para sua barriga inchada –, mas seu nariz pairava acima: o aroma ficava mais doce à medida que a fruta apodrecia.

Barão, visconde, conde, marquês, duque – as notas da aristocracia soavam constantes na mente deles. Se ao menos pudessem fazer as Bahamas se sentarem eretas e se comportarem. Se ao menos os colonos se dedicassem à agricultura, à pesca ou a explorar suas florestas – ou pelo menos falassem educadamente com seus administradores designados. Aqueles tolos imprudentes. Aqueles patifes inúteis. Não estavam dispostos a desistir do assédio aos navios espanhóis, tentando a fúria de uma guerra para a qual não estavam preparados. Pior: atacavam as costas em busca de focas-lobos, como se as usinas de açúcar jamaicanas não precisassem do óleo. Queimavam pau-brasil, mogno, pinho, como se as árvores não tivessem valor de mercado.

E, ah, Deus, as tartarugas. Eles matavam as criaturas constantemente. Quase não havia sobrado nenhuma para eles fazerem os pentes que os Lordes usavam para pentear a peruca.

Haveria um imposto sobre as tartarugas. Os colonos teriam suas chalupas monitoradas em busca de dobrões e âmbar cinza encontrados nas inconstantes praias das ilhas. Dízimos recolhidos; coroa respeitada; a democracia seria aniquilada – uma pestilência – ou então transformada em nada mais que um pretexto para manter os colonos mais francos subjugados.

Pergaminhos embaralhados, penas presas. O império era construído sobre a ordem – ou talvez uma ordenação: qual vida valia mais, de qual vida se podia abrir mão; quem podia possuir e quem era possuído, quem tinha o direito de lucrar com seu trabalho. Uma tartaruga não era apenas um réptil desajeitado, mas um recurso a ser considerado. As ilhas ainda poderiam se tornar lucrativas se alguém soubesse como arrancar delas cada xelim.

Barão. Visconde. Conde. Marquês. Duque.

Os Lordes Proprietários sonhavam acordados com seus títulos subindo – normalizando –, concedidos a filhos e filhos de filhos, seu nome emergindo como trigo do joio nas surras brutais da história.

7

O vento golpeava a lateral da van a biodiesel, o soco invisível ondulando por Eleutéria. Firmei o volante e falei por cima do ombro com os doze recrutas sentados confortavelmente lá trás: Estamos quase lá... vocês estão prontos?

Eles me ignoraram, a atenção fixa nas vistas à beira--mar difusas além da van. Mais de um mês havia se passado desde a ida à caverna – uma excursão considerada um sucesso pelos outros membros da equipe – e, desde então, os recrutas e eu tínhamos explorado mais o entorno do Acampamento Esperança. Aquela viagem, porém, nos levava o mais longe que eles já haviam estado do complexo. E dessa vez tínhamos um objetivo além da exploração.

Estávamos a caminho de resgatar uma tartaruga marinha.

Vocês lembram o que têm que fazer?, perguntei. Precisamos agir rápido.

Os recrutas murmuraram em afirmação e se inclinaram para mais perto das janelas enquanto reduzíamos a velocidade para atravessar um assentamento. De um lado da estrada, moradores se enfileiravam em uma igreja com campanário para um culto, embora as janelas estivessem fechadas com tábuas. Contra o vento, as mulheres seguravam firmemente o chapéu. A gravata serpenteava do pescoço dos homens.

A voz de Fitz zumbiu no banco de trás como uma mosca: Vai chover? Não trouxemos capas de chuva.

Encontrei doze pares de olhos no espelho da van. Os recrutas estavam mais esguios do que quando haviam chegado, os corpos polidos pelo sal e pelo sol. Tinham desenvolvido pequenos bíceps duros, como pãezinhos de pedra, e panturrilhas capazes de impulsioná-los pelas correntes oceânicas. Em um mês já haviam engolido o jargão do Acampamento Esperança como uma série de pílulas – "fotovoltaica", "emissões antropogênicas", "circulação de células de Hadley", "inanição de sedimentos", "xisto Bazhenov", "solastalgia" – e eram capazes de recitar de memória as passagens de *Vivendo a solução* que os trabalhadores liam para eles como histórias de ninar. Faziam suas tarefas e suas sessões de treinamento e comiam o pão de proteína com o mínimo de reclamação. Haviam sido, em quase todos os aspectos, integrados à sistemática do Acampamento Esperança. A maioria dos trabalhadores acreditava que os recrutas estavam prontos para o lançamento – que estávamos todos prontos. E, de qualquer forma, quanto tempo mais poderíamos esperar? Quantas espécies desapareciam a cada dia? Quantos antílopes, estrelas-do-mar, estorninhos, coiotes, libélulas morriam a cada segundo que o Acampamento Esperança passava em seu purgatório de anonimato?

Quantas pessoas?

No entanto, Roy Adams se abstinha de definir uma data de lançamento. Nos comícios que realizava semanalmente – muitas vezes à noite, com tochas de folhas de palmeira queimando no escuro –, declarava: Não podemos estar 99% prontos. Precisamos de 100% de funcionalidade. Precisamos de 110% de comprometimento. Precisamos de mil por cento de crença. E sabem de uma coisa? Vamos conseguir. Vamos mostrar às pessoas uma realidade além de seus sonhos mais loucos. Quando lançarmos, vamos agitar este mundo.

Eu acreditava nele. Todos acreditávamos. Parecia não haver motivo para não acreditar, quando Adams fazia jus ao hype. Durante o dia, ele caminhava pelo terreno com suas coxas fortes, o colar de dente de tubarão balançando, os óculos aviador cintilando. Quando uma turbina eólica falhou, ele subiu no poste com uma chave inglesa nos dentes. Para ajudar os meteorologistas a recapturar um balão meteorológico perdido, fez kitesurf com uma mão só em ondas turbulentas.

Ele era um herói de ação vivo – um herói com um terno respeito pela natureza. Uma vez, durante o jantar, entrou trovejando no refeitório, o rosto vermelho com a notícia de que um influxo de resíduos marinhos havia invadido uma das praias do Acampamento Esperança. Carregava um pedaço de escombro sobre os ombros: um cavalo de carrossel arremessado pela tempestade, as pernas congeladas em uma empinada. Aos trabalhadores e recrutas assustados, ele disse: Parece haver um resort litorâneo inteiro espalhado pela areia do setor quatro. Provavelmente vítima de uma tempestade. Os detritos devem ter sido varridos para o sul. Precisaremos de um esquadrão de limpeza para verificar a praia e fazer uma checagem de manutenção naquele SeaVac...

Houve um suspiro coletivo. Os trabalhadores do acampamento se aproximaram do cavalo do carrossel, que Adams havia colocado sobre uma mesa. De um buraco na barriga do cavalo saiu um membro branco leitoso, seguido por outro e depois outro. Um pequeno polvo escorreu para fora.

Olhem para isso, disse Adams, temos um convidado inesperado.

Ele estendeu a palma da mão. O polvo envolveu um dedo em um aperto de mão tentacular.

Se isto não é um sinal, falou Adams, não sei o que é. Isto aqui é um milagre encarnado. Esta é a prova de que temos a Mãe Natureza ao nosso lado. Ela está aqui conosco e quer que vençamos.

Ele ergueu o polvo para que todos no refeitório pudessem ver. Os trabalhadores aplaudiram e bateram nas mesas, e aplaudi também, porque eu – como todos os trabalhadores – acreditava em Adams. Porque Adams nos fazia acreditar em nós. Porque, se Adams queria que os recrutas tivessem 110% de comprometimento, mil por cento de crença, eu os ajudaria a chegar lá para o lançamento – e era por isso que estávamos a caminho de resgatar uma tartaruga marinha.

Seria uma pequena vitória ecológica no panorama geral. O que era uma tartaruga salva quando milhares se engasgavam com sacolas plásticas, eram estranguladas por linhas de pesca e ceifadas por motores? A missão, porém, tinha mais relação com a transformação interna dos recrutas do que com o impacto externo; os recrutas reconheceriam sua própria capacidade de realizar mudanças.

Para Fitz, para todos na van, eu disse: Vamos lidar com a chuva quando chover. Por enquanto, lembrem-se das suas funções. Lembrem-se dos passos sobre os quais falamos.

Direcionei a van para uma estrada lateral esburacada. O veículo quicou até chegarmos a uma clareira de terra ao lado de um buraco oceânico. Diziam que aquele era um lugar famoso, mas eu achei aquela porção de água despretensiosa. Rodeada de pedras e ampla como a base de uma tenda de circo, a água espelhava o céu em um disco prateado. Uma escada enferrujada descia pela lateral.

Andem logo, eu disse aos recrutas. Fiquem em posição.

Eles saíram da van. Ao longe: casas em ruínas, a borda irregular do matagal. A maioria dos locais estava na igreja. Apenas um cão de rua solitário – de corpo acobreado e patas brancas – nos observava ao lado de uma palmeira torta.

Fitz olhou para o relógio. Os outros recrutas olhavam para o céu, o cabelo ondulando ao redor do rosto. Redes e máscaras de mergulho pendiam frouxas das mãos deles.

Vamos, falei. Em formação.

Metade dos recrutas se despiu para ficar com as roupas de mergulho que usavam por baixo dos uniformes. Tinham uma boa aparência: como uma equipe ambiental da SWAT. Liderados por Lillian, desceram a escada até o buraco oceânico, colocando os óculos antes de caírem na água.

A outra metade do grupo deu a volta na borda, as camisas polo esvoaçando na brisa enquanto apertavam os olhos para ver os colegas recrutas.

Fitz balançava no lugar. A área ao redor do buraco oceânico continuava em silêncio. O cão vadio tinha desaparecido.

Da borda, chamei: Estão vendo alguma coisa?

Os recrutas relataram três peixinhos, um pedaço de alga marinha e uma garrafa plástica de leite. Não viam nenhuma tartaruga. O plano era devolver as criaturas ameaçadas de extinção a um trecho de terra de conservação de propriedade do Acampamento Esperança – um plano que parecia bastante simples. Adams me garantira que haveria pelo menos uma tartaruga presa no buraco oceânico, talvez mais.

Prontas para serem resgatadas, ele dissera. *Isso fará o sangue dos recrutas ferver. Fará com que se sintam úteis. Se aprendi uma coisa no exército, é que um cara faz praticamente qualquer coisa para ser um herói depois de ter um gostinho de como é bom.*

Fitz olhou para as nuvens que se formavam, para as folhas das palmeiras e as orelhas-de-elefante perturbadas pelo vento. A costa não estava à vista, não havia como ver o oceano agitado, as ondas batendo, embora, em uma ilha como Eleutéria, sempre fosse possível sentir a proximidade de uma margem.

Faça-os se sentirem heróis, Adams dissera. *Você consegue fazer isso, certo, Marks? Posso contar com você?*

Continuem procurando, falei para os recrutas. Não desistam.

Lá embaixo, no buraco oceânico, Lillian caminhava dentro d'água, nenhuma tartaruga à vista. Ela provavelmente estava ficando com frio, assim como os outros. Na borda, Fitz sussurrava rebeldemente com outro garoto.

Mais cinco minutos, eu disse.

Os recrutas não pareciam mais integrantes bronzeados de uma equipe de meio ambiente da SWAT; pareciam um grupo de adolescentes entediados. As nuvens aumentaram, o vento se intensificou. Cameron reclamou de não poderem almoçar: o cardápio daquele dia incluía hambúrgueres de algas e biscoitos de micélio e alfarroba – um dos favoritos dos recrutas. Um galho de árvore deslizou pelo terreno. Um coco caiu das garras bulbosas de uma palmeira. Os recrutas no buraco oceânico se aproximaram da escada, prontos para sair. Os da borda também se agruparam.

Thatcher tirou as mãos dos bolsos e apontou para a água, gritando: Olhem.

Uma pequena cabeça espreitava a superfície do buraco oceânico.

Os recrutas ficaram olhando por vários segundos, depois se lembraram do que deveriam fazer. Entraram em ação e nadaram: formaram um círculo ao redor da tartaruga e colocaram uma rede sob a barriga do animal. A tartaruga, apática e preguiçosa, foi facilmente capturada. Os recrutas na borda baixaram uma segunda rede por cordas. Juntas, as duas equipes levantaram a tartaruga do buraco oceânico, ficando com o rosto vermelho enquanto cuidavam para evitar que a rede batesse nas laterais rochosas. Cameron estremeceu, os olhos brilhando como as costas de um besouro. Margaret mordeu o lábio. Blair abriu as narinas. Geoffrey respirava ofegante. Até Fitz parecia intrigado.

Os passos seguintes se deram com rapidez. Com a tartaruga em terra, os recrutas a levantaram coletivamente, como se estivessem realizando uma sessão espírita, fazendo a tartaruga parecer leve, embora devesse pesar mais de quarenta quilos. Eles carregaram a tartaruga para a van e a colocaram em um ninho de cobertores.

Vamos chamá-la de Patty, disse Lillian enquanto ela e os outros inalavam os primeiros vapores do sucesso.

É fácil imaginar como a viagem poderia ter se desenrolado a partir dali. Em outra realidade, seguíamos direto para a área de conservação, soltávamos a tartaruga e voltávamos para o Acampamento Esperança. Naquela realidade, os recrutas mais tarde deixariam a ilha e escreveriam redações autocongratulatórias de inscrição para a faculdade sobre o tempo que passaram resgatando vida selvagem – e seguiriam com sua vida.

Em vez disso, enquanto nos afastávamos do buraco oceânico, uma caminhonete veio na nossa direção, do sentido oposto. A caminhonete pertencia a Deron.

Ele e eu paramos, janela do motorista com janela do motorista. O vento assobiava pelo espaço entre nossos veículos. Deron baixou sua janela e eu baixei a minha. Deron silenciou o rádio. Eu disse aos recrutas que aquilo levaria apenas um minuto.

Desculpe não ter entrado em contato, gritei acima do vento. Desculpe não ter ido ao hotel me encontrar com você...

Deron colocou um braço para fora da janela da caminhonete, olhos semicerrados enquanto me estudava, a van de recrutas, o céu roxo acima.

... Eu tentei encontrar você, falei. Só que Adams voltou. E as coisas não pararam desde então. Mas eu estava a caminho de ir ao seu encontro, de verdade.

Claro que estava, disse Deron. Claro, Willa.

O vento acalmou, a paisagem se aquietou. Baixei a voz e acrescentei: Além disso, me desculpe por ligar para você no meio da noite. Pareceu uma emergência na hora.

Deron tamborilou a mão na lateral da caminhonete, a cabeça inclinada como se estivesse ouvindo uma música distante. Um sorriso pairou sobre seus lábios. Uma das recrutas acenou para mim no espelho da van e apontou para o relógio. Eu falei sem som: *Só um minuto.*

Willa, disse Deron. Você me deve um favor.

Qualquer coisa, eu disse.

Qualquer coisa?

Qualquer coisa. É claro.

Você precisa devolver essa tartaruga.

O sorriso fraco de Deron persistiu. Gaguejei que não sabia a que tartaruga ele estava se referindo.

A que está dentro da sua van, disse Deron. Do buraco oceânico. A que vocês pegaram.

O vento voltou, chocalhando entre nossos veículos; o céu escureceu, o ar espesso como algodão-doce. Abri a boca e fechei. Disse que não sabia do que ele estava falando, mas sabia que as tartarugas marinhas estavam criticamente ameaçadas e que um buraco oceânico não era seu habitat adequado; em um deles, elas não sobreviveriam.

Willaaaa, disse Deron – indiferente, mesmo com o vento se intensificando –, se você está tão preocupada com sobrevivência, deixe-me dizer uma coisa, porque eu entendo de sobrevivência. Todos nós em Eleutéria entendemos. Afinal, depois do furacão mais recente, ninguém trouxe suprimentos. No passado, alguns países mandavam comida, água, remédios, mas agora estamos por conta própria. Não somos responsáveis por criar essas supertempestades nem pela elevação do nível do mar, mas precisamos suportá-las. Depois dos furacões recentes, os únicos suprimentos vieram de outros bahamenses que chegaram de barco de outras ilhas. O único lugar aonde podíamos ir eram as outras ilhas, ou o que restava das outras ilhas, porque não podíamos sair. Muito arriscado. Não há espaço nos Estados Unidos, infelizmente. Também não há espaço no Reino Unido. Nem para crianças. Nem para avós. Tudo o que temos somos nós mesmos. Tudo o que temos, Willa, é esta ilha. E temos sobrevivido. Nós nos mantemos e nos reconstruímos à nossa maneira. Se você não quer nos ajudar, tudo bem, mas não torne tudo mais difícil. O hotel sobre o qual eu tentei te contar foi construído pelas pessoas daqui e é de propriedade local, porque estamos tentando nos reerguer. E essa tartaruga, ela é para os hóspedes do hotel – ou os futuros hóspedes do hotel. Porque precisamos de mais atividades. Não temos jet skis e não temos shopping centers, mas podemos oferecer este lugar. Essa tartaruga é para os turistas visitarem. Eles podem nadar com uma tartaruga marinha de verdade em uma piscina natural.

As primeiras gotas de chuva caíram sobre o para-brisa da van como pequenos punhos molhados.

Então, vamos voltar ao buraco oceânico agora, disse Deron. Vamos colocar essa tartaruga de volta antes que o tempo fique feio. Porque parece que vai ficar feio.

Atrás de mim, os recrutas haviam se transformado em estátuas, rígidos e eretos em seus assentos. Todas aquelas mentes jovens, aqueles corpos jovens, necessários para o lançamento do Acampamento Esperança... Que escolha eu tinha, com seus olhares fixos em mim, esperando para ver o que eu faria?

Balancei a cabeça e disse a Deron que não podia voltar: tinha um lugar aonde ir.

Eleutéria tinha sido um ponto turístico movimentado não muito tempo antes – isto é, antes de furacão após furacão rasgar suas costas, destruindo a infraestrutura e o interesse dos turistas. A ilha atraía estrelas do rock e membros da realeza em lua de mel, ícones do tênis e executivos de bancos, velejadores e famílias de quatro pessoas em trajes de banho. Esses visitantes iam a Eleutéria para desfrutar de sua vista para o mar e de suas cabanas de folhas de palmeira. Massagem à beira-mar. Leitura à beira-mar. Lagosta empanada. Piña colada feita com abacaxis colhidos ao redor do resort, a fruta remanescente do cultivo de plantações introduzidas décadas antes.

Eleutéria também atraía mergulhadores – foi o que me contou um dos biólogos marinhos do Acampamento Esperança. A ilha era famosa no mundo do mergulho, e até Jacques Cousteau a visitara. Entre outras coisas, Cousteau queria encontrar o fundo do famoso buraco oceânico de Eleutéria. Então ele vestiu seu equipamento de mergulho, o melhor da época, e desceu o mais fundo que pôde. Ele e outros tentaram. Eles mergulharam e mergulharam, mas nunca chegaram ao fundo. Sabiam que o buraco oceânico se conectava ao oceano em si de alguma forma; as marés faziam o nível da água subir e descer. Devia haver uma passagem ligando aquela piscina no interior da ilha a algo muito maior.

Não é interessante?, indagara o biólogo marinho. *Há um caminho que leva até o oceano, desde que se consiga nadar fundo o suficiente.*

E pensar que sempre existe uma maneira de escapar de nossas circunstâncias se formos capazes de nadar fundo o suficiente. Se ao menos pudermos prender a respiração o suficiente e mergulhar.

E pensar que não podemos escapar, nem mesmo com portas tão abertas quanto o oceano.

Quando os recrutas e eu chegamos ao trecho de terra de conservação à beira-mar para soltar a tartaruga, o céu estava cheio de nuvens, uma mortalha cinza-púrpura lançada sobre a paisagem. A chuva espirrava na areia, desviada pelo vento. Não precisei dizer aos recrutas para se apressarem. Eles tiraram a tartaruga do ninho de cobertores e a carregaram em direção à água. À beira da areia e da espuma, deslizaram a tartaruga para dentro do mar. O animal não se moveu. Parecia atordoado ou exausto. Os recrutas empurraram a tartaruga para a frente. Seguiram para a arrebentação para ficar ao lado dela.

Vá, Patty, disse Lillian. Você está livre.

Nade, disse Thatcher.

Outro recruta gritou para darem espaço à tartaruga. Todos recuaram. Talvez eles tivessem animais de estimação e se considerassem equipados com experiência em psicologia animal. Espaço e silêncio, essas eram coisas importantes para o bem-estar de um animal.

A ressaca atingiu a tartaruga. O vento aumentou, batendo nas casuarinas próximas, agitando as uvas marinhas e nossos cabelos. A tartaruga permaneceu imóvel. Ela podia muito bem ser uma pedra, se não soubéssemos o que estava à nossa frente: sua concha era uma mancha escura, como uma mancha na água. Ondas maiores quebraram para a frente, espumando, brancas. Nuvens se aproximaram. Sobre o rugido da arrebentação, o ímpeto do vento e da chuva: o primeiro estrondo de trovão. Thatcher deu um gritinho. Margaret e Cameron se encolheram. Fitz correu em direção à van.

Ainda não terminamos, eu chamei – mas os outros o seguiram, correndo com os braços sobre a cabeça enquanto a chuva jorrava em uma cortina arrebatadora, encharcando todos em segundos. A chuva piorou na viagem de volta ao Acampamento Esperança. O caminho parecia submarino: os limpadores de para-brisa marcando um caminho freneticamente. Fiquei feliz com a dificuldade, porém, porque significava que os recrutas não podiam fazer perguntas sobre o que havia acontecido, o que tínhamos feito – e também porque *eu* não podia me perguntar.

Em uma tempestade, qualquer coisa pode se tornar um projétil. Uma concha. Um pedaço de madeira. Uma árvore. Um microscópio. Uma bicicleta. Um pontão de biodiesel.

Um telhado de alojamento. De volta ao Acampamento Esperança, os trabalhadores corriam de um lado ao outro do complexo. Fechavam janelas com tábuas, amarravam os painéis solares. Gritavam uns para os outros através da chuva que caía em densos lençóis. Ou, no caso de uma meteorologista, reclamavam miseravelmente que estiveram dizendo o tempo todo que a tempestade nos atingiria com tudo.

O mar estava furioso. Troncos de palmeira se dobravam para trás como estilingues. Relâmpagos estilhaçavam o céu. A roda de um carrinho de mão virado girava inutilmente no ar, como se tentasse escapar com a folhagem que chicoteava pelo chão. Os gritos dos trabalhadores se emaranharam, explodindo. Os recrutas tropeçavam uns nos outros, se esbarravam de lado. Então começaram a correr – todos começamos a correr – em direção ao celeiro, o segundo andar transformado em um abrigo improvisado. Corríamos com a cabeça para a frente, contra o vento, esticando os braços em direção à porta do celeiro, procurando um apoio ao qual nos agarrar, algo que esperávamos que nos mantivesse seguros.

O tempo fica distorcido durante uma tempestade. A madeira compensada nas janelas do celeiro bloqueava qualquer visão de Eleutéria – não que uma vista fosse ajudar: a luz do dia havia desaparecido. O universo se encolhera a setenta trabalhadores e doze recrutas. A maioria das pessoas dormiu durante o primeiro dia. O abrigo fora abastecido às pressas com cobertores, catres e os cantos quase macios de sacos de arroz. Todos descobriram uma exaustão profunda. Todos se submeteram ao grande vazio da espera. Todos menos eu.

Eu precisava falar com Adams sobre a missão da tartaruga. Precisava perguntar se o que eu tinha feito estava certo. Adams, porém, não havia se abrigado no celeiro. Na verdade, ninguém se lembrava de tê-lo visto o dia todo. Todos tinham estado ocupados com os preparativos para a tempestade.

Quando sugeri enviar um grupo de busca, no entanto, os outros trabalhadores rejeitaram a ideia.

Ele provavelmente está escondido no Centro de Comando, disse um especialista em biodiesel.

E não é seguro procurá-lo, de qualquer maneira, acrescentou um micologista. Não com este tempo. É contra o protocolo.

Ele está sempre bem, disse um técnico solar. Ele é o Roy Adams.

Um trovão estremeceu o celeiro, produzindo um barulho muito alto, como se a terra estivesse se abrindo: placas tectônicas se movendo, velhos deuses perturbados. A maioria dos trabalhadores e dos recrutas continuava dormindo. Estavam espalhados pelo chão do celeiro como algas marinhas, destroços. Jachi estava sentada de pernas cruzadas em um canto escuro, de olhos fechados, o rosto sereno enquanto meditava. Tentei ficar sentada ao lado dela por um tempo, mas fiquei claustrofóbica com meus próprios pensamentos.

O mesmo biólogo marinho que havia me falado sobre o buraco oceânico também descreveu como o oceano mantém um registro de todas as nossas ações. A água, ele me disse, absorve o calor da indústria humana e o mantém em uma vasta memória líquida. As tempestades intensas que vivemos agora são manifestações de decisões tomadas décadas antes. E as tempestades do futuro – cada vez mais violentas, cada vez mais devastadoras – serão este presente ressurgindo como o passado.

Não é interessante?, ele indagara. *O oceano nunca esquece.*

No segundo dia, com o constante ataque da chuva e o baque de projéteis atingindo nosso abrigo, todos ficaram inquietos.

Para passar o tempo, os ecologistas – que muito antes haviam desenvolvido habilidades de resiliência emocional – começaram a contar piadas.

Ei, Gertie, falou um. O que um furacão disse para o outro furacão?

Gertie, a meteorologista, não respondeu.

Estou de olho em você!

Outro ecologista tentou um monólogo cômico sobre dunas de areia, até que uma das geólogas fez um movimento de corte no pescoço com o dedo.

Os recrutas começaram a fazer perguntas: Quanto tempo a tempestade duraria? Ficaríamos sem água, bananas verdes, aveia fria e barrinhas energéticas à base de feijão? Uma ondulação do oceano alcançaria o segundo andar do celeiro? A água salgada contaminaria as cisternas? Os laboratórios seriam destruídos, junto com todas as pesquisas dos trabalhadores do acampamento? Todos seriam mandados para casa? Como eles voltariam para casa se as estradas e o aeroporto fossem destruídos? Roy Adams enviaria uma equipe de resgate? Onde estava Roy Adams? Por que ele não estava conosco? Ele estava na ilha? Estava fora da ilha? Estava perdido? Ferido? Morto? Ele seria capaz de escrever cartas de recomendação para eles? Alguém poderia falsificar sua assinatura? Como o fracasso do Acampamento Esperança afetaria suas candidaturas à universidade? Seus meios de subsistência pessoais? A inevitabilidade de seu sucesso futuro?

A tempestade continuava atingindo o abrigo. A enorme faixa de tempo não programado – o nada da nossa união – tornou o ar sombrio, deixou as pessoas ansiosas e exaustas. Minha cabeça parecia um balão preso em uma corda. Foi só no segundo dia que alguém notou que Lorenzo também estava desaparecido. Ou, na verdade, que notamos como Lorenzo servira de amortecedor entre nós e a realidade da última vez que Adams estivera ausente. Sem Lorenzo, nada nos protegia das verdades que preferíamos não habitar.

Entendi melhor, então, por que Lorenzo havia organizado a festa para os trabalhadores: a necessidade de distração, a preservação da motivação, a necessidade de fazer *alguma coisa*. A certa altura, os seres humanos precisam de mais do que ideais para continuar adiante.

Não poderia haver festas no celeiro. Mal tínhamos suprimentos suficientes para nos mantermos alimentados. Em seu canto escuro, Jachi meditava com mais intensidade.

As garotas das artes liberais brigaram por três folhas de cartolina enquanto tentavam conceber uma atividade educacional – acabando por se decidir por curiosidades sobre o clima – forçando os recrutas a formarem grupos para jogar.

P: Qual foi o aumento das tempestades tropicais de categoria cinco nos últimos três anos?
R: 25%.

P: Qual país experimentou inéditos quinze dias consecutivos com temperaturas acima de quarenta e três graus?
R: França.

P: Quantos centímetros se espera que o mar suba na próxima década?
R: Doze.

R: Não, são vinte e oito.

R: Como? São doze.

R: Vinte e oito.

R: Eu pesquisei na semana passada e são setenta e um.

P: Vamos em frente: quantos eventos de mortalidade em massa ocorreram até agora este ano?
P: Alguém?
P: Alguém?
P: Aonde vocês estão indo? Nós não terminamos...

Alguns trabalhadores faziam polichinelos e flexões e mastigavam barras de proteína. Outros olhavam para os quadrados escuros onde estariam as janelas se as janelas não estivessem fechadas com tábuas. Os cientistas se dividiram em panelinhas centradas em disciplina – analisando, formulando hipóteses em uma linguagem de números, razões e precedentes –, sempre lutando com absolutos, buscando evidências verificáveis.

Os recrutas roíam as unhas e comiam o cabelo, maus hábitos surgindo sob o verniz da boa educação.

Eu andava de um lado para o outro. Era fácil imaginar um oceano inchado submergindo nosso abrigo, levando-nos para longe. Em *Vivendo a solução*, Adams descrevera a necessidade de enfrentar o perigo – de enfrentar a pressão gritante das mudanças climáticas – e, no entanto, ali estávamos nós, enfrentando aquele perigo, sem qualquer líder para nos guiar.

O medo é uma sensação viscosa; ele escorre para nossos membros como uma enguia gelada. Nosso abrigo improvisado começou a se assemelhar ao bunker de sobrevivência da minha infância. Só que, dessa vez, não havia terrários aos quais eu pudesse dedicar minha atenção. Dessa vez, eu sabia que o abrigo não me protegeria do que me esperava do lado de fora. Eu partiria e sofreria com o que ia encontrar. Porque, naquele abrigo contra tempestades, naquela ilha, estremeci com a lembrança da cabana da minha família escurecendo, meus pais chegando ao *rigor mortis* na sala de estar, os rostos congelados de medo. Eu tinha ido para o Acampamento Esperança porque acreditava que Adams encarnava o inverso de meus pais: ele era incansavelmente otimista, um pioneiro da atualização ecológica, um crente em futuros além do apocalipse.

No entanto, até onde eu sabia, ele também estava morto.

Um som de estalo rompeu o jorro de chuva. Vários membros da equipe se levantaram, procurando um vazamento, um cano quebrado, um problema. Não havia nada. O som viera de Fitz, que estava agachado ao lado de sacos de arroz, o rosto parecendo um espectro à luz das velas. Ele tinha um dedo na boca, que arrastava contra o interior da bochecha até fazer um som de estouro.

Os outros trabalhadores balançaram a cabeça e não disseram nada. Fitz continuou arrastando o dedo, a expressão vidrada e altiva.

Pare com isso, eu disse.

Fitz enfiou o dedo na boca novamente e produziu outro estalo.

Atravessei o abrigo marchando, quase pisando nas formas esparramadas de trabalhadores e recrutas. Quando cheguei à frente de Fitz, disse: Pare. De. Fazer. Esse. Barulho.

Os olhos de Fitz rastejaram na minha direção, avermelhados e desconsolados. Ele levou a mão à boca, os lábios carnudos abertos, o dedo posicionado ameaçadoramente.

Vocês não podem esperar que a gente fique aqui, disse ele.

Nós vamos ficar aqui.

Eu quero ligar para os meus pais.

Todos queremos, não?

Fitz se curvou, arfando seco. Quando perguntei se ele estava doente, ele deu um salto, ficando de pé como se tivesse uma mola. Um sorriso de palhaço se esticou em sua boca. A ponta rosada de sua língua deslizou pelo lábio inferior.

Eu vou processar você, ele disse. Vou processar você e todo mundo aqui...

Sente-se, falei.

A respiração de Fitz ficou irregular. Em fragmentos, ele desabafou: Isso não é justo... inaceitável... nos manter... cagando em baldes... sabe quanto meus pais estão pagando... este lugar estúpido... eu quero... vocês são loucos... tão sem sentido... uma piada...

Agarrei a gola da camisa de Fitz. Eu não havia decidido fazer isso conscientemente. Não estava tentando machucá-lo. O tecido se amontoou em minhas mãos. Fiquei apenas vagamente ciente do berro de Fitz, do alarme soado por membros da equipe e recrutas. Na minha cabeça, eu estava tentando protegê-los dele, de sua má atitude. Estava tentando me proteger. As pessoas devem ter perguntado o que eu estava fazendo, mas eu não conseguia ouvi-las. Eu estava dentro da minha própria cabeça. Estava dentro da minha própria cabeça com Adams, porque se Adams não estava presente, o que eu podia fazer além de conjurar as passagens de *Vivendo a solução* que havia memorizado?

206

Autopiedade é egoísmo, eu pensava enquanto puxava Fitz pelo colarinho até a porta. *E o egoísmo está no cerne da nossa crise ambiental...*

Você quer ir embora?, perguntei.

Assim que destranquei a porta, o vento a abriu completamente. Água foi pulverizada para dentro do celeiro. Empurrei Fitz para a soleira uivante: um caos escuro e molhado.

Ele estava balançando a cabeça, balançando todo o corpo. Ele se contorceu para voltar para dentro. Lágrimas rolavam de seus olhos, enquanto ranho escorria de seu nariz em longos fios viscosos.

Precisei de todo o peso do meu corpo para puxar a porta contra o vento. O silêncio que se seguiu foi total, o ar aspirado do quarto. Eu estava encharcada, formando uma poça no chão, mas minha pele estava quente o suficiente para fazer a água evaporar.

Qual é o problema, Fitz?, perguntei. Eu te magoei? Assustei você? Fiz isso, não foi? Bem, você precisa sentir medo. Porque somos só nós e essa tempestade, Fitz. Ninguém vai te salvar. Seus pais não vão vir aqui e te salvar. Você não pode continuar sentindo pena de si mesmo. Não pode chamar seus pais, porque eles não virão, Fitz. Eles não podem ajudar você.

Limpei a água que embaçava a minha visão: água da tempestade, água salgada, água de lágrimas. Os outros trabalhadores estavam de pé. Os recrutas estavam amontoados.

Nenhum dos pais de vocês virão, eu disse a todos os recrutas. Porque os pais de vocês são o problema. Seus pais abandonaram vocês. Abandonaram todos nós. Eles são pessoas más e decepcionaram todo mundo. E vão continuar nos decepcionando. São barões ladrões, hiperconsumidores e mercenários de emissões. São mentirosos. São a razão pela qual tantas pessoas neste planeta estão sofrendo. E vocês também são. Vocês são o problema. Porque esse é o legado de vocês. Esta tempestade: é a sua herança.

Eu disse outras coisas, que tenho certeza de que várias pessoas já disseram em público a essa altura. Esse discurso é provavelmente considerado um ponto de virada, levando em conta o que aconteceu com os recrutas mais tarde, mas quero esclarecer que, para aqueles doze jovens, eu era apenas um pequeno pedaço de uma história muito maior.

As garotas das artes liberais rastejaram ao redor de Fitz, as três com a palma das mãos estendida, como se quisessem provar que estavam desarmadas. Fitz chorou. Outros recrutas começaram a chorar também; Lillian soluçava com o nariz vermelho. Margaret encostou o rosto no ombro de Thatcher. As garotas das artes liberais empurraram Fitz para o centro de seu triângulo protetor. Dorothy murmurou sobre conduta profissional e ultrapassar limites. Bufei em resposta: Como se os limites significassem alguma coisa agora.

Os outros trabalhadores não olhavam para mim.

No canto do celeiro, Jachi continuava meditando, com o rosto sereno.

Depois de três dias no celeiro, todos acordamos com o som tranquilizador de uma chuva comum, os primeiros cantos dos pássaros e, finalmente, uma batida e um guincho metálico. Roy Adams arrancou as tábuas das janelas do celeiro e gritou *bom dia, flores do dia* ao nos cegar com um brilho repleto de orvalho.

Adams sorriu, os dentes grandes e os ombros largos de sempre. Ele estava renovado, a camisa polo nem um pouco amassada. Um raio de sol pulsava em seu rosto.

Todo mundo aqui?, ele gritou. Todos aqui?

Os trabalhadores cambalearam para a varanda, apertando os olhos diante da claridade.

Qual é o problema?, indagou Adams. Um galho de árvore atingiu todos vocês na cabeça? Vamos nos mexer!

Ninguém se mexeu. Um agrônomo perguntou onde ele havia estado.

Explicarei mais tarde, disse Adams. Agora, temos trabalho a fazer. Vamos lá. Hora da limpeza. Porque tenho notícias com N maiúsculo. O lançamento é oficial. Quinze de agosto. Daqui a cinco semanas, vamos iluminar este mundo.

Ele esperou por uma comemoração.

Recebeu consternação murmurada. Um permaculturalista perguntou se ele estava brincando. Além da varanda do celeiro, o terreno do Acampamento Esperança estava destruído e confuso. Havia algas marinhas espalhadas pelos caminhos. Árvores partidas. Janelas quebradas. Jardins mutilados. Feijões hidropônicos espalhados por toda parte.

Consertar este lugar levará meses, disse um engenheiro. Talvez mais.

Adams mostrou os dentes e falou: O que aconteceu com todos vocês aí dentro? Estão com febre de cabine? O que vocês estão vendo é a nossa melhor oportunidade até agora. É uma chance de mostrar nossa resiliência. Mostrar do que somos feitos. Vamos lá, onde está o espírito de luta de vocês?

Os membros da equipe – pálidos, fedendo e exaustos – se mexiam de modo desconfortável no lugar. Seus olhares me provocavam como pontas de faca. Eles acreditavam que eu havia danificado irremediavelmente os recrutas; que, mesmo que a tempestade não tivesse destruído o terreno, todo o empreendimento estava arruinado.

Era verdade que, após o incidente com Fitz, os recrutas tinham se reunido e se barricado atrás de sacos de arroz – com Fitz no centro. Era verdade que eles haviam se recusado a falar com qualquer pessoa. Os trabalhadores acreditavam que os recrutas exigiriam ser mandados para casa e, uma vez em casa, falariam mal do Acampamento Esperança – destruindo a percepção do público antes que tivéssemos a chance de defender nosso caso.

As garotas das artes liberais fingiram tossir em seus ombros, uma após a outra, decidindo quem falaria primeiro.

Houve um incidente, disse Corrine.

Um incidente altamente problemático, acrescentou Dorothy. Entre um recruta e um trabalhador.

Foi Marks, disse Eisa – incapaz de se conter. E, só para constar, nós três não tivemos nada a ver com as ações dela dessa vez. Não sancionamos seu comportamento e nos opomos totalmente a sua tomada de decisão deficiente.

Adams cruzou os braços sobre o peito. A dureza usual em seus olhos enfraqueceu.

Isso é verdade, Marks?

Eu queria gritar. Queria arrancar meus cabelos e dizer que havia precisado de Adams e ele não estivera lá. Que eu só havia feito o que parecia certo. Que eu havia feito o que *Vivendo a solução* aconselhava.

Um botânico saiu correndo do celeiro, gritando: Alguém viu os recrutas? Eles saíram por uma porta dos fundos? Não consigo encontrá-los...

Provavelmente já estão pedindo carona para o aeroporto, disse um membro da equipe de Agro.

Com uma voz que mais parecia um rosnado, Adams disse: Marks, é melhor você se explicar.

Lorenzo se colocou entre nós, a prancheta debaixo de um braço magro. De onde Lorenzo viera ninguém sabia. Ele parecia mais magro e desgrenhado do que antes da tempestade. Com a mão livre, gesticulou por cima do parapeito da varanda, dizendo: Ela não fez nada de errado.

Renzo, agora não, disse Adams.

Marks sempre coloca a missão em primeiro lugar, insistiu Lorenzo.

Adams ficou vermelho, com os bíceps inchados, mas vários membros da equipe se encostaram no parapeito, protegendo os olhos para olhar para onde Lorenzo apontara.

Que raios?, questionou um ecologista.

Os recrutas estavam espalhados pelo terreno do Acampamento Esperança; como um bando de pássaros lançados no céu, eles haviam entrado em ação. Corriam do armário de material de limpeza para o laboratório de hidrologia para o alojamento e o refeitório. Carregavam esponjas, carrinhos de mão, panos de limpeza.

Eles enlouqueceram, disse um especialista em aquaponia.

Eles estão fazendo o que deveriam fazer, falou Lorenzo. Estão começando a limpeza. Se Marks fez algo com os recrutas, fez algo certo.

Fez algo certo, repetiu Adams, testando o conceito, a vermelhidão sumindo de seu rosto. Ela certamente fez. Olhe para aquilo. Isso é comprometimento. Isso é o que queremos. Uma salva de palmas para Marks.

Jachi – que tinha acabado de sair de sua meditação – uniu as mãos, puxando as palmas. Seguiu-se um punhado de aplausos dos trabalhadores. As garotas das artes liberais me encararam, atordoadas.

Adams bateu nas minhas costas, dizendo alto: Está na hora de dar uma mãozinha aos nossos recrutas. Vamos nos mexer.

Os membros da equipe hesitaram, mas apenas brevemente. Desceram correndo as escadas da sacada, espalhando-se pelos terrenos para obter seus próprios suprimentos. Foi então que Lorenzo se aproximou de mim, as bochechas redondas e leais como a lua. Ele perguntou se tinha feito um bom trabalho; se havia me ajudado da maneira que eu o ajudara uma vez.

Sim, obrigada...

Eu estava distraída com meus esforços para localizar Fitz entre os outros recrutas. Não demorou muito: ele estava correndo pelo terreno, toalhas na mão, a língua pendurada, o rosto pálido rosado pelo esforço. Jogou suprimentos nos braços de outros recrutas. E correu de volta para buscar mais.

Assim, tínhamos uma data oficial de lançamento. Um líder. Tínhamos um bando de jovens empolgados para salvar o mundo. Apesar dos danos causados pelo furacão, o Acampamento Esperança começou a se parecer com seu antigo eu nas semanas seguintes ao evento, o progresso ocorrendo mais rápido do que se poderia ter previsto ao ver os destroços pela primeira vez. Trabalhadores e recrutas faziam turnos para transportar detritos, consertar janelas quebradas e replantar vegetação. Todos falavam sobre resiliência; sobre a restauração cooperativa diante dos desafios climáticos, sobre como a rápida recuperação do Acampamento Esperança provava que tínhamos o que era preciso.

Em seus discursos aos trabalhadores, Adams disse coisas como: Olhem, eu não queria dizer *eu avisei*, mas eu certamente avisei vocês que os desafios só nos tornariam mais fortes.

Quando pressionado sobre sua ausência durante a tempestade, ele ria.

Todos vocês precisam saber, ele disse – batendo na testa – que eu estava aqui com vocês, mentalmente, o tempo todo. O problema foi que, quando a tempestade chegou, fiquei encalhado na ilha onde estava procurando por mais terras de conservação para comprar. Eu não consegui voltar e não consegui passar a informação para todos vocês porque Lorenzo estava escondido no Centro de Comando.

Os membros da equipe aceitaram essa história. Eu aceitei. O otimismo era abundante, em especial com os recrutas tendo se tornado genuinamente inspiradores. Todo o comportamento deles havia mudado, a postura, o discurso. Eles conversavam comigo durante as refeições como se nada tivesse acontecido ao longo da tempestade. Como se tudo fosse sair como planejado. Antes mesmo que as refeições terminassem oficialmente, eles se levantavam para fazer o serviço voluntário da lavagem de louça e a brigada da compostagem. Lillian não usava mais brincos de pérola – ela os havia jogado no mar. Cameron cortara o rabo de cavalo longo e brilhante – ele atrapalhava durante os SDCCs, ela explicou. E Fitz ficava lendo e relendo o *Vivendo a solução* até tarde da noite.

O raciocínio de Adams para incluir recrutas fazia cada vez mais sentido: o vigor e a seriedade da juventude eram inspiradores. O comprometimento deles com a mudança era diferente do dos adultos. Era mais puro, mais intimamente ligado ao futuro.

Aqueles garotos vão ficar ótimos diante das câmeras, disse uma bióloga durante o almoço. E a subsequente onda de atenção da mídia – um ataque de histórias positivas – vai acelerar o reconhecimento do Acampamento Esperança em escala global.

Bombas mentais, disse uma nutricionista. Era como o Greenpeace chamava suas fotos de navios baleeiros russos ensanguentados. E essas imagens explodiam na consciência pública. Literalmente explodiam.

Certo, respondeu um especialista em solo. Mas o Greenpeace não teve a sabedoria organizacional para aproveitar essa atenção e fazer mudanças estruturais substanciais.

Quando o Acampamento Esperança explodir, disse a bióloga, estaremos prontos para usar essa energia, para catapultá-la. Na verdade, teremos um acompanhamento estratégico.

Não temos baleias, falei. Quero dizer, nenhuma baleia ensanguentada.

A bióloga piscou e disse: Podemos ter algo melhor.

Havia, de fato, alguma coisa um pouco estranha com os recrutas? Nenhum trabalhador teria admitido isso, mas os olhares dos recrutas às vezes ficavam desfocados. Eles estavam dormindo menos horas. Quando não estavam envolvidos com alguma tarefa, sussurravam uns para os outros em vozes abafadas e fervorosas. Apesar de todo o entusiasmo e a diligência em torno do Acampamento Esperança, eles também pareciam possuídos por uma dimensão paralela da qual os membros da equipe eram excluídos.

Decerto nada foi dito aos pais dos recrutas, que entraram em contato com Roy Adams após a tempestade. As garotas das artes liberais foram temporariamente instaladas no Centro de Comando para atender aos questionamentos: um papel que elas adoraram.

Se seu filho esteve em perigo?, ouvi Corrine perguntar. Certamente!

E é isso que torna toda a experiência tão valiosa, disse Dorothy. Imagine essa história da tempestade tropical em um ensaio de admissão para a faculdade.

Eisa: É ouro para a candidatura à universidade.

Ouvi essas conversas enquanto espreitava pelo Centro de Comando tentando falar com Adams. Ainda queria perguntar sobre a missão da tartaruga – para obter a confirmação de Adams de que havia feito a escolha certa em meu encontro com Deron. Carregava minha cópia de *Vivendo a solução* comigo. Parecia importante ter o livro quando Adams e eu conversássemos. Ele poderia citar uma passagem à qual eu poderia retornar mais tarde. Além disso, outra questão me incomodava, uma que eu vinha evitando fazia muito tempo, relacionada a como eu encontrara o livro, em Boston. Eu queria entender a conexão do livro com Sylvia. Se *Vivendo a solução* ainda não havia sido distribuído para a mídia – para ninguém –, por que ela teria uma cópia?

Fazer essa pergunta, no entanto, significaria falar sobre Sylvia. E, de qualquer forma, Adams estava heroicamente ocupado: carregando árvores inteiras nas costas e levantando painéis solares até os telhados. Durante as refeições, admiradores o engolfavam. Quando ele me via no Acampamento Esperança, fazia sinal de positivo ou me dava um forte tapa no ombro. Até distribuía conselhos paternais. Uma vez, durante o jantar, ele se inclinou para me dizer para adicionar mais pão de proteína ao meu prato – para manter a massa muscular alta. Eu não queria jamais mudar o clima daqueles momentos. Era muito bom ser notada por ele, ter minhas contribuições celebradas. Nas minhas fantasias mais loucas, Adams era mais do que uma figura paterna – ele realmente me adotava. Os outros membros da equipe, por sua vez, haviam começado a me tratar como uma verdadeira camarada de armas. Os biólogos marinhos me levavam em seu barco para uma missão de marcação de tubarões. A equipe solar me convidou para tomar sol em um telhado com eles durante nossos quarenta e cinco minutos obrigatórios de R&R. Minhas preocupações sobre a missão da tartaruga e Deron, sobre *Vivendo a solução* e Sylvia, pareciam pequenas o suficiente para serem deixadas de lado, de novo e de novo, até que não houve mais necessidade de perguntar sobre Deron, porque ele apareceu no Acampamento Esperança junto com uma dúzia de outros moradores, duas semanas antes do lançamento.

Eles estacionaram os veículos do lado de fora do muro de buganvílias e gritaram que queriam conversar.

Adams foi ao encontro deles – Lorenzo atrás com sua prancheta. Todos passaram quinze minutos fora de vista atrás de uma caminhonete estacionada. Quando Adams voltou, estava com o rosto vermelho. Tinha as veias dos braços saltadas. Conforme explicou, os moradores haviam apresentado um dossiê de material legal que era basicamente equivalente a uma ordem de cessar e desistir. Eles queriam que os atuais ocupantes do Acampamento Esperança deixassem o complexo, assim como Eleutéria. Qualquer propriedade restante seria entregue à governança local da ilha.

Apenas um grande teatro, disse Adams. Sem qualquer respaldo legal real. Apenas tática do medo.

Mas por quê?, perguntou um entomologista. Por que estão trazendo isso à tona agora?

Adams ficou ainda mais vermelho ao responder: Eles estão questionando o direito do Acampamento Esperança de operar em solo das Bahamas – como se pudesse haver qualquer outro tipo de indústria aqui. Na verdade, eu passei um tempo no motel de segunda categoria que eles chamam de "novo resort". Está construído pela metade, preso à beira de uma lagoa. Não parecia que os negócios estivessem indo muito bem. Por que estariam? Meu palpite é que eles estão querendo extorquir dinheiro. Mas, sabem de uma coisa? Eu não cedo a extorsões...

Enquanto Adams continuava com sua defesa, as garotas das artes liberais cochichavam entre si.

É verdade, disse Dorothy, o Acampamento Esperança é 100% colonialista.

Eu diria 85%, falou Corrine.

O que não necessariamente o torna errado, disse Eisa. Dado o alcance maior.

Eu considero a operação uma manifestação do pós-pós--colonialismo, rebateu Corrine.

Como o pós-pós-modernismo?, falou Dorothy.

Isso não existe, disse Corrine.

Se isso não existe, perguntou Eisa, então tecnicamente nenhum de nós existe? E estamos, portanto, absolvidos?

Adams franziu a testa para as garotas das artes liberais e aumentou o tom de voz quando anunciou que o Acampamento Esperança continuaria avançando a todo vapor, não importava o que acontecesse.

Eu lamento pelos locais, disse Adams. De verdade. Tenho certeza de que o furacão recente atingiu duramente suas comunidades, depois de muitos outros golpes duros. Então, querem saber, vamos enviar a eles algumas caixas de carregadores solares, filtros de água e barrinhas energéticas. Eles estão tentando reerguer a ilha, e eu respeito isso. Mas o Acampamento Esperança está tentando reerguer este planeta. O Acampamento Esperança está aqui para todos, não apenas para uma pequena ilha. O planeta precisa de nós. Pensem nas geleiras derretendo como esculturas de gelo no Saara. Pensem nas florestas desmatadas só para fazer mais papel higiênico. Pensem em quantas vidas são perdidas a cada segundo devido à poluição do ar, à poluição da água, à poluição das mentes. Pensem no fato de que esta ilha estará submersa em breve, a menos que entremos em ação. Precisamos lançar o Acampamento Esperança o mais rápido possível. Estou enviando *Vivendo a solução* para nossos contatos de mídia hoje. O que vocês acham disso?

Os trabalhadores gritaram e aplaudiram em concordância. Adams manteve o olhar de aço. Ergueu a palma da mão enquanto olhava para mim – como se sentisse minha indecisão, a estranheza nas minhas tripas. Eu me perguntei se Deron havia mencionado a tartaruga desaparecida.

Uma trabalhadora me cutucou e disse: Levante, Marks.

Ela estava se referindo ao *Vivendo a solução*, que estava debaixo do meu braço. Levantei o livro acima da minha cabeça. Os membros da equipe aplaudiram mais alto, e Adams mostrou seus grandes dentes brancos, o sorriso de tubarão com a confiança de cem milhões de anos. Ele perguntou se estávamos prontos para salvar o único planeta que tínhamos. Estávamos. Perguntou se estávamos prontos para viver o futuro que queríamos. Estávamos prontos para isso também. Adams continuou falando, urrando o plano de seguir em frente, sua voz enorme tapando o vazio dentro de mim – uma cratera deixada pelo desespero dos meus pais e aumentada por Sylvia. Senti a explosão da crença de Adams em mim, seu brilho dissipando a dúvida, minhas próprias comemorações enchendo meus ouvidos enquanto eu levantava *Vivendo a solução* mais alto, o som ecoando sobre Eleutéria, através de seus bosques de casuarinas e campos de abacaxis cobertos de vegetação, seus penhascos à beira-mar, piscinas naturais e praias de areia rosa, suas cavernas subterrâneas e um buraco oceânico mergulhando profundamente no coração secreto da ilha.

Não importava que tinha sido no escritório de Sylvia que eu havia encontrado *Vivendo a solução*. Não importava a clareza daquela conexão.

Todos voltaram às suas tarefas como se os moradores locais nunca tivessem estado lá. Faltavam apenas duas semanas para o lançamento. Nós não podíamos esperar.

O luar brilhava nos mosquetes – os duzentos soldados espanhóis navegando em silêncio desde Havana seguravam suas armas a postos. Cansados das águas dentadas das Bahamas engolindo seus galeões, estavam a caminho de se vingar. Viajando primeiro para New Providence – afinal, não sob a proteção de Deus –, pegaram o acampamento de surpresa. Seus inimigos, não muito vestidos, meio bêbados, defenderam-se apenas com gritos enquanto suas choupanas de telhado de palha, tavernas espalhafatosas e jardins miseráveis eram queimados e partidos em pedaços, pisoteados pelas botas até a submissão.

Os soldados saquearam e fizeram prisioneiros. Em seguida, navegaram para Eleutéria, apressados por uma brisa do mar salpicada de brasas tão intensas como notas de clarim.

Os colonos de Eleutéria não tinham meios nem vontade de lutar. Na verdade, não tinham nada pelo que lutar além de sua vida. Fugiram para o mato, esconderam-se em sumidouros, subiram em árvores, entraram na escuridão dos manguezais – acreditando que a ilha os esconderia. Não foi o que aconteceu. Aqueles colonos encolhidos entre os manguezais tiveram os tornozelos revirados por tubarões-limão insensíveis, moreias e o cheiro pungente de medusas. Os colonos escondidos em sumidouros foram beliscados por caranguejos terrestres e picados por aranhas até ganirem denunciando suas posições junto com os cães selvagens que circundavam seu refúgio. Nos galhos das árvores, os colonos tentavam não assustar os pássaros e se entregar, mas os pássaros não tinham motivos para vê-los como aliados. As estrelas da floresta – rouxinóis e papagaios-de-garganta-rosa – irromperam em direção ao céu como labaredas aladas, piscando suas penas em meio à fumaça dos escassos bens dos colonos, que desapareciam.

Expostos, os colonos tentaram rezar, mas aquelas palavras também haviam desaparecido – haviam desaparecido havia anos.

A violência se elevou como um maremoto sombreando Eleutéria. Do outro lado do mar, os Lordes Proprietários brigavam e lamentavam o custo do envio de ajuda militar. Alguns ainda esperavam lucrar com as Bahamas – a palavra *plantação* em seus lábios –, acreditando que a terra poderia aprender um propósito por meio de uma declaração escrita, que o pergaminho assinado poderia influenciar o giro da terra.

A guerra perturbaria Eleutéria, deixando um rastro de escombros. As Bahamas eram às vezes esquecidas, às vezes cobiçadas, enquanto as nações europeias lutavam por sua reivindicação de lucro: britânicos, franceses, espanhóis, holandeses, todos lutando pelo império. Tendo brutalizado os povos nativos, escravizaram africanos para labutar em terras roubadas, como se um pecado pudesse exonerar outro, como se o nascimento das Américas não fosse ser para sempre amaldiçoado – aproveitadores e seus ancestrais assombrados para sempre – com o sonho febril de oportunidade alimentando a loucura.

Não importava.

Reis e rainhas deslocavam seus súditos como peões no mapa quadriculado do Novo Mundo. Eles lutavam com suas frotas oficiais, ou – quando as regras de engajamento não lhes convinham – soltavam dezenas de corsários. Uma carta de marca era suficientemente rápida de escrever: os lábios finos do envelope selados com gotas de cera carmim, um vermelho tão amargo quanto o sangue que as cartas produziriam.

Então: tiros de canhão e rajadas de mosquete.

O ar engrossado com cinzas.

8

De volta à poluída Boston, perguntei novamente a Sylvia sobre ajudar os freegans.

Talvez você pudesse escrever um artigo, eu disse. Ou ir a um talk show? Ou a universidade poderia ajudar?

Ela acenou com a mão, a mente em outro lugar, e disse: Claro, querida.

Estávamos em um carro indo para a casa dela. Passamos por um banco de alimentos com uma fila de pessoas exaustas e encharcadas de suor estendendo-se ao redor do prédio. As temperaturas de agosto em Boston mantinham-se estáveis acima dos trinta e oito graus. Enquanto estivemos fora, em Martha's Vineyard, quedas de energia ocorriam diariamente pela cidade, a rede sobrecarregada. Outra escassez de água provocou uma onda de aumento de preços. Embora o toque de recolher noturno tivesse sido suspenso, a maioria das pessoas havia adquirido o hábito de ir para casa e permanecer lá, onde se podia fingir que tudo estava bem, que não havíamos entrado no crepúsculo da habitabilidade ambiental, ao lado da era de ouro do estado de vigilância: uma época em que as caixas de correio tiravam foto de nosso rosto, as geladeiras registravam nossos sussurros e as patrulhas de "paz" mercenárias mantinham a dissidência contida.

E se você começasse com a proposta de democracia geracional dos freegans?, perguntei. É o sistema em que os representantes políticos são votados por faixas etárias, e não por localização geográfica, para que a tomada de decisões seja de longo prazo...

Sim, disse Sylvia. Você descreveu tudo isso para mim em várias ocasiões.

Ela sorriu de forma tranquilizadora e acrescentou que iríamos pensar em alguma coisa. Levaria tempo, no entanto, para acertar na mensagem. E ela precisava correr atrás de muito trabalho.

Eu te amo, ela disse – as palavras estourando como fogos de artifício em meus ouvidos – e adorei passar essas últimas semanas com você. Mas estou muito atrasada. Eu pretendia voltar mais cedo.

O que ela queria dizer era que havia ficado em Vineyard por mais tempo que o planejado por minha causa. Por conta da minha reticência em falar sobre minha vida, eu havia consumido o verão dela.

Está bem, eu disse. Eu entendo.

E, na verdade, Sylvia realmente ficou ocupada quando o semestre de outono começou, o rosto sempre voltado para um livro ou azulado por uma tela de computador. Mesmo assim, eu estava feliz por estar abrigada no universo de Sylvia: um inseto em âmbar. Nunca havia me sentido tão próxima de alguém. Sylvia ouvira descrições da minha infância, dos meus pais, das minhas primas, e não havia fugido. Quando compartilhávamos refeições ou nos enroscávamos no sofá, ela continuava escutando, sem vacilar, as descrições dos exercícios de sobrevivência inventados por meus pais para cenários apocalípticos: enchentes repentinas, terremotos, um inverno nuclear, canibalismo contagioso.

Mais de uma vez, eu disse a ela, meus pais me fizeram praticar tiro contra humanos.

Parece útil, disse Sylvia – imperturbável.

Eu depositei minha confiança nela. Embora estivesse ansiosa para seguir em frente e ajudar os freegans, podia esperar por alguém em quem confiasse. Sylvia e o trabalho dela dentro da universidade – a universidade em si – eram coisas em que eu confiava em grande parte porque não as entendia. A universidade era uma caixa-preta: um lugar onde se entrava e depois se saía, transformado. Os freegans chamavam a universidade de esquema de pirâmide construído sobre dívidas estudantis, de servidão contratada de professores adjuntos, de corporativização da mente. Mas depois que Sylvia conseguiu uma carteirinha temporária de Harvard para mim, foi fácil esquecer disso dentro dos grandes prédios antigos com seus espaçosos auditórios, suas luzes suaves. Fácil de esquecer na presença de Sylvia, a professora de voz adorável. *Próxima imagem, por favor. Próxima. Próxima. Silêncio agora e escutem – hora de conhecer o mundo.*

Seja paciente, ela me dizia.

O tempo se movia de forma elíptica. Eu sentia que estava progredindo, embora, na realidade, tudo estivesse se movendo ao meu redor enquanto eu permanecia imóvel. Tornei-me parte da mobília da vida de Sylvia, misturada à sua confusão de livros e velas e ímãs de geladeira sarcásticos. Sylvia tinha uma banheira com pés de garra perfeita para banhos luxuosos. Tinha uma despensa abastecida com ervas artesanais, potes de vidro de açafrão e canela e intermináveis garrafas de cabernet sauvignon. Eu não era tão diferente da coelhinha domesticada, Simone.

Quando Sylvia estava trabalhando – e na maior parte do tempo ela estava trabalhando –, eu andava de quarto em quarto em sua casa, subindo e descendo a escada que rangia, vasculhando o porão, cheio de equipamentos de ginástica abandonados e malas mofadas. Eu fazia tarefas em surtos erráticos de produtividade: organizava as estantes, retocava a pintura de um teto. Ou me aninhava em cobertores e absorvia um pulso constante de informações enquanto lia volumes da biblioteca pessoal dela. Eu não ia trabalhar. Mesmo que não tivesse sido demitida do The Hole Story por desaparecer no verão, o café fechou naquele outono. Tinha sido um dos últimos negócios que restavam naquela rua. Agora, vitrines vazias se alinhavam em uma fileira cavernosa.

Eu quase nunca via minhas primas.

Isso se devia ao fato de eu visitar o apartamento com pouca frequência, mas também porque era mais difícil minhas primas estarem por lá. Uma tensão surgiu entre as duas depois que Victoria pediu que Jeanette parasse de frequentar a clínica odontológica. Isso confundia os colegas de trabalho de Victoria, que a viam em seu cubículo e depois olhavam duas vezes quando passavam por Jeanette no saguão.

Você é a pessoa mais importante no mundo para mim, Victoria disse à irmã, mas talvez não devêssemos ficar juntas vinte e quatro horas por dia, sete dias por semana. Não é normal.

O pedido magoou Jeanette, seus sentimentos esmagados pela insinuação de que *ela* era a esquisita. Minhas primas sempre foram esquisitas juntas. Elas apoiavam as escolhas uma da outra, validavam as ideias mais estranhas uma da outra. Serviam como reflexos mútuos: cada uma, uma imagem espelhada tranquilizadora. Mas aquela garantia havia se quebrado. Jeanette sentia-se solitária na galeria, solitária de modo geral. Também se sentia incomodada com a aquiescência de Victoria às normas de emprego – como vestir cardigãs e calças discretas. Victoria também saía com seus colegas para tomar bebidas depois do trabalho. Estava falando de uma maneira convencional, sem pontuar o discurso por risadinhas e pausas ofegantes e ameaçadoras. Tinha objetivos realistas, como correr uma corrida de cinco quilômetros.

O que vem agora?, gritou Jeanette em uma das brigas das duas. Você vai economizar para a aposentadoria? Vai começar um blog sobre preparar refeições saudáveis e acessíveis? Namorar algum palhaço que acha que esportes são importantes?

E se eu fizer isso?, Victoria gritou de volta. Parece melhor do que viver em uma ilusão.

Eu saía do apartamento sempre que essas discussões começavam, que era sempre que minhas primas estavam perto uma da outra. Eu preferia ficar perto de Sylvia, apesar de ela estar sempre ocupada e apesar de sua campanha para me fazer frequentar a faculdade de verdade.

Você poderia se formar em perícia digital, Sylvia dissera. Ou em conserto de computadores. Você gosta de reformar coisas. Você seria boa nisso. Aqui, dê uma olhada neste folheto...

Ela também começou a fazer sugestões sobre minha aparência.

Suas roupas são tão *interessantes*, ela disse. Sei que você adora usar roupas que você encontrou nas recuperações, mas não acha que vale a pena atualizar seu guarda-roupa?

Então eu vestia as roupas novas que ela comprava. Estudava os folhetos de vocabulário que ela levava, sob o pretexto de me candidatar à faculdade de verdade. Eu queria mostrar a Sylvia que estava tentando. Fazia questão de colocar as palavras do vocabulário em nossas conversas: absconder, acrimonioso, adminicular. Eu ficava com as costas eretas em vez de largar os ombros. Não comia de boca aberta. Escovava o cabelo. Ouvia as músicas de que Sylvia gostava: óperas, principalmente, em idiomas que eu não conhecia. Tentava aprender essas línguas. Tentava não olhar dentro de lixeiras e latas de lixo quando passava por elas. Fazia todas essas coisas como se pudessem inspirar Sylvia, à sua maneira, a agir em nome dos freegans. Como se meus gestos pudessem fortalecer nosso amor.

Apesar de todos os meus esforços, Sylvia ficou mais distraída. Ela estava trabalhando em estreita colaboração com um grupo de alunos de pós-graduação naquele outono. Havia uma aluna em particular que absorvia muito do seu tempo: uma talentosa jovem chamada Gretchen Locke, que estava escrevendo uma dissertação sobre os clictivistas holandeses.

Você ia gostar dela, Sylvia me disse durante um jantar que eu tivera de requentar, porque ela chegara em casa muito tarde. Gretchen mergulhou profundamente nessas comunidades online. Ela faz sua pesquisa em um espírito de imersão completa.

O que você achou das batatas?, perguntei.

Eu estava tentando aprender a cozinhar, achando que isso impressionaria Sylvia. Estava tendo dificuldade, porém, para pegar o jeito de qualquer coisa. Além disso, a escassez de alimentos dificultava a obtenção de muitos ingredientes. Eu queria fazer batatas gratinadas, mas não consegui encontrar nenhum queijo.

As batatas estão ótimas, disse Sylvia. Então, reconhecendo meu desânimo, acrescentou: É muito atencioso da sua parte fazer o jantar.

Ela comeu outra garfada do prato para demonstrar gratidão.

Como estão indo suas inscrições para a universidade?, perguntou.

Respondi que estavam indo muito bem, que eu tinha enviado tudo. Isso não era verdade – mas eu não achava que importaria, porque logo nós duas estaríamos dedicadas a apoiar a causa dos freegans. Não era o momento para mais aulas. Porque, a essa altura, uma "rede terrorista esquerdista radical descentralizada" era considerada culpada por tudo, de acidentes de carro a sumidouros e tiroteios em massa. Os radicais também eram considerados culpados da morte do presidente em exercício no início daquele verão – apesar de a saúde precária do homem, os sócios sem escrúpulos e o estado desequilibrado da política americana parecerem igualmente suspeitos. As eleições federais ainda não haviam acontecido. Havia um boato de que elas seriam realizadas mais tarde naquela primavera, mas tantas facções se ramificaram dos dois partidos tradicionais que o impulso organizacional parou. Crises geravam crises. O sistema estava afundado. O pensamento revolucionário era urgentemente necessário, e – embora eu soubesse que havia um risco em se ligar a supostos criminosos – eu acreditava que Sylvia fosse corajosa o suficiente para ignorar os riscos. Para mim, ela ainda era a mulher de preto: corajosa e infinitamente capaz. Eu a imaginava participando de talk shows para defender os freegans, junto com pessoas como eles: pessoas tentando viver de forma diferente, pensar de forma diferente, lutando por realidades futuras alternativas. Imaginava Sylvia explicando com seu jeito claro e confiante como os freegans eram heróis, visionários – como eram capazes de mostrar a todos um caminho a seguir.

Desculpe sair correndo, disse Sylvia – embora quase não tivesse comido nada –, mas tenho um telefonema marcado para esta noite.

Ela foi para o escritório, e afundei no meu assento. Eu me perguntei se ela ia falar com Gretchen. Elas discutiriam sobre os clictivistas holandeses, a conversa supostamente sobre o assunto em questão, embora na verdade estivessem discutindo outra coisa (o desejo sustentando a troca), assim como Sylvia e eu costumávamos fazer.

Willa?

Olhei para cima. Sylvia enfiou a cabeça de volta na sala de jantar.

Esqueci de contar, ela disse. Tenho uma surpresa planejada para este fim de semana. Envolve uma festa de trabalho. Queria ter contado antes, mas esses dias estão uma grande correria. Além disso, não se preocupe com a louça. Eu cuido dela mais tarde. Vá tomar um bom banho ou coisa parecida.

Então ela se foi novamente. Endireitei a postura. Uma surpresa só podia significar uma coisa, porque só havia uma coisa que eu realmente queria. Seria o início da nossa operação pró-freegans. O fato de irmos a uma festa parecia ainda mais auspicioso. Eu conhecera Sylvia como a mulher de preto na festa do deputado, três anos antes, e agora era sua companheira oficial. Essa trajetória provava que havia um aspecto predestinado no nosso relacionamento. O universo havia nos unido: havia um plano maior, um propósito, uma lógica por trás do que iríamos realizar.

Eu estava tão animada que lavei a louça mesmo assim.

A festa de trabalho acabou sendo chique o suficiente para Sylvia insistir em comprar mais roupas novas para mim. Roupas caras.

São um presente, ela disse quando protestei.

Toquei o tecido macio de uma roupa bege. O vestido viera embrulhado em papel de seda que cheirava a sândalo. Tinha uma elegância simples, linhas suaves. Eu já havia usado roupas caras antes, quando minhas primas me colocavam em suas fotos, mas sempre mantendo as etiquetas para devolver depois. Sylvia insistira que eu ficasse com aquele vestido. E com os sapatos combinando, uma bolsa branca brilhante e um par de brincos de ouro. Ela disse que não havia problema em ficar bonita. Concordei em cortar o cabelo também. Recém-tosquiada, fiquei parada na frente do espelho do quarto. Sylvia veio por trás e deslizou os dedos ao longo do meu pescoço.

O que foi?, perguntei.

Ela fez uma pausa, como se estivesse decidindo o que dizer, antes de responder: Você tem orelhas tão lindas – como pequenas conchas.

Sylvia não era de fazer elogios, mesmo sobre sabonetes perfumados e teóricos que ela admirava. Derreti de felicidade. Como eu estava sendo boba por me preocupar com a nova aluna favorita de Sylvia. Sylvia me amava. Ela estava pronta para ajudar os freegans. Minha certeza aumentou quando ela mencionou que haveria alguém na festa que queria que eu conhecesse.

Sim, pensei. Haverá um político, um jornalista importante ou alguém com o poder de fazer as coisas acontecerem.

O plano era Sylvia me buscar no apartamento das minhas primas naquela noite. Enquanto eu esperava, Jeanette saiu do quarto. Eu estava me sentindo constrangida com minha roupa nova, mas Jeanette pareceu não notar. Seus olhos estavam inchados de tanto chorar, ou de insônia, ou as duas coisas. Ela estava enrolada em um lençol branco, como uma deusa grega desgrenhada.

Você viu a Victoria?, ela perguntou.

Respondi que não. Jeanette arrotou ostensivamente e se arrastou até a geladeira. Pegou uma garrafa de vinho e tomou um gole. Então voltou para o quarto, garrafa de vinho a tiracolo – embora tenha parado na porta e murmurado: Você está bonita.

Um carro buzinou lá fora.

Eu queria agradecer a Jeanette, dizer alguma coisa, mas ela desapareceu antes que eu pudesse fazer isso. Peguei minha bolsa nova e corri para onde um sedã estava parado no meio-fio. Sylvia esperava no banco de trás. Sorrimos uma para a outra, nenhuma de nós precisando falar. Aquela mulher linda e formidável tinha ido me buscar.

Quando o motorista entrou no fluxo do tráfego, um concerto de violino soou pelos alto-falantes do veículo. Eu me sentia dentro de um conto de fadas, andando pela cidade em uma carruagem moderna – contanto que não olhasse pelas janelas para a cidade poluída, o rosto sombrio dos desempregados, os desabrigados, os doentes. O sedã entrou na recém-privatizada Mass Pike. A avenida estava limpa, suave e segura, ao contrário de grande parte da infraestrutura da cidade. Um túnel em East Boston havia desabado no dia anterior, matando dez pessoas. Danos causados por inundações e má manutenção haviam sido os prováveis culpados. Mas, como de costume, a culpa foi imputada a uma "rede terrorista esquerdista radical descentralizada". Mais rostos de freegans apareceram no noticiário, a palavra *PROCURADO* acima da cabeça deles.

O carro parou no local da festa, e Sylvia pressionou os lábios na minha bochecha. Seu perfume me envolveu. Senti o desejo se desenrolando ao longo da minha espinha e me inclinei mais perto para dizer isso a ela, deslizando os dedos ao longo de sua coxa.

Sylvia segurou minha mão ali.

As pessoas nesta festa podem ser chatas, ela disse. Mas não é culpa delas. Tente não usar isso contra elas.

Remexi os dedos para libertá-los, mas Sylvia os segurou com força.

Além disso, ela continuou, lembre-se de não comer queijo demais.

Tentei rir, tentei ficar alegre quando saímos do carro e entramos na festa. Para entrar, os convidados tinham de passar por um sistema de segurança de detecção de armas, seguido por um tubo antimicrobiano cheio de luz UV. Depois disso, os problemas do mundo desapareciam. Por toda parte: sapatos brilhantes, relógios caros, fumaça de charuto, pigarros, apertos de mão, saudações exclamativas. Sylvia riu de um jeito trinado da piada sem graça de um homem sobre o túnel desmoronado. Vaguei em torno de uma mesa de aperitivos decorada com extravagantes pirâmides de comida. Bandeirinhas empalavam os pedaços de queijo, identificando suas origens. Tudo estava rotulado. Estávamos em um museu especial de Harvard que exibia espécimes botânicos de vidro. Hibiscos, bananeiras, lírios – todos em exposição, congelados no crescimento. Os convidados da festa espiavam as plantas de vidro, comentando sobre a semelhança com os espécimes reais, a surpreendente delicadeza e longevidade.

Maravilhoso, disse uma mulher com um rosto tão sem poros que parecia de plástico. Dá vontade de esmagar um na mão só para sentir os estames estalarem.

Um homem de gravata-borboleta ergueu uma sobrancelha.

Não deixe o docente ouvir você, ele respondeu.

A mulher começou a falar mais alto em provocação, o que atraiu outro homem de gravata-borboleta, transbordando de irritação íntima.

Vocês dois estão falando de segurança?, ele comentou. Porque não consigo obter uma resposta direta de ninguém sobre a melhor empresa de segurança pessoal para contratar.

A mulher tentou fazer um beicinho consolador, mas seu rosto esticado demais frustrou a expressão.

Como se compra lealdade?, o segundo homem continuou. É o que eu quero saber. Ou, mais realisticamente, como se testa isso? Porque queremos pessoas que entrem no nosso helicóptero e vão para o nosso esconderijo, sem fazer perguntas, sem pedidos especiais. A última coisa que queremos em uma emergência é precisar fazer um desvio inesperado para pegar a esposa, a mãe, a sobrinha, o sobrinho e o carteiro de seu guarda-costas, porque ele está tendo um colapso nervoso.

Foi feito um anúncio sobre um leilão. Flutuei entre as vitrines das flores de vidro, todas florescendo havia mais de um século. Havia também uma anêmona-do-mar: com borlas e tubular, primorosamente alienígena. Eu me perguntei se algum dia veria uma delas na vida real. Perguntei-me quantas espécies no museu haviam sido extintas desde então.

229

Perturbada por esse pensamento, voltei até Sylvia. Deslizei minha mão na dela enquanto ela balançava a cabeça agradavelmente na frente de um homem musculoso que usava botas de caubói com seu smoking.

Que casal lindo, disse ele – nos avaliando como um par de vacas atraentes.

A expressão de Sylvia permaneceu imutável. O homem continuou. Quando ele finalmente foi embora, perguntei a ela quem era – quem eram todas aquelas pessoas.

Doadores, principalmente, disse Sylvia. Aquele cavalheiro é dono do segundo maior conglomerado de mídia do mundo. Pode vir a ser o maior na próxima semana.

Essa é a surpresa?, indaguei, ficando animada. Nós vamos contar a ele sobre os freegans? Talvez ele possa fazer uma série especial para corrigir mal-entendidos públicos?

Sylvia acenou para alguém do outro lado da sala. No meu ouvido, ela murmurou: Já volto, minha pequena anarquista barulhenta.

Fiquei sozinha mais uma vez. Embora o museu provavelmente tivesse um sistema de filtragem de ar de última geração, a atmosfera interna estava ficando mais espessa, nebulosa com fumaça de charuto e perfume. A risada de uma mulher tilintou como moedas derrubadas. Convidados da festa comparavam as marcas de motores de seus carros esportivos. Discutiam seus estoques de vacinas, trocavam dicas de ações, elogiavam as edições do genoma dos filhos planejados uns dos outros. Saí balançando sobre meus sapatos de salto enquanto passava pelas pessoas tentando descobrir aonde Sylvia tinha ido. No museu de tanta preciosidade preservada, a passagem do tempo parecia notável. Quanto tempo eu havia esperado para que Sylvia ajudasse os freegans? Segurei a borda de uma vitrine, tonta com o soco no estômago da resposta.

Ela nunca iria ajudar. Não se ficava feliz em conviver com pessoas como aquelas.

Uma mulher notou que eu estava encostada na vitrine.

Sem tocar, ela sibilou.

Olhares se voltaram para mim – o interesse inexpressivo dos ricos. Todos aqueles olhos fixados a laser, com chips de computador. Meu pai certa vez falou sobre os bilionários fazendo cirurgias preventivas para o caso de a civilização entrar em colapso e a optometria se tornar inacessível. *Laser para uma visão perfeita*, ele dissera. *Todos querem ver o apocalipse. Querem vê-lo claramente. Eu li tudo sobre isso. Essas pessoas do Vale do Silício. De Wall Street. Figurões bilionários. Eles são os canários. Os criadores de tendências. Eles têm informações que o resto de nós não pode acessar. Não se importam com ninguém além de si mesmos. Têm helipontos para quando a MBNV. Estão todos comprando cidadania na Nova Zelândia. Estão construindo fortalezas com guardas armados...*

Meu pai balançava como um talo de grama, os pés plantados no tapete trançado e esfarrapado na frente da nossa TV. Na tela: imagens de palmeiras rasgadas horizontalmente pelos ventos de um furacão. Suas pálpebras tremiam, de um jeito quase coquete.

... Nós vamos ter uma fortaleza também, disse ele, apoiando-se nas costas da poltrona onde minha mãe havia se esparramado em uma névoa química. *Não se preocupe...*

Dois meses depois, meus pais estariam mortos.

A lembrança fez o museu girar. Quando um garçom me ofereceu uma bandeja de bebidas, peguei duas taças de vinho e as bebi uma após a outra em longos goles. A sala passou a girar mais rápido, rostos girando como um carrossel veloz. O desespero espreitava de muito perto: sempre esperando. Sempre pronto. Eu queria Sylvia. Precisava dela – precisava que ela cumprisse as promessas que havia feito.

Ela estava em um canto do museu quando a encontrei. Estava se inclinando para abraçar uma mulher esbelta com cabelos escuros e lisos. Uma mulher que usava um cardigã e salto alto e segurava uma bolsa elegante. Não consegui ver o rosto da mulher, mas pude ver que Sylvia não soltou os braços da mulher quando ela deu um passo para trás. Ela continuou segurando, o rosto iluminado pelo afeto. Ela amava aquela pessoa. Talvez fosse a brilhante Gretchen. Aquela era a parceira ideal de Sylvia: uma discípula que não vacilava andando de salto alto nem olhava com desejo para os cubos de queijo, nem exigia – repetidamente – que

Sylvia apoiasse um coletivo anarquista amorfo procurado pela lei.

Sylvia notou que eu estava olhando. Ela soltou os braços da mulher e se aproximou.

O que houve?

Quando você vai ajudar os freegans?, perguntei. Quando vai conseguir doações para eles ou escrever artigos de jornal ou ir à TV? Quando você vai fazer alguma coisa?

Sylvia me olhou friamente. Em frases comedidas de jargão, falou sobre avaliação de risco e percepção pública e a necessidade de discrição e consequências profissionais em um momento de escassez de emprego.

Que tipo de socióloga de movimentos sociais, interrompi, falando mais alto do que pretendia, se distancia de um movimento social?

Willa...

Além disso, aquela é sua nova namorada? Ela é mais tolerável? Ela faz o que a mandam fazer?

Talvez eu tivesse provocado uma cena completa se o leiloeiro não houvesse se aproximado de um microfone do outro lado do museu. Sylvia falava em sussurros curtos, mas eu não estava escutando. Eu me afastei, querendo apenas escapar. Por essa razão, não notei o homem alto ao lado da mulher elegante que eu acreditava ser Gretchen. O homem era o irmão de Sylvia, Thomas. A mulher era a esposa dele. Sylvia queria que eu conhecesse os dois; essa era a surpresa que ela havia mencionado. Ela queria me receber em sua família.

Mas eu estava além do pensamento racional, além da observação básica, minha angústia se erguendo na pira da minha própria inação. Eu havia decepcionado os freegans. As pessoas que haviam me aceitado por *quem eu era* quando eu estava me debatendo no oceano da minha própria solidão. As pessoas que haviam feito com que eu me sentisse viva com possibilidades, em um momento em que eu sufocava com o desespero de meus pais. Elas haviam me mostrado tudo, e eu não havia feito absolutamente nada. Eu tinha perdido tanto tempo.

Eu me retirei para a mesa de aperitivos. Sylvia não me seguiu, o que me deixou ao mesmo tempo aliviada e irritada. Do outro lado do museu, o leiloeiro pedia lances para uma excursão exclusiva para ver um pedaço de geleira recentemente desfeito de uma camada de gelo do Ártico sitiada.

Veja antes que acabe!, ele gritou. Eu ouvi um lance inicial?

Agarrei um punhado de cubos de queijo e os enfiei na boca. Então usei o antebraço para colocar uma pilha inteira dentro da minha bolsa de couro envernizado.

No caminho para a saída, bati um punho contra uma das vitrines de vidro de réplicas botânicas. Nada aconteceu. Bati na vitrine com mais força, a dor subindo pelo pulso. Uma fissura apareceu no vidro. Fina como a perna de uma aranha, a rachadura se esticou, se dividiu e se espalhou.

Tentei encontrar os freegans. Passei por velhos pontos de encontro, me esquivando de guardas de segurança, Humvees e drones policiais para caminhar ao redor de lixeiras, em becos e esquinas. Esforcei-me para sentir o formigamento do pescoço de uma consciência coletiva.

Nada.

Continuei procurando. Uma vez, avistei uma pessoa com uma mochila em formato de tartaruga – parecida com a freegan que me dera minha primeira laranja tirada de uma lixeira –, mas ela correu para dentro de um ônibus antes que eu a alcançasse. E uma vez, em um banco do parque, vi a mulher de cabelo rosa que costumava participar de protestos instantâneos, mas acabou se tratando apenas de uma velha de peruca.

Eu não tinha como saber ao certo se os freegans tinham desaparecido, se tinham sido presos ou se estavam escondidos. O que estava claro era que o governo dos Estados Unidos – agarrado ao suposto objetivo da Lei e da Ordem – produzia apenas regulamentações e nenhuma regularidade. Conforme o inverno derretia, começou uma série de calamidades chamada "as dez pragas". Houve o ressurgimento de uma gripe suína virulenta, que aumentou o preço dos alimentos já disparados. Algas tóxicas floresceram no porto de Boston. Eventos de mortalidade em massa aumentaram. Em um fim de semana, milhares de ratos rastejaram pelas ruas para morrer. No seguinte, noventa e três golfinhos-nariz-de-garrafa apareceram em Plymouth. Enquanto isso, a população de carrapatos explodia – e com isso vieram dezenas de milhares de casos da doença de Lyme, o que resultou em até parques urbanos sendo encharcados de produtos químicos. E então houve o pólen. Um grande véu de poeira dourada flutuou para Boston vindo do oeste de Massachusetts. Ambrósias e pinheiros, tontos com CO_2 sem precedentes, enviaram um milhão de trilhões de invasores microscópicos à deriva sobre carros e parapeitos de janelas, instalando-se em calhas e no cabelo das pessoas, deixando toda a cidade espirrando, com olhos vermelhos e lacrimejando.

Eu estava com os olhos vermelhos e lacrimejando em parte pelo pólen, mas também pelas mensagens de texto que Sylvia enviava. No telefone que ela me dera de presente, suas mensagens chegavam em frases bem pontuadas.

Vejo que você está determinada a me evitar.

Valeria a pena ter uma conversa.

Willa, estou preocupada com você.

Eu não respondia. Minha mente parecia distante e flutuante. Eu tinha perdido tanto tempo por causa dela, e para quê? Sylvia mandou uma mensagem dizendo que poderíamos visitar Vineyard novamente: umas férias poderiam nos ajudar a recomeçar. Mesmo que eu tivesse concordado, na semana seguinte, um furacão destruiu toda a costa norte da ilha. O chalé-mansão, os restaurantes de frutos do mar, as lojinhas, o carrossel da ilha com seus velhos cavalos de madeira, tudo foi arrastado pelas correntes oceânicas.

Enquanto o tempo antes parecia infinito, agora ele passava rápido demais. As chuvas da primavera chegaram e alagaram estradas, acidificando cursos d'água, rompendo represas. A água engoliu a mortalha amarela de pólen, lançou rios dourados para dentro dos bueiros, e eu me sentia igualmente sugada pelos bueiros. Vendi as roupas e joias que Sylvia havia comprado para mim. Vendi meu plasma, bolsas de sangue, um enxerto de pele da minha panturrilha. Tentei conseguir um trabalho de curto prazo fazendo tarefas para as pessoas. Ficava horas na fila do banco de alimentos com milhares de outras pessoas, esperando para pegar meu caldo de milho e pacotes de mistura de bebida de soja.

Meu telefone vibrou. *Por favor, Willa. Podemos simplesmente ter uma conversa?*

Digitei: *vc é uma covarde.*

Depois penhorei o telefone também.

O celular foi o mais difícil de abrir mão. Não pelo que ele podia fazer, mas porque tinha sido um presente de aniversário de Sylvia. Naquele mês de setembro, ela reservara um tempo para me presentear com um bolo requintado: feito na padaria e coberto com chocolate amargo e framboesas frescas. Ela até cantou parabéns para mim, a voz bastante desafinada e carinhosamente envergonhada. Joguei meus braços em volta do seu pescoço e a beijei para que ela parasse.

Foi a primeira vez que comemorei um aniversário em anos. Minhas primas nunca haviam perguntado a data. Meus colegas de trabalho no The Hole Story não tinham motivos para saber. E, quando estavam vivos, meus pais só lembravam às vezes.

Fale mais sobre eles, dissera Sylvia, depois de lambermos o último pedaço de bolo de chocolate de nossos garfos.

Eu disse a ela que havia momentos que quase pareciam boas lembranças. Quando fiz nove anos, minha mãe me deixou comer quanto sorvete de astronauta eu quisesse. O doce em pó era meu alimento de sobrevivência favorito, embora meu pai considerasse o rótulo enganoso.

Seres humanos nunca foram ao espaço, ele dissera. *O pouso na Lua não passou de truques de câmera e fantasias – o que não quer dizer que não existam extraterrestres entre nós.*

Você saberia, minha mãe trinara em resposta.

Nós três demos risada. Era raro, mas acontecia. Vivíamos em um estado de animação suspensa, antecipando a desgraça, mas também ríamos juntos. Pelo menos de vez em quando.

Então houve um aniversário, perto do fim, em que meus pais dispararam sinalizadores de emergência contra um céu escuro como breu. Nós três ficamos observando as luzes laranja subirem acima da copa das árvores e descerem como meteoros caindo.

Aquilo deveria ter sido um aviso?, perguntei a Sylvia. Meus pais dispararam aqueles sinalizadores na noite e nada aconteceu, ninguém veio. Era uma celebração, mas eles estavam implorando, implorando por ajuda.

A testa de Sylvia se contraiu. Eu achei que ela tivesse compreendido, então, por que eu precisava ser parte de tornar o mundo melhor – por que eu precisava que ela me ajudasse. Se eu não fizesse parte daquele esforço, sucumbiria ao que havia levado meus pais embora. Porque, sem uma visão de um mundo melhor, seria desespero até o fim.

Foi justamente Victoria, de todas as pessoas, que trouxe o artigo de opinião de Sylvia à minha atenção. Embora Jeanette continuasse tendo dificuldade com a distância crescente entre as duas, Victoria prosperava. Ela havia sido promovida no trabalho. Sua agenda social estava agitada. E ela estava namorando um dentista de seu local de trabalho – namorando de verdade – e até mesmo saindo para comer em um dos poucos restaurantes italianos que ainda funcionavam no North End.

Para Jeanette, o romance recém-descoberto de Victoria havia sido a transgressão final sobre o vínculo fraternal das duas. No início, ela tentou sabotar o relacionamento. Quando isso não deu certo, também saiu com um dentista, achando que isso poderia reacender a irmandade, mas o relacionamento não deu certo.

A pior coisa, Jeanette me disse depois que Victoria saiu para mais um encontro, é que ela fica me dizendo para usar fio dental.

Qual é o problema disso?, perguntei.

Jeanette chutou uma cadeira.

Na manhã do artigo de opinião, minhas primas gritaram uma com a outra até os vizinhos reclamarem. Em seguida, a dupla passou a gritar sussurrando, o que era pior ainda de estar por perto – como ser esculpida em pedacinhos por penas. Mas eu não tinha para onde ir. Sem trabalho e sem nada para fazer. Havia um alerta de ozônio emitido para o ar lá fora.

A campainha tocou, e Jeanette recebeu ostensivamente um dos amantes que ela conquistara online. Seu convidado mal havia tirado a máscara de segurança quando ela o empurrou para o quarto que dividia com Victoria, fechando a porta atrás de si.

Victoria pareceu impassível. Sentada em uma banqueta da cozinha, dividia a atenção entre um telefone e um tablet sobre o balcão à sua frente. Embora sentisse pena de Jeanette, eu gostava mais de Victoria agora que ela estava saindo com o dentista. Sentei-me em um banquinho ao lado dela. A maneira como ela olhava para as telas me lembrou da maneira como ela e Jeanette costumavam fazer a curadoria de fotos de si mesmas, transmitindo as imagens para a internet enquanto esperavam a ascensão da estrela da celebridade. Peguei um tablet, esperando ver uma série de fotos dela e do dentista: um casal bem arrumado deliciando-se com a companhia um do outro em vários cenários.

Victoria estava com aplicativos de jornais abertos.

Ronny não gosta de tirar fotos, ela disse – adivinhando minha surpresa. Como ele passou tanto tempo estudando fotos de bocas antes e depois, ele detesta como cada foto nossa é um *antes*, por assim dizer. Uma foto inicia uma comparação, e as comparações criam uma tensão entre o passado e o presente. Ele é muito contra a tensão. Foi por isso que fez um protetor bucal personalizado para meu bruxismo. Ele pode fazer um para você também, se você quiser. Ouvi você rangendo os dentes à noite no futon.

Victoria olhou para mim com ar filantrópico. No quarto, Jeanette soltou uma série de gemidos acrobáticos.

Quer saber um segredo?, perguntou Victoria.

Ela se inclinou para mais perto, e eu me inclinei também, feliz por ouvir um segredo: a primeira oferta promissora que recebia em meses. Não era o que eu sempre quisera? Uma amiga próxima... uma confidente? Imaginei entrar no antigo papel de Jeanette na vida de Victoria: nós duas passando longas tardes fofocando sobre nossos interesses amorosos. Eu contaria a ela tudo sobre Sylvia, e Victoria se compadeceria, dizendo que havia muitos peixes no mar. A verdadeira parceria, porém, seríamos nós.

O segredo, falou Victoria, é que às vezes tiro fotos de Ronny quando ele não está olhando. Você acha isso ruim?

Pensei por um instante. Então respondi: Se tem uma coisa que eu aprendi, é que todo mundo tem uma agenda secreta em relacionamentos românticos. Faz parte de ser um par.

Victoria torceu o nariz – não se impressionara com minha sabedoria obtida com sacrifício. Educadamente, acrescentou: Estou tentando ler as notícias antes do nosso encontro de hoje à noite. Ronny gosta de falar sobre atualidades.

Nas telas à sua frente, as manchetes passavam, uma mencionando que a população mundial havia ultrapassado outro limite de bilhão de pessoas. Os Estados Unidos haviam ampliado sua presença militar na costa do Golfo para bloquear os migrantes que fugiam do Caribe atingido pela tempestade. Havia um enorme derramamento de óleo no Ártico.

Meu desespero se aprofundou. Desci da banqueta com a intenção de preparar uma bebida à base de soja como distração, quando o nome *Sylvia Gill* se ergueu de uma tela como uma víbora. Seu rosto e corpo seguiram. Ela estava usando uma maquiagem pesada e uma blusa colorida incomum. Como um videoclipe, havia sido miniaturizada, achatada em um retângulo de luz, e ainda assim poderia muito bem ter preenchido a sala. Estava em um talk show que se autodenominava intelectual para a grande mídia. Estava lá para discorrer sobre o artigo de opinião que havia escrito e que estava causando impacto nas mídias sociais.

Victoria fez um movimento para clicar em outra tela, mas eu peguei o aparelho. O texto do artigo de Sylvia surgiu na tela. "Sobre piratas e progressistas", dizia o título, "as muitas inépcias da esquerda moderna".

No quarto, Jeanette soltava um crescendo.

O artigo ainda me deixa com raiva. Em seu texto, Sylvia argumentava que os movimentos sociais contemporâneos eram meros rituais, conduzidos com a fragilidade de um feitiço para afastar um senso de cumplicidade nas transgressões éticas exigidas pelas nações industrializadas para manter o poder e a relevância no capitalismo tardio.

Vejamos os "freegans", cujas demonstrações aleatórias de dissidência incluíam o consumo de lixo municipal para chamar atenção para a ineficiência e o excesso. Para além do fato de que essa não é uma ideia particularmente nova, a crítica primária do grupo também é seu combustível, um paradoxo que prevê a queda do grupo. Quando perguntada como eles poderiam transformar a sociedade, se tivessem a oportunidade, minha fonte ofereceu soluções como "lixeiras de acesso aberto", um sistema de vida chamado de "culto da inconveniência", um esquema político chamado "democracia geracional" e semanas de trabalho de três dias para todos. Não se trata de guerrilheiros endurecidos prontos para destruir nossa infraestrutura, nossa economia, nosso senso de identidade. São bichos-grilos. Sonhadores desesperados. Garotos de cabeça quente, sim, mas não heróis. No máximo, são meras pragas para os poderes que controlam nossa ordem global. Poderia um bando de piratas criar uma nova civilização progressista? Acho que não. Acreditar que a sociedade pode ser resgatada por freegans ou quaisquer grupos semelhantes é fantasia. Acreditar nesses supostos

rebeldes esquerdistas modernos é acreditar em
unicórnios. Não há pessoas mágicas, nem movimentos milagrosos, que possam nos salvar...

Fui imediatamente para a casa de Sylvia. Pela janela da cozinha, pude ver vários membros sem graça da universidade
sentados ao redor da mesa da sala de jantar, as mãos macias
segurando copos de cristal transformados em citrino com
uísque. Alguém ergueu um copo.

Usei minha chave para entrar pela porta da frente e
fui direto para a sala de jantar. Várias pessoas gritaram,
incluindo os dois acadêmicos de óculos que eu havia encontrado no escritório de Sylvia. Um deles derramou seu
uísque na camisa social.

Apenas Sylvia pareceu imperturbável, tomada por um
alívio terno.

Willa...

Ela é perigosa?, interrompeu o derramador de uísque.

Sylvia lançou ao homem um olhar tão afiado que o ca-
lou. Contrariando o que eu gostaria de sentir, fui tomada
pelo desejo. Ali estava a pessoa que eu sempre quisera que
ela fosse: a mulher de preto, corajosa sem esforço, ferozmente decidida. Quando ela me chamou para a sala de estar, eu a segui.

Em nossa semiprivacidade, Sylvia disse: Eu esperava que
você viesse aqui. Sei que meu artigo talvez não contenha a
mensagem precisa que você queria que eu transmitisse, mas
você precisa entender que eu estava tentando ajudar.

Ajudar?, questionei, me engasgando com a palavra.

Querida, disse Sylvia, segurando meu rosto entre as
mãos. Seus amigos estão com problemas porque são vistos como uma ameaça. Eu estava tentando neutralizar a
opinião pública.

Você estava o quê?, perguntei, me afastando. Por que
eu iria querer isso? Além do mais, por que essas pessoas
estão aqui?

Meus colegas e eu estamos comemorando o fato de eu
ter...

Se vendido?, completei, minhas palavras parecendo exageradas até mesmo para mim.

Eu disse mais coisas, e não foram coisas boas. Na outra sala, os convidados farfalharam, gelo tilintando nos copos. Sylvia deu um passo para trás, me estudou. Seu alívio terno azedou.

Você realmente acha que é tão revolucionária assim?, ela questionou. Quando morávamos juntas, a comida de quem você comia? O banheiro de quem você usava? A cama de quem? Os livros de quem? Isso era parte de um modelo freegan? Viver como parasita de outra pessoa? Como isso é sustentável? Como isso serve à sociedade? Eu gostaria que fosse diferente, mas essa é a realidade. É constrangedora, Willa, a profundidade da sua ingenuidade. Isso foi o que eu inicialmente achei tão fascinante em você. Você vive na terra da fantasia. E pessoas como os freegans... elas vivem lá também. Os ideais que vocês adoram, a conversa sobre "revolução", é tudo bobagem para se tranquilizar.

Enfiei as unhas na palma das mãos. Achava que Sylvia entendia por que eu precisava daqueles ideais: a possibilidade de transformação radical. Eu achava que ela compreendia que eu havia crescido tão perto do abismo que sua gravidade nunca me deixava. Eu precisava de algo para ter esperança, mesmo que apenas para me afastar da borda.

Querida, disse Sylvia, suavizando a expressão, eu sei que tudo isso é difícil para você processar, mas é a verdade. É algo que você precisa entender. O compromisso faz parte do crescimento. Também faz parte de estar em um relacionamento.

Ela pegou minha mão frouxa na dela. Simone espiou por cima de uma almofada do sofá.

Eu sinto muito a sua falta, ela disse, os olhos encharcados de tristeza, suplicantes. Willa, você precisa entender. Você teve uma criação difícil, e isso distorceu tanta coisa para você. Você se esforça para ser boa, mas não existe isso de ser bom. Há apenas escassez e abundância, e nosso medo da primeira. Demorei um pouco para aprender isso, mas mesmo os movimentos sociais mais robustos e bem-organizados são inevitavelmente engolidos pelo mainstream. No máximo, conquistam milímetros, não quilômetros. E fazem isso a um grande custo.

Algo se soltou dentro de mim: negação, recusa, resistência... chame como quiser. Eu me libertei da suavidade de caxemira, do aperto do suéter de Sylvia, do aroma de sabonetes de lavanda, do almíscar de livros antigos e da cadência de vinagre do vinho. Eu não podia ficar, mas também não suportaria ir embora. Corri para o escritório de Sylvia e tranquei a porta. Ela me seguiu, sacudiu a maçaneta e me pediu para sair.

Empurrei uma pilha de livros, que se esparramou no chão. Atirei papéis pelo ar. Derrubei uma lixeira. Os gestos pareciam fúteis. Afundei na cadeira da escrivaninha de Sylvia, repousei os braços nos apoios. Havia um livro esperando na minha frente. Talvez, pensei, fosse satisfatório rasgar aquele livro página por página.

A porta do escritório tinha parado de chacoalhar. A luz da mesa chiou.

E pensar que eu acabaria sentada naquela cadeira a noite toda, consumida pelo que lia – meu desespero aliviado por um texto que mostrava como uma mudança massiva era possível, como era essencial e como eu poderia participar.

E pensar que o que li me levaria a Eleutéria.

Voltei a atenção para a primeira página de *Vivendo a solução*.

Há uma razão pela qual você pensa que está lendo este livro. Mas este livro já sabe mais sobre o futuro do que você. Porque a razão pela qual você está lendo este livro não é a razão pela qual você pensa que está. Porque o que você precisa fazer também não é o que você pensa que precisa. Nem de perto.

É por isso que vou lhe contar.

Chame-os de parasitas, pestes, uma praga sobre a civilização. Escória para derrotar e destruir. Chame-os de tolos por pensar que sempre haveria mais sangue para sugar (navios para pilhar, rum para lavar a mente de preocupações), que eles poderiam ter um destino além da forca, qualquer coisa além de o corpo deles pendurado, a cabeça espetada em pregos.

Eles seriam escolhidos pelos abutres até que seu crânio descolorido pelo sol servisse apenas para a derrota.

E no entanto, às centenas, aos milhares, os piratas circundavam as Bahamas. Voavam alto com sua bandeira Jolly Roger. Trocando tiros de canhão por terror, terror por ingresso, andavam com arrogância, os cintos tinindo com pistolas e o farfalhar de cabelos humanos. Cheiravam a alga podre. Tinham a pele cheia de crostas de tinta. O porto de Nassau era o que preferiam: suas mulheres de boca salgada, seus barris de bebida sangrados de balas. Mas Eleutéria oferecia refúgio.

Naquela ilha estreita, com praias quentes e cor-de-rosa, os piratas podiam esconder tesouros ainda não gastos em sumidouros de calcário ou cavernas estalactíticas. Os dobrões, os punhais cravejados de joias, uma madona de ouro que diziam dar azar (com esmeraldas brilhando nos olhos), tudo isso eles guardaram para mais tarde, como se mais tarde pudesse chegar algum dia. Afinal, depois de se erguerem da areia abençoada pelo sol, eles esticavam os membros e caminhavam até as docas da ilha para encontrar outra equipe. Em um rolo de pergaminho, pintavam seu nome de batismo ou seu nome de guerra, ou assinavam um X marcando o lugar.

Encontre aqui: libertação do recrutamento, do tédio e da escravidão, do desespero e da desesperança, de uma sociedade que alguns chamavam de civil e das exigências da vida doméstica. Encontre aqui mais do que você jamais poderia esperar...

Atravessando o arquipélago em navios roubados e escunas velozes que podiam ultrapassar um navio de guerra, os piratas saqueavam ingleses, espanhóis, franceses e holandeses: aquelas nações cujos cofres engordavam no novo continente, com o trabalho daqueles que eles escravizavam. Os piratas também saqueavam navios negreiros. Libertavam os cativos. Ou os resgatavam. Ou ofereciam os esfarrapados pergaminhos inscritos com seus códigos de piratas – a promessa de partes iguais, votos iguais, fortunas iguais no mar – e enfiavam uma pena nas palmas dos novos recrutas piratas.

Assim, um navio pode ser composto de homens de diferentes raças, homens ao mesmo tempo aristocráticos e pobres, fugitivos ou apenas excêntricos e, às vezes, até mesmo uma mulher com um punhal nos dentes e sede de sangue queimando nos olhos. Um navio podia ter uma tripulação, por mais numerosa que fosse, mantida nivelada pela mesma necessidade de se manter à tona – unida por algo mais do que dinheiro –, mesmo com toda uma Marinha Real invadindo o horizonte em seus escopos.

Chame de desejo, de romantização, de exagero, de folclore. Chame como quiser – porque, apesar de todas as farras, as bebedeiras e os biscoitos cheios de gorgulhos, das bandeiras negras de alcatrão e dos conveses salpicados de sangue, aqueles navios significavam algo em sua época: circulando o arquipélago, pairavam no submundo entre possibilidade e dor, criminalidade e corretivos para a injustiça. Eram outra compreensão de liberdade. Aquelas embarcações – de bandeiras negras, guiadas por sonhos – orbitavam Eleutéria como se a ilha fosse um Sol.

9

Luz brilhante e nítida no pico das ondas do oceano. O iate a biodiesel saltava como uma pedra sobre a água. De seu convés, a costa de Eleutéria era uma mancha verde de uvas marinhas e casuarinas. A ilha, tão baixa no horizonte que poderia ser uma miragem.

Roy Adams estava de peito nu na cabine do iate, uma mão no volante. Estava usando uma roupa de mergulho seca na metade inferior do corpo, a metade superior balançando da cintura. Com os óculos aviador espelhando a paisagem e a mandíbula quadrada, ele levava o iate no caminho para um porto natural da ilha.

No banco atrás dele: um punhado de arpões.

Jachi também estava no iate. Besuntada de óleo de coco e empoleirada na proa, parecia glamorosa mesmo em um maiô padrão do Acampamento Esperança. Deixou uma mão deslizar pela lateral do barco enquanto ele desacelerava, a ponta dos dedos roçando a água espumosa de turmalina.

Deitei de barriga para baixo ao lado dela. O vento agitava nossos cabelos.

Vamos realmente lançar amanhã?, ela perguntou.

Vamos realmente lançar amanhã, respondi.

Jachi abriu seu sorriso de estrela de cinema. Ela suspirou e rolou de costas. Rolei de costas também, sentindo-me aquecida pelo sol, satisfeita. Embora o lançamento, há muito aguardado e ansiado, estivesse finalmente próximo – e com ele a expectativa de uma transformação global sem precedentes –, uma calma havia tomado conta do Acampamento Esperança. Os membros da equipe acreditavam que estávamos prontos: todos os nossos gestos, todas as maquinações, tudo praticado e aperfeiçoado. Acreditávamos que nada poderia dar errado.

Naquela tarde, os trabalhadores precisavam apenas preparar um espetacular banquete sustentável para a chegada da mídia. Jornalistas, apresentadores de talk shows, influenciadores, vloggers e celebridades selecionadas – todos seriam buscados no aeroporto e levados para o Acampamento Esperança na manhã seguinte. Veriam apresentações de ecotecnologia de ponta e pesquisas sobre reabilitação de biomas hiperacelerada. Seriam imersos em um complexo que não era apenas neutro em carbono, mas negativo em carbono, oferecendo um estilo de vida tão inovador quanto fascinante, para que, quando eles compartilhassem sua experiência em fotos, vídeos, artigos e passeios experimentais em RV, o Acampamento Esperança despertasse a imaginação de pessoas de todo o mundo.

Adams parou o iate em uma enseada e gritou: Marks. Vamos lá.

Arrastei-me até a âncora e baixei-a cuidadosamente na água.

Isso mesmo, gritou Adams. Essa é minha garota.

Mordi a língua para evitar que um sorriso se abrisse em meu rosto. A aprovação de Adams brilhava sobre mim como um segundo sol. Ele estava orgulhoso de mim, mas seguia me empurrando para ser melhor – acreditando que era possível ser melhor. Ninguém mais na minha vida fizera isso. Não meus pais. Não Sylvia.

Estão com as redes prontas?

Havíamos ido até uma enseada não desenvolvida para pescar. Para o banquete de boas-vindas, haveria salada hidropônica e pão de proteína à base de grilo e fungos cultivados em plásticos do oceano, flores comestíveis e coco em tudo. Como peça central, serviríamos peixe-leão: a espécie invasora morta e grelhada, coberta com um purê de abacaxi e alecrim.

Os trabalhadores haviam reabilitado os pesqueiros ao redor do Acampamento Esperança, então o peixe-leão precisava ser pescado mais distante na costa. Adams queria caçá-lo ele mesmo. *Vocês estão tentando me amolecer?*, ele explodira quando um biólogo marinho sugerira que os membros da equipe cuidassem da pesca. Ele me convidou para ir junto. A oferta pareceu o ápice depois de tantas dificuldades. Meses antes, chegando ao Acampamento Esperança, eu havia fantasiado sobre aquele momento – e ali estava eu. Adams e eu estávamos trabalhando muito próximos porque ele reconhecia meu comprometimento e meu potencial. *Você e eu precisamos acertar alguns planos*, ele me dissera antes de sairmos do Acampamento Esperança. *Grandes planos, planos importantes.* Então ele me disse para levar Jachi também – *como cenário.*

As garotas estão prontas para caçar alguns leões?, perguntou Adams.

Ele já havia colocado a roupa de mergulho sobre os ombros, encaixado o arpão no peito, vestido os óculos de proteção, o snorkel, as nadadeiras. Antes que Jachi ou eu pudéssemos responder, tombou para trás na lateral do barco, mergulhando na enseada com a confiança inabalável de um homem que acredita saber o que o espera.

Atravessar o limiar entre o ar e o oceano significa mudar de universo. O som se alonga, se fragmenta em luz. Em todos os lugares: bolhas de champanhe, o estalar das barbatanas e o crepitar do plâncton, o sangue bombeando forte de um mergulho profundo demais. Debaixo d'água, vivemos em um tempo emprestado. O mar é um lugar que só se pode visitar em vislumbres.

Eu vislumbrei.

A luz do sol filtrada pela água iluminava um cardume de peixinhos prateados. Os peixes brilhavam, separados para revelar a lufada de um leque-do-mar, as protuberâncias em fita do coral-cérebro e os dedos esculturais de uma esponja tubular. Uma estrela-do-mar se banqueteava com um caranguejo, o estômago distendido. Mais peixes – rosa, laranja, azul-petróleo – passaram como confetes vivos, suas celebrações interrompidas por uma barracuda, de muitas

presas e esbelta, além de medusas arrastando seus tentáculos como o vestido sem fim de uma estrela.

De volta à superfície, engoli ar. Jachi acenou do convés
do barco; ela queria um bronzeado mais profundo antes
que a mídia chegasse. Adams permanecia submerso: um
homem de pulmões de ferro.

Enchi meus próprios pulmões e voltei para debaixo
d'água. Mais adiante, para além do barco, o recife dava
lugar a uma faixa de areia agitada pelas correntes oceânicas. Uma massa escura surgiu em meio a ervas marinhas
e detritos. Nadei para mais perto. Uma pilha de cilindros
se materializou: revestidos de areia e em forma de canhão.
Ousei pensar: *naufrágio*.

Um raio de sol atingiu a água. Dois olhos esmeralda brilharam. Dois olhos esmeralda fixos em um rosto dourado
piedoso – o rosto de uma mulher – não muito diferente da
madona perdida que uma vez me fora descrita por crianças locais: Athena e Elmer, com seu mapa do tesouro desenhado à mão, sua busca ao longo da costa.

Sempre estivera lá, então, aquela possibilidade?

Sem fôlego, subi para a superfície, a pergunta me seguindo mesmo enquanto a areia se revolvia, envolvendo
o tesouro, e eu cuspia a água que havia engolido. Adams
ondulou para a superfície ao meu lado como um tritão, um
arpão em punho.

Você viu aquilo?, perguntei. A estátua?

O quê?, questionou Adams.

Uma estátua...

Mantenha o foco, Marks. Este não é um cruzeiro de férias.

Eu sei, eu...

Adams mergulhou novamente. Ele avistara um peixe-
-leão ao lado de um afloramento rochoso, os espinhos da
criatura queimando em uma armadura venenosa. Adams
apontou o arpão, chutando com as pernas para se equilibrar e soltando bolhas para regular a flutuabilidade. O
peixe-leão pairava, imperturbável: flutuando silencioso,
decadente. O que tinha a temer, aquela espécie florida de
outro lugar, o invasor, uma criatura de outro reino com um

apetite tão grande e sem nenhum predador? O peixe havia posto ovos aos milhões das Bahamas ao porto de Boston, a prole levada para o norte em águas quentes.

A lança atravessou a água e perfurou o peixe-leão abaixo da barbatana peitoral – a mira de Adams tão precisa quanto quando ele atingia alvos em Fallujah.

O peixe-leão estremeceu. O sangue espirrou na água. A criatura começou sua queda livre em câmera lenta. Mergulhei atrás da carcaça e agarrei a lança – com cuidado para não deixar uma espinha roçar minha pele. Depositei o peixe no saco de malha que havia prendido à minha roupa de mergulho.

Adams já tinha visto outro peixe-leão. Mais uma vez, mirou e atirou.

Assim passou a tarde: Adams atirava, e eu recolhia. Quando o saco de malha ficou abarrotado de peixes, nadei até o barco e peguei outro.

Para o banquete de boas-vindas à mídia, eram necessários muitos peixes-leão – havia pouca carne em cada espécime –, mas, mesmo depois de coletarmos dezenas, Adams continuou caçando. A luz do dia diminuiu. Sempre havia outro peixe, outro motivo para continuar. Aquela espécie: um inimigo destilado. A morte de cada peixe tornava o mar um pouco mais próximo de seu estado anterior e nos aproximava do futuro ambiental que queríamos.

Além disso, Adams gostava de matar.

O sol desceu mais, a luz do dia tingida de roxo. Sem luzes de mergulho, tornou-se impossível ver. A caçada precisava terminar. Puxei os membros exaustos para fora da água e para o convés do iate. Os peixes-leão mortos, amontoados nos sacos de rede, eram uma massa lisa e espinhosa, as barbatanas contraindo pela última vez, os olhos vagos observando o nada.

Jachi não estava mais no convés. Provavelmente, havia descido ao porão para tirar uma soneca em uma cama de coletes salva-vidas laranja e sonhar com o lançamento iminente: sua redenção em flashes. Logo, seu nome seria novamente pronunciado com reverência, a carreira perdida, os amigos perdidos, os amores perdidos voltando para ela como a libertação de um náufrago.

Do outro lado do barco, Adams borbulhou abaixo d'água antes de irromper à superfície com uma lança erguida. Ele havia espetado dois peixes-leão de uma vez. Ergueu a lança sobre a cabeça como um espeto triunfante e macabro.

Cuidado com as espinhas, eu disse. Elas podem deslizar e...

Adams atirou a lança sobre o convés do barco e subiu atrás dela. Na semiescuridão, seu corpo se ergueu monstruoso e desconhecido.

O que você estava dizendo antes?, ele perguntou. Sobre uma estátua?

Não foi nada, respondi.

Eu não tivera a intenção de mentir. Minhas palavras, mais que tudo, eram uma expressão de desejo: eu queria que a madona dourada não significasse nada. Porque, apesar de tudo o mais acontecendo – a caçada ao peixe-leão, o lançamento –, a estátua viera à tona em minha mente, e com ela, Athena e Elmer; e com eles, todas as comunidades locais de Eleutéria; e Deron. Eu não queria pensar neles. Sem eles, tudo era simples. O certo e o errado eram simples. Mas ali estava uma estátua que eu achava que não existia. Ali estava aquele artefato perdido do passado – empurrado pelo mar – exigindo consideração. Se ao menos eu pudesse ter ficado submersa por mais algum tempo. Ou para sempre.

Está se divertindo, Marks?, perguntou Adams, com verdadeira curiosidade na voz.

Muito, respondi. Gostaria que pudéssemos ter continuado.

Adams sacudiu o corpo como um cachorro, pegou uma toalha e a esfregou vigorosamente. Senti um nervosismo rastejando pela minha pele. Para acalmar os nervos, continuei falando.

Certamente pegamos muitos peixes. Mais do que suficiente para...

Marks, interrompeu Adams, nós vamos precisar colocar a maioria desses peixes no gelo.

Através da escuridão crescente, ele me fixou com atenção de visão noturna. O que ele queria dizer sobre os peixes eu não tinha certeza. Tudo o que eu sabia era que tinha sido bom ouvir a palavra "nós". Deixei aquela bondade afugentar as faíscas de alarme. Adams se aproximou: uma montanha de homem. Era o autor de *Vivendo a solução*, o livro que eu havia passado a noite inteira lendo no escritório de Sylvia, levada pelo devaneio de suas promessas. O livro era um antídoto para o desespero: a panaceia pela qual eu havia procurado durante toda a minha vida. Embora seus objetivos fossem monumentais, seus métodos eram pragmáticos. Depois que terminei de ler, saí pela janela do escritório de Sylvia e fui para casa, onde li o livro de novo e de novo, até ter certeza de que precisava ir para Eleutéria. Eu precisava ir até Roy Adams, cuja visão para o futuro era diferente de qualquer outra que eu já tivesse ouvido. Eu precisava me juntar ao Acampamento Esperança: minha vida dependia disso, a vida de todo mundo dependia.

Pensamento positivo, dizia Adams, é daí que vem o progresso. E temos muito pelo que sermos positivos, porque o Acampamento Esperança está prestes a receber um impulso maior do que qualquer um poderia imaginar. Vamos obter apoio extra – aliados, pode-se dizer. Porque sabe o que vence guerras? Alianças vencem guerras.

Está bem, eu disse. Então, vamos guardar os peixes para o segundo dia do lançamento?

Adams andava de um lado para o outro no convés do iate, fazendo o barco balançar nas águas calmas da enseada. Peguei o arpão que ele havia jogado no convés para ter certeza de que não pisaria nele.

Marks, disse Adams – acenando com a mão no ar, como se a imensidão de sua palma pudesse esclarecer preocupações lógicas –, precisamos chegar ao cerne da questão. Porque eu tenho uma proposta para você. E estou te pedindo porque você entende. Você sabe o que é preciso. Eu soube disso desde o início, quando vi você atravessando o oceano em seu caiaque. Soube quando vi você bater de frente naquele recife de coral, delirando como um bêbado em um open bar. Você tinha um objetivo e faria o que fosse preciso para chegar lá. Pensei comigo mesmo: aí está um soldado nato. Aí está uma pessoa que morreria pela causa. E você por pouco fez isso. Deixando de lado o quase afogamento, fiquei muito feliz por você ter aparecido naquele dia, porque – e não leve a mal – eu precisava de um álibi para atrasar o lançamento que não prejudicasse a motivação. A raiva mantém as pessoas ligadas. Você assumiu a queda, o que foi um sacrifício e tanto. Algum dia vamos lhe dar uma medalha.

Do que você está falando?

De dinheiro, disse Adams. Foram cometidos erros em relação ao orçamento. Nós precisávamos que o Acampamento Esperança fosse sustentável financeiramente, não apenas ambientalmente. Você acha que toda essa ecotecnologia é barata? Nós incendiamos a pista. Se os jornalistas investigassem nossas finanças, estaríamos fritos: uma pizza de dívidas no céu. Eu precisava angariar fundos antes de lançarmos. Felizmente, com o tempo extra, consegui fazer o esquema de recrutamento funcionar. Funcionou perfeitamente. Recebemos doações aos montes, junto com conexões que abriram mais oportunidades, das quais quero falar agora.

Ele agarrou meus ombros, seu rosto eclipsando minha visão. Ele me sacudiu de leve.

Imagine isso, Marks, ele disse. Acampamento Esperança: um fenômeno global. *Vivendo a solução*, um best-seller. Líderes mundiais fazendo o que precisam para salvar o planeta. Imagine que isso é apenas o começo...

Adams, nos últimos meses, havia participado de reuniões secretas. Havia conhecido corretores poderosos no continente, justo no único hotel de Eleutéria. Essa informação, me ocorreria mais tarde, era o que Deron provavelmente teria compartilhado se eu tivesse estado disposta a escutar. Deron deve ter ouvido as reuniões, ou pelo menos tinha conhecimento delas. Ele estava tentando transmitir isso para mim – o que Adams estava de fato fazendo. O que Adams estava me dizendo naquele barco girando lentamente em uma enseada era que ele havia elaborado um plano para fundir a estreia do Acampamento Esperança na consciência pública com uma facção crescente de terceiros que, com as eleições nos Estados Unidos no horizonte, poderia recalibrar a governança até a Casa Branca.

Os *Republicanos Verdes*, como a facção se autodenominava, embora os especialistas os chamassem de *Ursinhos*. Eram bilionários caçadores de ursos e que usavam botas. Empresários, na verdade, inspirados no espírito de um certo primo Roosevelt; *Conservadores* em mais de um sentido da palavra. Antes marginais na esfera política, eles haviam ganhado força. A adoção da ciência climática pela direita, após décadas de negação, deixara os oponentes sem palavras – multidões libertárias juraram lealdade, influenciadas pelo cheiro de autenticidade –, dando aos Ursinhos acesso fácil a eleitores assustados diante de incêndios florestais, terremotos, praga do milho, desastres surgindo um após o outro. A mudança climática havia se tornado um novo bicho-papão – ou melhor, uma bicho-papão fêmea. O terror da Mãe Terra, suas vinganças camicases, tornavam o público maleável. A retórica religiosa aproximou o Cinturão da Bíblia: *Vamos preparar os Estados Unidos como uma arca para as inundações iminentes. Protegeremos os escolhidos. Todos os outros podem ir para o inferno.* A escolha presidencial dos Ursinhos, embora inesperada, não foi mal-recebida pelo Partido Republicano da velha guarda, a maioria da qual estava disposta a comprar qualquer coisa que a mantivesse no controle. O "Negócio Verde" estava crescendo. Todo mundo estava falando sobre geoengenharia. Capturar e negociar. Futuros de poluição atmosférica. Sustentando a plataforma, os mesmos velhos princípios aplicados: consolidação do poder, recursos para a elite. Afinal, um planeta morto não manteria ninguém com salsichas, conhaque e veleiros de sessenta pés.

Adams, em suas reuniões secretas, havia aproveitado essas marés políticas. Na verdade, ele seguira em frente e

surfara nelas. Enquanto disputava doações em D.C., co-
nectara-se com velhos amigos militares. O Pentágono
havia muito acompanhava as mudanças climáticas. Uma
única quebra de safra poderia desestabilizar nações. Os
pontos de pressão tinham de ser gerenciados, considerando todas as ameaças – e não havia nada mais amea-
çador que um planeta inóspito. Claro, eles haviam ocul-
tado seus relatórios quando a política exigia silêncio, mas
quando os Ursinhos tomassem o poder, isso não seria
mais necessário. O Acampamento Esperança se encaixa-
ria perfeitamente em seus objetivos de proteção das fronteiras dos Estados Unidos, agregação de recursos, "defesa
de pessoas deslocadas". O Acampamento Esperança seria
uma faceta das mudanças em larga escala iniciadas pelo
novo regime. Especificamente, o Acampamento Esperança seria seu rosto.

Aqui está o que preciso de você, disse Adams. E estou pedindo porque você se saiu tão bem. Porque eu confio em
você, Marks. Eu vi do que você é capaz e estou orgulhoso
do seu comprometimento. Orgulhoso do que você fez aqui...
    Suas mãos enormes permaneciam em meus ombros.
Polegares e indicadores massageavam meu pescoço, ex-
plorando a carne tensa entre o tendão e o osso.
    ... Quero que você seja minha segunda em comando,
continuou Adams. Quero que você ajude a implementar
tudo isso. Vai ser preciso um pouco de finesse, como você
deve ter adivinhado. Porque queremos que os Ursinhos
estejam aqui quando a mídia chegar.
    Espere, eu disse, me soltando das mãos dele. O quê?
    Adams riu e falou: Não me diga que está surpresa. Você
nasceu para isso.
    Estou honrada, eu disse. Estou apenas tentando entender.
    Você precisa saber que eu me encantei com você.
    Submerso nas sombras, Adams estava invisível, exceto
onde seus dentes captavam a luz da cabine iluminada do
iate. O conjunto perolado sorriu.

Os Ursinhos, falei – tentando retomar a conversa. Não há nada sobre eles em *Vivendo a solução*. Nada nem perto.

Claro que está lá.

Eu ainda podia sentir as mãos de Adams massageando meus ombros, como se a carne pudesse ser moldada. O iate, preso pela âncora, girava em círculos na enseada. Meu estômago girava também. Minha resposta saiu em um sussurro: Não há nada sobre lançamento com alianças políticas. O Acampamento Esperança deve inspirar um movimento influente, que resultará em uma recalibração dos sistemas de valores sociais. Caso contrário, a corrupção se enraíza. É o que diz no capítulo três.

Eu sabia que isso era verdade. Era o que eu havia adorado em *Vivendo a solução* – o que me mantivera lendo a noite toda no escritório de Sylvia. O livro prometia um plano ao mesmo tempo ético e eficaz. Foi o que me fez arrumar minhas coisas e viajar para o Acampamento Esperança. Foi o que me fez deixar Sylvia, minhas primas, minha vida em Boston – ainda que imperfeita – para trás.

Essa parte do plano está lá, disse Adams. É uma nota no final.

Eu li *Vivendo a solução* seis vezes, eu disse.

Adams soltou uma risada alta demais e fez uma piada sobre eu precisar ter um hobby.

Quer saber, Marks?, ele disse. Vou lhe contar um segredo, porque vamos trabalhar juntos e quero ser transparente. Quero que sejamos próximos. Então, deixe-me dizer a você: se a conexão com os Ursinhos não estava na forma final do livro, deveria estar. Mas não se pode controlar tudo. Especialmente quando não se é muito chegado à literatura. Você já ouviu falar de *ghost-writers*, não?

Nas águas escuras da enseada, um peixe pulou, o barulho alto como um tapa na cara.

Adams tomou meu silêncio como compreensão. Ele se moveu em minha direção, enquanto eu recuava, sua enorme figura ondulando para dentro e para fora da sombra enquanto explicava que, para maximizar a estreia pública do Acampamento Esperança de uma forma que ajudasse os Ursinhos a capitalizarem nossa moeda política, precisaríamos adiar o lançamento novamente.

Acabei de falar ao telefone com o estrategista-chefe deles em Washington, D.C., disse ele. Eles estão pensando que talvez daqui a quatro ou cinco meses será a melhor oportunidade estratégica de revelar o Acampamento Esperança com os Ursinhos presentes. Teremos de cancelar a visita da mídia amanhã, embora isso seja bom à sua maneira: vai gerar hype. Expectativa.

Mas e...

Adams continuou, sua voz ecoando pela enseada enquanto explicava como o verdadeiro desafio, mais uma vez, seria manter a motivação dos membros da equipe. Seria difícil explicar as nuances desse último atraso para os mais impetuosos. A equipe de Agro, especialmente, tinha uma coisa com o tempo. Além disso, ele, Roy Adams, precisava manter a confiança. Esse era o objetivo número um da liderança. Um imperativo estratégico. Então, ele precisava de alguém para responsabilizar.

Acontece, Marks, disse Adams, que você já levou uma pela equipe. E você é valiosa demais em outro lugar. O que precisa acontecer é isso: Lorenzo assume a queda e você substitui Lorenzo como meu braço direito. Pode não ser bonito, mas o garoto precisava sair de qualquer maneira. Ele simplesmente não foi feito para isso. Uma grande decepção, de fato. Para mim mais do que ninguém. Nenhum dos outros trabalhadores sabe disso, mas, na verdade, Lorenzo é meu filho. Isso também me surpreende às vezes. Conheci a mãe dele em Okinawa há trinta e poucos anos. Esperava que tê-lo por perto do Acampamento Esperança o afastasse dos videogames. Desse a ele alguma direção. Mas ele simplesmente não vai se encaixar. Ele pode assumir essa queda. Ele vai compreender...

Um arpão atravessou a escuridão e atingiu Adams no peito.

Ele olhou para a haste saliente. Então caiu como um tronco velho, batendo no convés com os braços ao lado do corpo. O veneno do peixe-leão que cobria a lança percorreu sua corrente sanguínea – a dor imediata –, e ele se debateu na escuridão, os membros em espasmos, até bater a cabeça contra a grade do convés e ficar imóvel.

Fiquei ali segurando o arpão. O tiro havia sido um reflexo e, por vários minutos, não senti nada. Na enseada, a água escura espirrava ao redor do barco. Ela lambia o sangue que escorria pelo convés do iate antes de girar de volta em torno de recifes de corais e ervas marinhas, a barracuda e uma estátua de madona de olhos verdes agarrada ao filho como fazia havia séculos.

Mate o homem mau, meus pais haviam me incitado, anos antes, apontando um rifle para uma figura de palha vestida com as roupas do meu pai. *Não tenha medo, querida, não tenha medo.*

E pensar que um dia eu acreditei que poderia superar minha própria história – qualquer história.

Um farfalhar soou do convés inferior. Larguei o arpão quando Jachi surgiu no topo da escada, bocejando.

Que soneca maravilhosa, ela disse. Embora eu tenha tido um sonho muito estranho.

O terreno do Acampamento Esperança estava escuro quando nos dirigimos para a casa de barcos. Todos haviam optado por dormir cedo em preparação para o dia seguinte. O aroma de proteína de arroz pairava no ar. As palmeiras estavam congeladas, as folhas irregulares à luz das lanternas solares.

Jachi e eu colocamos um dos braços enormes de Adams sobre nossos ombros. Arrastamos seu corpo do barco para o cais e depois pelo terreno, seus pés sulcando os caminhos de cascalho em trilhas duplas. Nós o arrastamos até a cabana médica e colocamos seu corpo em uma maca. Seus membros estavam flácidos, como se todos os seus ossos tivessem sido removidos. Sua respiração estava áspera. A pele ao redor do ombro tinha ficado roxa, embora o sangramento tivesse parado. Ele convulsionou quando despejamos desinfetante no ferimento, mas não recuperou a consciência.

Fui eu que arranquei o arpão. No barco, disse a Jachi que o ataque havia sido perpetrado por criminosos mascarados que desapareceram na noite. Jachi aceitou a história sem questionar. *Eles provavelmente estavam tentando atrasar o lançamento*, ela falou. Seus olhos liberaram um fluxo de lágrimas perfeitas enquanto ela contava a história de um filme que havia estrelado e envolvia um par de mafiosos mascarados. Em uma cena, algemada a uma cadeira, ela escapara usando um grampo de cabelo. Essa lembrança lhe deu forças e, na cabana médica, ela falou com a concentração firme de uma heroína enquanto descrevia a situação.

A mídia chegaria no dia seguinte.

Adams estava vivo, mas gravemente ferido.

Não havia hospitais em Eleutéria.

Levar o líder do Acampamento Esperança para fora da ilha não seria bom. Na verdade, seria muito, muito ruim.

Esfreguei o rosto. Eu não conseguia acreditar no que eu havia feito – mais do que isso, no que tinha ouvido Adams dizer. Inclinei a cabeça para trás, como se uma resposta pudesse se soltar da minha própria pele esticada.

A inação é o caminho dos covardes, dizia a citação de *Vivendo a solução* inscrita nas vigas do teto da cabana médica. Uma citação, agora eu sabia, que não pertencia a Adams.

O lançamento precisa continuar, disse Jachi – agitando os cílios com determinação. Simplesmente precisa continuar. Este é o nosso *momento*.

Todo mundo está esperando por Adams, falei.

Jachi apertou as mãos com prudência e disse: Adams sempre desaparece em momentos cruciais.

Ela estava certa. Os trabalhadores ficariam decepcionados, mas não totalmente chocados se Adams estivesse ausente. E, como a cabana médica não ficava no itinerário da mídia visitante, havia uma chance de ninguém – trabalhador ou visitante – perceber que o havíamos deixado lá. Os detalhes da situação poderiam ser tratados mais tarde. Por enquanto, o que importava era lançar o Acampamento Esperança. O planeta não podia esperar mais.

Alguém vai precisar ficar aqui com ele, eu disse. Para ter certeza...

Jachi levou um dedo aos lábios. Durante todo o seu tempo no Acampamento Esperança, ela me disse, ela vinha esperando para de fato, verdadeiramente, ter uma função no complexo – uma função que importasse. Além disso, certa vez ela interpretara uma enfermeira em uma série cômica de hospital que não durou muito. Enquanto ela falava, seus olhos brilhavam com um tipo diferente de devaneio. Pela primeira vez, ela não parecia nem um pouco uma estrela de cinema.

De volta ao lado de fora, rastejei pelo complexo, ouvindo a voz dos trabalhadores.

Tudo o que se podia ouvir era o barulho das ondas e a turbina eólica sussurrando na noite.

Fui inundada pela exaustão. Eu queria dormir, me perder no vazio. Mas, lembrando dos peixes-leão, voltei para o iate a biodiesel. Estava bem treinada demais para deixar qualquer recurso ser desperdiçado.

Os peixes-leão nas redes ainda estavam onde haviam sido deixados no convés do barco. Eu os arrastei até o cais. Estava me ajeitando, preparando-me para arrastar os sacos de malha até a cozinha, quando um rosto pálido se materializou na escuridão.

Olá, Willa.

Engoli o grito – era Fitz.

Você estava aqui o tempo todo?, perguntei.

Sim, ele respondeu. Faz quinze anos, cinco meses e três dias que estou aqui nesta terra.

Eu não sabia ao certo se havia atingido o ponto alucinatório da exaustão. Apertei os olhos fechados, então os abri bem; Fitz continuava no cais ao meu lado.

Em todo o tempo que estou aqui, ele continuou, nunca vi um céu assim antes.

O olhar dele se voltou para o céu. Ele parecia pensativo, não como alguém que tivesse testemunhado duas trabalhadoras arrastando seu líder ferido pelo complexo. Olhei para o céu também.

Acima: um rastro de pontinhos de estrelas, o brilho diáfano da luz interestelar.

Depois de mais um minuto de contemplação, Fitz foi até a beirada do cais, onde se sentou com as pernas balançando na água. Seu corpo se movia ao ritmo de uma melodia inaudível.

Espalhados na água escura como petróleo estavam o resto dos recrutas. Eles flutuavam de costas, quietos como peixes-boi, todos olhando para o céu.

Estavam Lillian, Cameron, Thatcher, Margaret e todos os outros. Eles mexiam os braços e as pernas suavemente para se manterem na superfície, os movimentos deixando um eco bioluminescente, de modo que a enseada brilhava azul-esverdeada com reflexos celestes.

Senti a garganta apertar. Alguma coisa estava acontecendo. Alguma coisa, talvez, que exigisse ação. Fiquei paralisada, tentando pensar em que ação tomar, mas os recrutas continuavam presos em seus próprios devaneios, e eu não tinha energia para nada, exceto uma vaga advertência sobre não ficarem acordados até muito tarde.

Vamos lançar amanhã, eu disse. Lembrem-se.

Fitz escorregou do cais sem causar respingos na água.

O que mais eu poderia fazer? Arrastei as redes de peixe-leão até a cozinha do refeitório e as instalei na câmara fria. Minhas pálpebras tremeram, tentando se fechar. Eu as forcei a continuarem abertas. Em seguida, fui até o Centro de Comando, as pernas parecendo chumbo ao carregarem meu corpo pela escada em espiral. Uma parte de mim acreditava que Adams estaria lá em cima. Um novo Adams, um Adams melhor. Um Adams que havia escrito *Vivendo a solução*. Um Adams que acreditava no plano original, que acreditava em um futuro melhor, que acreditava em mim.

Não uma fraude, um cretino, mais uma decepção.

Dentro do Centro de Comando, um monitor de computador brilhava com uma atualização do sistema. A fita de medição de CO_2 e as manchetes ecológicas rolavam silenciosamente ao longo da borda superior do teto.

Eu estava sozinha.

Meu corpo desceu, minhas pernas esticadas à minha frente no chão. Encostei-me em uma parede, com a intenção de descansar apenas por alguns minutos. Por uma janela aberta, entrava uma brisa, trazendo os habituais aromas marinhos, junto com o acre carvão do lixo queimado em um assentamento local. O lixo era queimado porque não havia onde colocar o que não era desejado, exceto o céu.

Meu sonho veio rápido. Eu estava de volta a Boston, a cidade quase como eu me lembrava, com o impulso vertiginoso dos arranha-céus, o ar fuliginoso e as estradas impossíveis. O envelope de Sylvia passou por mim como uma folha caída. Eu o persegui, mas havia lixo espalhado por toda parte. Ele inundava as ruas – uma onda de sacos de lixo pretos e copos de café e papelão rasgado –, encostado nos prédios, amontoando-se, erguendo-se.

Comam os ricos, os freegans costumavam dizer, referindo-se ao desperdício deles.

Eu comi. Sem critérios, devorei pés moles de alface e bordas de pizza descartadas, lambi potes velhos de iogurte, bebi restos lamacentos de café e então mastiguei os copos de isopor. À distância, via freegans comendo o mais rápido que podiam. Tentei atravessar o lixo para alcançá-los. Quando isso falhou, tentei criar um caminho comendo. Amassei caixas de papelão, garrafas vazias de refrigerante, colchões manchados, janelas quebradas, esmagando tudo e engolindo pedaços.

O ritmo em que eu comia não era suficiente. A maré de lixo subia, me levantando com ela. Eu podia ver as janelas dos arranha-céus enquanto subia. Móveis de segunda mão se transformaram em minimalismo de aglomerado, em sofás de catálogo, em poças felpudas de tapetes de pele de urso. Posicionados ao lado de uma fileira de estátuas gregas, os rostos maquiados das minhas primas mandavam beijos.

A maré de lixo também as cobriu. Os andares ficaram vazios, ocos e mal iluminados, exceto por um. Nele, estava Sylvia, com o rosto virado para o outro lado. Ela mantinha um braço estendido, agitando o envelope que me dera no punho fechado.

O lixo me ergueu até ela. Tentei falar, mas minha boca estava muito cheia, minhas palavras sufocadas por tudo o que eu havia enfiado na garganta.

O Centro de Comando brilhava âmbar. O sol da manhã era filtrado pelas janelas escuras, deixando meu corpo laranja – como no meu primeiro dia em Eleutéria –, só que dessa vez nenhuma borboleta-monarca irrompeu no ar.

Esfreguei o rosto e me levantei lentamente. Eu havia passado a noite sentada, encostada na parede. Deveria estar tensa e dolorida. Em vez disso, me sentia imaterial, como se toda a luz e a matéria pudessem passar por mim, como se eu fosse tão frágil quanto uma ideia.

Havia vozes do lado de fora. Alisei a camisa polo, ajeitei o cabelo com os dedos. Eram quinze para as seis da manhã. Em quatro horas, o primeiro avião fretado lotado de membros da mídia pousaria na ilha.

Um vento suave irrompeu por uma janela aberta, trazendo a doce podridão de frutas maduras demais. Mamão, talvez. O cheiro de queimado havia desaparecido. Ao meu redor, o Centro de Comando prendia a respiração: a mesa, os computadores, uma pilha de conchas que pareciam ossos se apertássemos os olhos. E, em toda parte, grãos de areia.

Houve uma batida na porta – Lorenzo espiou para dentro do Centro de Comando com nervosismo amigável. Seu bigode estremeceu.

Todo mundo está pronto, ele disse.

Ele não perguntou por que eu estava lá em vez de Adams, embora a questão pairasse entre nós. Tentei encontrar evidências de Adams nas feições de Lorenzo. Talvez na curva da boca? Apesar de todo o nervosismo, sua boca era resoluta.

Não havia tempo para especulações. Eu disse a Lorenzo que Adams havia me pedido para assumir um papel de liderança enquanto ele cuidava de outra coisa.

Tudo bem, disse Lorenzo – olhando para sua prancheta como se buscasse confirmação. Adams mencionou que iria se encontrar com você. Eu estava preocupado que...

Adams me disse que você poderia estar preocupado, falei. Mas ele também queria que eu lhe dissesse que ele acredita em você. Ele sabe que você vai fazer tudo o que puder para lançar o Acampamento Esperança.

Lorenzo foi tomado por felicidade. Seus olhos se arregalaram.

E, acrescentei, ele disse que você tem se saído muito bem e que está orgulhoso de você.

Lorenzo parecia prestes a chorar, o que doeu de ver, porque eu entendia pelo que ele ansiava. Entendia bem.

Bem demais. Eu não podia ficar por ali. Peguei uma cópia de *Vivendo a solução* de cima da mesa de Adams e segurei o livro com força contra o peito enquanto caminhava para a varanda que contornava o Centro de Comando. Daquele ponto de vista, o terreno se espalhava como um reino ecológico: os pomares e os jardins, os laboratórios, a casa de barcos, a frota de vans a biodiesel, os painéis solares e a turbina eólica. Recrutas e trabalhadores saíam dos alojamentos em grupos de camisa polo branca, todos se dirigindo ao Centro de Comando.

Todos tinham perguntas.

Eu, Willa Marks, tinha respostas. Expliquei que Adams não estaria presente naquela manhã. Que ele voltaria em breve. Independentemente disso, o lançamento continuaria como planejado. Todos manteriam seus papéis atribuídos. Todos sabiam o que fazer. Tudo estava indo exatamente de acordo com o plano.

Descobri que dizer às pessoas o que elas queriam ouvir era fácil. As pessoas querem mais confiança do que verdade. E, para os poucos trabalhadores para quem a confiança não era o suficiente, li trechos de *Vivendo a solução*.

Deve haver uma alternativa. Um novo navio, não um
bote salva-vidas: uma oferta de salvação que seja
ao mesmo tempo familiar e aprimorada. Deve haver a
promessa de mais, não menos [...].

Os membros da equipe haviam imaginado Adams presente porque esperavam que ele fosse maior que a vida: para chamar um milagre às instalações do Acampamento Esperança. Mas nós poderíamos ser nosso próprio milagre. Com ou sem Adams, o Acampamento Esperança brilhava ao nosso redor. Nós brilhávamos com ele. Nós, que havíamos criado uma comunidade diferente de qualquer outra no mundo – uma comunidade que estávamos prontos para compartilhar.

O Acampamento Esperança é a alternativa de ouro
[...] O Acampamento Esperança é inovação e determinação [...] um alvo e um destino [...] O Acampamento
Esperança é uma tocha no escuro [...].

Não tenham medo, eu disse aos trabalhadores e recrutas. Não temam o que acontecerá se agirmos. Pensem no que acontecerá se não agirmos. *A inação*, afinal, *é o caminho dos covardes.*

Assim começou o dia: uma dança sincronizada, a apresentação mais perfeita do Acampamento Esperança. Todos os trabalhadores e recrutas se submeteram ao papel que lhes fora atribuído. Inspecionaram painéis solares, colheram alface hidropônica, cultivaram pólipos de coral tolerantes ao calor, fabricaram sapatos de sucata plástica capturada pelo SeaVac em alto-mar.

Um agrônomo acenou para mim enquanto levava uma cesta de talos de cânhamo para um laboratório. Recrutas e trabalhadores sentaram-se sob cabanas de folhas de palmeira tendo discussões turbulentas sobre energia geotérmica, infraestrutura fotossintética, fazendas de minhocas.

Voltando à varanda do Centro de Comando, observei a estrada que levava ao Acampamento Esperança em busca de um sinal das vans a biodiesel que as garotas das artes liberais haviam usado para ir ao aeroporto. A mídia, a essa altura, deveria estar a caminho. Seria um momento histórico quando as vans parassem ao lado do muro de buganvílias e a mídia visse o Acampamento Esperança pela primeira vez.

O lançamento do Acampamento Esperança deve ser
tão sensacional quanto o pouso na Lua...

No entanto, conforme o tempo passava, passei a observar mais o terreno do Acampamento Esperança do que a estrada. Todos – recrutas e trabalhadores – desempenhavam seus papéis com eficácia vívida e sem esforço, o texto de *Vivendo a solução* transformado em realidade em um terrário de tamanho humano.

Pela terceira vez na minha vida, senti uma alegria pura. Eu me imaginei mostrando o Acampamento Esperança ao meu eu mais jovem – a uma Willa criança. *Olhe*, eu diria, *veja o que tornamos realidade*. A Willa criança esperava que seus pais fossem curados olhando para um pequeno terrário. A Willa adulta mostraria um terrário em tamanho real para o mundo – curaria tudo que estivesse errado. Sem mais desespero. Sem mais pessimismo. Sem mais sobrevivencialismo – ou, pior, nenhuma vontade de sobreviver. Afinal, como uma pessoa poderia olhar para o Acampamento Esperança e não sentir a força da possibilidade?

Se o lançamento tivesse ocorrido como planejado, o Acampamento Esperança teria deslumbrado nossos contatos na mídia – assim como o mundo. Tenho certeza disso. Teríamos catalisado a transformação global da maneira prevista em *Vivendo a solução*.

Mas, àquela altura, em Eleutéria, havia outras forças em ação.

Ou talvez sempre tenha havido outras forças em ação: toda uma história delas destinada a ressurgir.

Uma van solitária subiu a estrada para o Acampamento Esperança.

Não havia equipes de filmagem ou âncoras de notícias debruçados nas janelas, nem influenciadores ou celebridades mandando beijos.

Meu primeiro pensamento foi que eu tinha ouvido mal Adams no iate – que ele já havia cancelado a chegada da mídia –, mas, quando Eisa saltou do banco do motorista, sua expressão sugeria um desenvolvimento pior.

Um homem e uma mulher saíram da van.

Se eu pudesse voltar no tempo, teria mantido o complexo fechado. Eu teria preservado a perfeição do Acampamento Esperança enquanto pudesse.

Os visitantes tinham trinta e poucos anos e estavam com o rosto suado e, no caso da mulher, severo. O homem vestia uma regata comprida demais, bermuda e sandálias. Ele examinou o muro de buganvílias, então olhou para o celular, ignorando os esforços de Eisa para conduzi-lo para dentro.

Acha que é aqui, querida?, ele perguntou para a mulher.

Não, idiota, ela gritou de volta, é o Taj Mahal.

Ela saltou para fora da van, sua saia longa esvoaçando. A maquiagem, aplicada no início do dia, havia se deslocado, dando a ela uma aparência duplicada e estereoscópica.

Tem banheiro aí dentro?, a mulher gritou. Ou preciso fazer xixi nos arbustos?

Querida, tem um banheiro, falou o homem.

Eu havia descido a escada do Centro de Comando para cumprimentar o par, mas eles passaram por mim e entraram no complexo como se estivessem entrando em um parque público.

Procure pela sinalização, disse o homem.

A mulher agitou a mão para afastar uma abelha do rosto. Saí trotando atrás dos dois, tentando me apresentar. Por todo o complexo, recrutas e membros da equipe trabalhavam nas tarefas que lhes haviam sido atribuídas, qualquer desânimo reprimido sob um baluarte de laboriosidade alegre.

Há um banheiro logo ali, chamou Eisa, que também estava tentando chamar atenção da dupla. É aquela estrutura cúbica construída com vidro reciclado e carbono sequestrado do...

A mulher correu em direção ao prédio, levantando as dobras da saia enquanto entrava em um banheiro de compostagem.

Leonida na verdade é um amor, disse o homem, sem tirar os olhos do celular. O amor da minha vida.

Eisa sinalizou para que eu me aproximasse, o rabo de cavalo frouxo. Ela levou um minuto para começar a fazer sentido. A mídia estava na ilha, sim. Haviam chegado bem na hora. Mas não estavam ali. E não viriam – pelo menos por um tempo.

Eles não escutavam, ela disse. Nem Corrine. Nem Dorothy...

Eisa parecia perturbada, mais que tudo, pelas falhas retóricas do trio: a incapacidade delas de convencer a mídia a vir ao Acampamento Esperança.

Chegamos tarde demais ao aeroporto, ela continuou. Ou, bem, chegamos lá e não estávamos preparadas do jeito certo. Havia um grupo de moradores esperando na pista com uma caravana de veículos. Eles pegaram todo mundo antes que pudéssemos pegá-los e os levaram para o hotel. Talvez a mídia não tenha se dado conta de que era para onde estavam indo, mas, quando chegaram ao hotel, quiseram ficar. Sei disso porque os seguimos e tentamos convencê-los a vir para o Acampamento Esperança. Corrine e Dorothy ainda estão lá, tentando convencer as pessoas a vir, mas todos já beberam um pouco. Há um churrasco acontecendo. Com uma banda ao vivo de músicos locais. A banda é muito boa.

O rabo de cavalo de Eisa murchou ainda mais.

A única razão pela qual Henk e Leonida estão aqui, ela continuou, é que os outros os fizeram vir como "representantes". Não acho que eles sejam muito queridos.

De dentro do banheiro de compostagem, Leonida gritou: Você só pode estar brincando comigo. Onde está o papel higiênico?

Uma trabalhadora explicou através da parede que havia uma cesta de folhagem aos pés de Leonida, o que ajudava o banheiro de compostagem a sintetizar o uso cíclico dos recursos.

Limpe com folhas, disse Henk.

Seguiu-se uma torrente de palavrões sobre erupções cutâneas e anatomia feminina. Henk balançou a cabeça, sorrindo para si mesmo.

E então, quando vem o resto da mídia?, perguntou uma bióloga marinha que havia se esquivado de seu posto designado. Temos tanta pesquisa para mostrar...

Vários outros trabalhadores tentaram afastar a bióloga marinha, resultando em uma discussão estranhamente sorridente. O banheiro de compostagem havia ficado em silêncio. Perguntei a Henk se ele queria ver os laboratórios de hidroponia, entrevistar jovens recrutas, mergulhar em um recife restaurado, examinar as unidades de produção de biocombustíveis ou ver exemplos de infraestrutura negativa em carbono. Henk olhou para o terreno como se tivesse acabado de notá-lo. Ele enfiou as mãos nos bolsos, puxando para baixo o tecido da regata.

É o seguinte, ele disse. Eu nem deveria ter vindo nessa viagem, mas um amigo me ofereceu o lugar dele no último minuto. Sabe, eu sou jornalista esportivo. Redator de conteúdo, para ser específico. Blogueiro, para ser mais claro. De basquete, principalmente. Vocês jogam basquete? Vocês todos parecem estar em ótima forma. Vocês surfam? Os caras do hotel disseram que nos levariam para um ponto de surfe mais tarde, depois da degustação de rum. É por isso que Leonida quer voltar. É o meio do aniversário dela. E o pessoal do hotel nos ofereceu umas suítes com uma vista linda para o mar. Difícil de recusar, sabe? A única chatice é que estão construindo no porto, então só dá para nadar na piscina. O que é legal, embora eu tenha vindo aqui principalmente para pegar umas ondas. E gostei da ideia de trazer minha garota para as Bahamas. Para ser sincero, confundi esta ilha com a Jamaica – que tem, tipo, mais de um hotel funcionando?

Leonida emergiu do banheiro de compostagem como um cadáver reanimado. Falou para Henk: Você tem dez minutos. Vou começar a contar agora.

Ela realmente vai contar até sessenta dez vezes, disse Henk. Ela é minuciosa nesse nível.

Mas onde estão os outros?, perguntou uma nutricionista que se aproximara com um prato de salgadinhos de algas marinhas. Onde estão as equipes de filmagem? Onde estão os vloggers, os influenciadores, as celebridades e os âncoras de notícias?

E o que foi que você disse sobre construção?, indagou um cientista de corais que, como muitos outros membros da equipe e recrutas, havia abandonado seu posto.

Então, pois é, disse Henk. Não dá para surfar ao lado do hotel porque eles estão construindo no porto. Tem uma barcaça lá, e isso está afetando a água ou coisa parecida.

Dragagem, disse um engenheiro taciturno. A mídia está sentada naquele hotel bebendo rum, comendo churrasco de carne de animal e os vendo dragar.

Vocês certamente levam as coisas a sério, disse Henk. Os caras do hotel mencionaram que vocês poderiam ficar estranhos por causa disso. Mas olhem só: um deles – Derek, Dee-Man ou Derone? – disse para convidar todos vocês. Ele mandou um alô. Mandou um alô para alguém chamado Willa, especificamente. Quem sabe vamos todos para o hotel beber alguma coisa?

Henk foi até a sombra do biodigestor, onde Leonida estava contando.

Os garotos, ele disse, fazendo um aceno com a cabeça para os recrutas, podem brincar na piscina ou algo assim.

Os recrutas o encararam.

Sério, disse Henk, pegando a mão de Leonida. Convite aberto...

Você faz alguma ideia do que está em jogo?, perguntou um especialista em aquaponia. Você entende a importância deste lugar?

Não levante a voz para Henk, disse Leonida com uma carranca.

Estamos em uma emergência climática, falou um ecologista. Apenas uma intervenção radical...

Olha, cara, disse Henk, eu sei que vocês querem que eu escreva alguma coisa. Vocês querem que todos no hotel venham e filmem este lugar – que é, tipo, o quê? Eu nem sei. Alguma coisa ambiental? Tem um pessoal lá que faz reportagens sobre coisas ambientais – coisas de desastres, como incêndios florestais e vazamentos de óleo –, mas este lugar não é um desastre, pelo que posso dizer. Talvez esses caras apareçam mais tarde. Mas, vamos ser honestos, não tem muita notícia aqui.

Você tem coragem, retrucou um especialista solar. Como você ousa...

Mais gritos se seguiram – gritos que devem ter chegado à cabana médica e penetrado no crânio do líder semiconsciente do Acampamento Esperança. Porque, enquanto os membros da equipe discutiam com Henk, Adams saiu cambaleando da cabine médica, com bandagens penduradas, a pele roxa ao redor da ferida exposta, os olhos esbugalhados.

Que porra é essa?, falou Henk.

Ele tentou puxar Leonida para perto, mas ela estava observando Adams com interesse.

Vocês são, tipo, um culto de morte?, ela perguntou.

Os trabalhadores correram para ajudar Adams, todos perguntando o que havia acontecido, de onde ele estava vindo e o que estava acontecendo. Aquilo fazia parte do plano de lançamento?

Henk desbloqueou o celular e começou a fazer anotações. Para ninguém em particular, ele disse: É a Jacquelle de la Rosa ali? Isso pode realmente ser interessante.

O complexo foi consumido pela confusão. Houve mais gritos, pessoas correndo de um lado para o outro. Segurei *Vivendo a solução* junto ao peito e fechei os olhos. Pensei em incêndios florestais queimando antigas sequoias, geleiras pingando em poças, golfinhos envenenados por derramamentos de óleo e cidades inundadas pela elevação do nível do mar. A mensagem do livro ecoou em minha mente, pulsando em minhas veias. Eu não sabia quem o havia escrito, mas isso não importava mais – as palavras haviam se tornado minhas.

Como estava de olhos fechados, porém, não vi os recrutas saindo. Ninguém viu. Como toda a atenção dos trabalhadores estava voltada para Adams ou para corrigir as percepções equivocadas de Henk e Leonida – todos tentando comunicar a bondade e a necessidade do Acampamento Esperança –, ninguém viu os recrutas se reunindo, sussurrando. Não os vimos deslizar para além do muro de buganvílias, entrar em uma van e ir embora. Claro, agora há quem acredite que os trabalhadores enviaram os recrutas para o hotel de propósito. Entenda, porém, que, se tivéssemos visto as expressões nos olhos dos recrutas, se tivéssemos entendido o que estava acontecendo, nós os teríamos trancado a sete chaves – eu teria feito isso pessoalmente. Mas não foi o que fizemos. Quando percebemos que estavam desaparecidos, eles tinham uns bons dez minutos à nossa frente, e, quando adivinhamos para onde estavam indo, tinham mais cinco. E, mesmo assim, não percebemos o que eles iam fazer.

No silêncio da espera, o ar corria inquieto, o mar ondulava. Ali, beleza e dor se entrelaçavam: como frutas vermelhas intensas cheias de veneno; como peixes venenosos como palavras; como um navio, abençoado pela brisa, ágil pelos recifes, chegando da Guiné com trezentos homens, mulheres e crianças presos no porão.

Gaivotas gritavam, girando acima do porto. O navio lançou sua proa para baixo. A prancha gemeu, bateu no cais. Espectadores tocaram nos bolsos.

Do alto, os pássaros observavam o descarregamento de mais carga humana do que as ilhas já haviam visto.

Mais navios seguiriam: saveiros, escunas, navios mercantes com exteriores feitos de cobre. Navios pilotados por legalistas britânicos – expulsos pela revolução. Navios transportando muitas mais centenas de escravizados. Navios saindo do arquipélago, os porões carregados de sal e algodão marinho, índigo, açúcar. Navios triangulando continentes, rotas comerciais se cruzando como cordas de espartilho, amarrando nações com firmeza. Navios carregados com tecidos e chá pekoe. Partindo com abacaxi. Cana-de-açúcar. Sisal. Mais, mais. Mais rápido, mais rápido.

Ouça: o estalo do progresso.

As velas movidas pelo vento dão lugar a barcos a vapor, suas chaminés soprando carvão. Os britânicos acabam com a escravidão, e as Bahamas se tornam um refúgio para aqueles que escapam para outros lugares – mas a segregação aumenta a distância entre pobreza e poder. Os primeiros turistas chegam ao arquipélago, uma regata anual é criada para manter as pessoas entretidas. A Guerra Civil irrompe. Confederados fazem bloqueios: a Inglaterra moerá o algodão, os fardos flutuando entre as margens como mil nuvens comprimidas. Logo, assentamentos só de brancos se fixam na genealogia, enquanto jovens negros desistem da escola para mergulhar em busca de esponjas. As equipes de gancho e remo são cruéis e pagam mal, mas não há outro jeito. Os vapores começam a pular as ilhas; os eleuterianos ficam abandonados. A Primeira Guerra Mundial, pelo menos, exige mais mão de obra e, em seguida, um meio de beber a guerra. Aí vêm os produtores de rum clandestinos, outra onda de turistas pilotando iates no estouro do diesel dos anos 1920. Campos de golfe surgem. Clubes de tênis e campos de tiro ao pombo. Mas também uma praga de esponja devastadora. Um furacão. Uma segunda guerra que abala a nação, após a qual o aeródromo de guerra das Bahamas se torna uma pista de pouso para um desfile de biquínis. Em Eleutéria, um ministro negro clama por verdadeira democracia, verdadeira representação para o povo. Isso leva a uma greve de dezesseis dias sem derramamento de sangue, embora leve mais dezesseis anos até a Regra da Maioria Absoluta: a bandeira azul-petróleo, preta e amarela da nação ondulando no céu. Os americanos, por sua vez, mantêm as garras de um império, contadores voando pela Pan Am para se deliciar com proteções fiscais: executivos podendo esconder sua riqueza entre as palmeiras. Os americanos também constroem bases militares, realizam testes de radares de sonar e preparam mísseis de longo alcance. Por que fazer o trabalho sujo em casa? Os americanos partirão – em transatlânticos, aviões a jato e helicópteros – assim que as circunstâncias não lhes convierem. Aviões de drogas seguirão, turboélices pousando levemente nas pistas deixadas para trás. Pescadores pegam cocaína da Colômbia em redes: garoupa quadrada com filme plástico como barbatana. Outro furacão terrível varre resorts inteiros das costas em que se encontravam. *Em Eleutéria, você sentirá o roçar dos ventos alísios*, prometiam os fo-

273

lhetos turísticos, como se essas brisas não estivessem permeadas de sangue, a abominável cartografia de tantos milhões de vidas roubadas. Mais tempestades caem, as mais ferozes já vistas, uma série de socos rodopiantes, rasgando a ilha, o clima enlouquecido pelo esgotamento da indústria implacável – um apetite insaciável por crescimento econômico – e, no derramamento em cascata da história, o futuro não parece diferente do passado, mesmo quando outro grupo de peregrinos se estabelece na ilha em busca de liberdade ambiental em um complexo chamado Acampamento Esperança. A liberdade no chamado Novo Mundo sempre significou tomar de outra pessoa, o que implora, implora e implora pelas perguntas: O que seria necessário para corrigir isso? Por onde começamos?

10

Apagar as luzes. Desligar computadores, impressoras, telefones, sistemas de segurança, aparelhos de ar-condicionado, aspiradores de pó, consoles de entretenimento, micro-ondas, travesseiros com sensor de calor e escovas de dente elétricas. Tirar todos os outros plugues das tomadas. Dirigir menos, andar mais de bicicleta, encontrar alternativas a voar de avião. Plantar árvores. Plantar árvores nativas. Plantar flores e legumes e depois comer os legumes e algumas das flores. Limpar o prato. Fazer compostagem com os restos. Desviar água cinza para irrigação. Tomar banhos mais curtos. Usar sabonetes biodegradáveis e fazer os próprios produtos de limpeza. Secar a roupa ao ar livre. Consertar as próprias roupas. Consertar os próprios sapatos. Consertar móveis. Consertar casas. Consertar amizades e convidar os amigos para jantar. Falar com estranhos. Compartilhar habilidades. Compartilhar caronas. Cuidar de crianças. Cuidar da casa. Compartilhar a casa. Reutilizar, reduzir. Trabalhar menos. Não comprar nada. Não usar canudos. Recolher o lixo. Preservar as abelhas.

Criar ciclovias e passarelas de pedestres. Limitar emissões de escapamentos e instituir cobranças por congestionamento. Aplicar códigos de construção energeticamente eficientes. Promover a construção com carbono neutro. Gerar eletricidade a partir de fontes renováveis. Considerar a cogeração, a captura de carbono e serviços públicos de propriedade dos cidadãos. Promover o transporte público – um transporte melhor – e torná-lo gratuito para todos. Criar hortas comunitárias. Jardins de águas pluviais. Jardins de águas residuais. Criar florestas, campos, rios, lagos, pântanos, montanhas e estepes subtropicais comunitários. Financiar a educação ambiental. Tornar a natureza fácil de amar. Criar telhados verdes, paredes verdes, calçadas verdes. Tornar os espaços multifuncionais. Dar aos artistas licença para acrescentar beleza. Montar ecobibliotecas gratuitas. Bancos de sementes. Bancos de tempo. Centros de doação. Redes de voluntários. Disponibilizar saúde de qualidade para todos. Disponibilizar alimentos frescos para todos. Tornar sustentabilidade sinônimo de igualdade.

Definir tratados climáticos internacionais vinculativos. Estabelecer metas ambiciosas – as necessárias para evitar uma catástrofe climática – e fazer o que for preciso para atingir essas metas. Taxar toxinas ou, melhor ainda, bani-las. Processar infratores por crimes contra a terra. Separar o dinheiro da regulamentação. Separar o dinheiro da governança. Fechar as brechas. Fechar locais de perfuração e operações de fraturamento e minas em ruínas. Descentralizar a internet, os sistemas de energia e as estruturas de poder em todos os sentidos da palavra. Acabar com as guerras. Acabar com o culto ao PIB – em vez disso, medir o bem-estar. Investir em pesquisas que ajudem a todos. Ouvir os cientistas. Ouvir os professores. Ouvir os poetas. Ouvir as vozes indígenas junto com as de outros silenciados ao longo dos séculos. Pagar reparações. E depois pagar mais. Buscar a igualdade de carbono. Restaurar ecossistemas. Priorizar a biodiversidade. Remover as fronteiras internacionais que impedem a movimentação da vida selvagem. Que impedem a movimentação das pessoas. Oferecer apoio global a desastres naturais. Apoio para realocação. Apoio à imigração. Descolonizar países e economias e padrões de pensamento. Dizer a verdade. Representar o povo. Assumir a responsabilidade pelo passado e pelo futuro. Tentar.

Estou tentando...

Com tudo o que pode ser dito contra mim, saibam que estou tentando, que venho tentando e que continuarei tentando, junto com muitos outros. Na verdade, mais pessoas estão tentando do que nunca.

O que mais alguém pode dizer com tão pouco tempo restante?

Oito meses se passaram desde que voltei de Eleutéria para Boston. Depois de entrar no apartamento das minhas primas, nunca mais saí. Eu não podia sair. Era perigoso demais: meu rosto recém-famoso. Ou infame, devo dizer.

Em vez disso, eu ficava andando de um lado para o outro, contando meus passos. Há seis passos entre o quarto e a pia do banheiro, dez até a cozinha, três abrangendo a largura da janela – cortinas longas bem fechadas. Andei ainda mais quilômetros em minha mente, repassando o que havia acontecido no Acampamento Esperança. E antes: minha vida inteira de trás para a frente. Pensei nos meus pais, nas minhas primas, em Sylvia. Usei o computador de Jeanette para observar o desenrolar dos eventos: a progressão de "uma tragédia global" para "um fenômeno alarmante" para "um apelo à ação" para "uma assembleia emergencial de líderes mundiais".

Assisti a tudo com um nó na garganta, mas também com o coração tremendo de expectativa.

Com todo o sofrimento que ocorreu, com toda a tragédia, vejam onde estamos: em breve saberemos os resultados da votação do Tratado da ONU para Mitigação de Carbono e Reparação de Emissões – uma ordem de emergência destinada a impedir que as temperaturas globais subam ainda mais, para reabilitar os ecossistemas em todos os continentes e para restaurar a justiça climática. Só o fato de essa votação estar acontecendo é um milagre. E se o milagre for mais longe, se a ordem for aprovada, o motivo é o Acampamento Esperança. O Acampamento Esperança colocou tudo isso em movimento – o *Vivendo a solução*, na verdade –, e eu ajudei.

É errado desejar que os outros vejam a situação dessa forma? No início desta noite, ouvi meus vizinhos na escada do prédio. Estavam discutindo a ordem, a votação iminente. Como grande parte de Boston, esperavam com as luzes apagadas, os aparelhos eletrônicos desligados. A escuridão intencional era uma vigília. Meus vizinhos – como pessoas de todo o mundo – estavam recentemente dispostos a tentar qualquer coisa, tentar de tudo, para consertar o que deu errado. Pela porta do apartamento, ouvi a voz deles, sussurros arranhando o ar. As palavras tinham um tom de esperança, de anseio. Quando a conversa na escada aumentou de tom, minha expectativa aumentou também: a ordem devia ter sido aprovada.

Então abri a porta do apartamento. Olhei para além da entrada. Por oito meses, eu havia ficado escondida. Por oito meses, fui cuidadosa. Mas nesta noite, mostrei meu rosto.

Talvez minha razão seja um sinal de insanidade, mas eu queria ver a expressão dos meus vizinhos – ver se eles relacionariam a ordem da ONU comigo. Uma parte de mim esperava que eles me reconhecessem não como uma malfeitora, mas como uma idealista. Alguém que acredita. Ou até mesmo uma sonhadora – no alto da fricção latente de poucas chances e mudanças monumentais.

Eu estava duplamente enganada. A votação ainda não havia acontecido. Meus vizinhos me olharam com surpresa, depois reconhecimento e então horror.

Eu deveria saber.

Por outro lado, eu deveria saber tantas outras coisas.

Os vizinhos, sem dúvida, entraram em contato com a polícia. Uma equipe da SWAT provavelmente está a caminho, se é que já não está aqui: policiais circulando silenciosamente o prédio, atiradores mirando do outro lado da rua – a janela do apartamento ampliada em sua mira. Se até agora hesitaram em irromper pela porta do apartamento, a única razão pode ser que também estejam esperando por notícias sobre a ordem emergencial.

Seria isso um desejo meu?

É verdade que também posso ter ganhado a permissão de falar durante a noite porque alguém, de alguma forma, está gravando o que eles vão chamar de minha confissão. Existem microfones tão pequenos que cabem nas costas de uma mosca.

De qualquer forma, não tenho muito tempo, então deixe-me passar pelas últimas partes da história, as partes mais difíceis de contar. Vou começar com minha chegada de volta a Boston: como fiquei escondida por tanto tempo. Foi sorte, na verdade. Ou talvez azar de Jeanette. Porque, quando voltei para Boston, Victoria havia fugido para o Canadá com seu novo marido dentista, abençoado por um visto em uma loteria para profissionais de saúde. O resto da família das minhas primas havia sido evangelizada e se afastado. Jeanette estava sozinha. Estava de luto, com raiva – e foi o que acabou me protegendo. A casca de sua raiva nos envolveu como uma armadura.

Não havia razão para ela me abrigar. Considerando o que havia acontecido em Eleutéria, tinha todos os motivos para não fazer isso. Mas, pelo menos no início, Jeanette estava muito envolvida com suas próprias dificuldades para se importar com onde eu estivera por todos aqueles meses ou por que eu havia retornado. Quando abriu a porta do apartamento, ela usava um vestido de lantejoulas muito justo e tinha os cabelos desgrenhados cobertos de glitter. Estava com o esmalte lascado.

O que aconteceu com o seu rosto?, perguntou.

Ela se virou antes que eu respondesse, não se importando em saber. Acho que estava esperando por Victoria em sua porta. Deve ter sido decepcionante me encontrar em vez disso. Mesmo assim, eu a segui para dentro do apartamento, onde a luz da tarde se espalhava através da janela, iluminando uma paisagem de caixas de comida comprada pronta, garrafas de vinho vazias, louça suja, roupas sujas. Jeanette cambaleou e tropeçou ao redor das pilhas. Seus movimentos não tinham o vigor que costumavam ter, como se ela precisasse da energia orbital de Victoria para manter o equilíbrio – mesmo que ela e a irmã estivessem havia muito tempo em desacordo. Ela mal parecia perceber que eu estava lá.

Fiz o melhor para manter Jeanette presa a esta terra. Limpei o apartamento. Preparei refeições e me certifiquei de que ela dormisse. Quando Victoria depositava dinheiro na conta bancária que as irmãs costumavam compartilhar – mas não ligava –, Jeanette chorava, e eu escutava, acariciando o cabelo dela. Ficava feliz por cuidar dela, feliz por ter algo para fazer. Durante toda a minha vida, procurei por alguém que cuidasse de mim, que fosse como um pai ou mãe para mim, e apenas me decepcionei. Descobri um consolo, porém, em ser como uma mãe para outra pessoa.

Independentemente disso, duvido que Jeanette tenha me deixado ficar porque cuidei dela. Ou por qualquer lealdade familiar. Ela me manteve aqui, me manteve escondida – apesar da escalada de eventos com os quais tenho relação –, porque eu servia como um fac-símile de sua irmã, ainda que inadequado.

Se compreendo alguma coisa agora, é até onde as pessoas vão para lidar com a situação de serem deixadas por quem amam.

Quando voltei a Boston, oito meses atrás, o Acampamento Esperança estava em toda parte. Além das manchetes, dos artigos de opinião, dos debates dos talk shows, havia os videoclipes: repetidos, refratados, antes de serem banidos – um esforço que não teve qualquer efeito sobre o que estava em movimento. Àquela altura, o chamado fenômeno alarmante não poderia ser interrompido.

Por um tempo, porém, o Acampamento Esperança proliferou. O muro de buganvílias, a turbina eólica, as vans a biodiesel, os jardins – tudo preenchia telas e feeds de mídia social, preenchia a imaginação das pessoas. Lá estavam as fotos dos trabalhadores: todos registrados como prisioneiros, atordoados. Havia citações de *Vivendo a solução* – o texto questionado, descontextualizado. Lá estava Roy Adams, o peito dramaticamente enfaixado e ele à frente de microfones nos degraus do tribunal, o advogado proclamando sua inocência.

Mais onipresente, porém, era a filmagem, feita com uma câmera de celular, de jornalistas e outros membros da mídia bebendo ponche de rum no espaçoso deque de um hotel nas Bahamas. Antes de o vídeo ser banido, dava para vê-los rindo e se divertindo, apreciando a vista, as bebidas de cortesia, uma banda de rake and scrape. Olhando atentamente para a filmagem, era possível vislumbrar Corrine e Dorothy em um canto, implorando a um vlogger que fosse até o Acampamento Esperança. Deron estava lá também, cumprimentando um repórter de TV, embora aparecesse por apenas um segundo. A câmera se voltava para doze jovens usando camisa polo e shorts cáqui combinando que tinham aparecido na praia abaixo do convés. *Isso é para ser uma performance?*, perguntava um jornalista, enquanto os jovens corriam pela areia, mergulhavam no porto e nadavam em direção a uma barca de dragagem. *Caramba*, dizia uma celebridade B, *aqueles garotos devem comer bastante feijão... olhem para eles.*

Em entrevistas posteriores, essas mesmas figuras públicas pediriam perdão. Como poderiam saber o que estava prestes a acontecer? Como se poderia esperar que eles fossem atrás daqueles garotos? Eles estavam bebendo. Não faziam ideia do que estava por vir.

Como alguém poderia saber?

No vídeo, os doze jovens nadam até uma barca na beira de um porto. A câmera aumenta o zoom enquanto eles sobem pela corrente da âncora e entram na embarcação. *Que diabos?*, é possível ouvir alguém na festa dizendo, entre risos. No convés da barcaça, um capitão parece estar dizendo a mesma coisa. Os recrutas encharcados se reúnem ao redor dele. Pela força de muitos braços, os garotos atiram o capitão e seu parceiro ao mar. Aqui, a filmagem da câmera é jogada para o lado. Um gerente do hotel está gritando, assim como outros – talvez Deron, embora não esteja claro. Há barulho de briga, um grito para alguém chamar socorro. Não haverá tempo. Os recrutas invadiram a barcaça, alguns descendo para cortar linhas de combustível e fazer furos no tanque de diesel. Outros abrem um armário de inflamáveis

281

e encontram solventes para espalhar pelo convés. A última parte da filmagem mostra uma fileira de recrutas alinhados ao longo do parapeito da barcaça. Fitz, Cameron, Thatcher, Lillian, Margaret e outros. Eles estão esperando a câmera – as muitas câmeras a essa altura – estabilizar. Estão se certificando de que a imagem saia nítida. Eles parecem estoicos, resolutos. Uma brisa do mar despenteia seus cabelos. O sol brilha dourado em sua pele. Eles olham de volta para a ilha: uma faixa de verde brilhando em seus olhos. A barcaça explode em chamas.

Seguiu-se um frenesi da mídia, com gritos de tragédia, abuso infantil, encobrimentos de conspiração, sacrifício de culto e ecoterrorismo adolescente vindo de todos os ângulos. Aqueles filhos da elite – aqueles jovens lindos, tão fáceis de amar –, aquelas vidas jovens interrompidas capturaram a imaginação da nação e, com eles, vinha o Acampamento Esperança. As pessoas queriam saber por que os recrutas tinham feito aquilo. Queriam saber o que vinha acontecendo em Eleutéria. Membros da equipe foram detidos, indiciados. Quando se descobriu que os Republicanos Verdes tinham conexões com o Acampamento Esperança, o escândalo afundou suas perspectivas políticas.

Apesar de toda essa atenção inicial, os eventos em Eleutéria poderiam ter desaparecido da vista do público, não fosse o que aconteceu três semanas depois. Em Langley, na Virginia, uma turma de alunos da sexta série levantou-se da carteira durante os estudos sociais do segundo período, saiu da sala de aula rápida e silenciosamente e subiu três andares até o telhado da escola. De lá, olharam para os administradores e professores, e depois para os pais, que estavam reunidos abaixo para insistir que as crianças se afastassem da beirada. *O que diabos elas estão fazendo? Por que nenhuma delas fala?* As crianças olhavam impassíveis de volta. Uma equipe de crise profissional teve de removê-las. Todas as crianças foram hospitalizadas, colocadas sob vigilância, o comportamento delas considerado uma anomalia – até que uma reunião semelhante ocorreu no dia seguinte. No meio de um torneio de futebol em Centennial, no Colorado, duzentas crianças saíram de seus campos de jogos. Pais e treinadores agarraram os braços dos jovens, tentaram contê-los, mas a enorme massa de crianças excedia o alcance de qualquer um enquanto todos marchavam em silêncio em direção a uma estrada. Veículos pararam. As crianças inundaram a estrada, bloqueando o tráfego, até que uma equipe de emergência as removeu também.

O fenômeno se espalhou. Por todos os Estados Unidos, crianças se afastavam de escolas e campos esportivos, de parquinhos e varandas, de porões e quartos, como se ouvissem um chamado invisível. Em dezenas e centenas, reuniam-se em telhados, em pontes, à beira de lagos, em estacionamentos, em rotatórias, do lado de fora de presídios, do lado de fora de usinas, no meio de canteiros de obras. Elas nunca falavam. Suas expressões permaneciam estoicas – embora um repórter as tenha descrito como "de olhos mortos", dando voz ao que muitos se perguntavam: aquilo estava ligado ao Acampamento Esperança? Era algum tipo de imitação?

O pânico aumentou, alimentado pela possibilidade de que aqueles garotos pudessem agir de acordo com qualquer impulso que compelira aqueles do Acampamento Esperança – de que aqueles garotos estivessem ameaçando se autodestruir.

É claro que já havia crianças morrendo em todos os lugares; em fronteiras, em fábricas, em favelas, em guerras. Morrendo por água envenenada. Por violência armada. Por violência do Estado. Por excesso de trabalho. De fome. Por negligência. Era só que aqueles garotos – os que estavam se reunindo – deveriam ser saudáveis, felizes e livres para buscar o sucesso como um dia achassem melhor.

As reuniões persistiram. O número de participantes cresceu. Crianças saíam de casa sem aviso prévio, se afastavam de festas de aniversário e bar mitzvahs, do corredor do mercado onde um pai ou uma mãe estava fazendo compras. Crianças se reuniam em viadutos e olhavam para motoristas abaixo. Ficavam paradas no meio de estacionamentos. Reuniam-se em pontos de ônibus.

No Dia de Colombo – dois meses após a explosão em Eleutéria –, a questão foi declarada uma emergência nacional semelhante a uma pandemia.

E, por um tempo, as pessoas especularam que uma doença havia infectado as crianças, levando-as à mania. *Isso não acontece com certas espécies animais? Como quando golfinhos encalham sozinhos?* Mas, de todos, as crianças eram as mais calmas: firmes, estoicas e sempre deliberadas. E as proibições de viagens e quarentenas não tiveram efeito quando as reuniões se tornaram internacionais. Nem o coquetel de produtos farmacêuticos de bem-estar receitado a muitos jovens. Filhos e netos, sobrinhas e sobrinhos, afilhados e enteados, estudantes e escoteiros, alunos de piano e ameaças da vizinhança continuaram a se reunir em assembleias silenciosas.

Os adultos, enquanto isso, invadiam prefeituras e escritórios do governo. Batiam nas portas exigindo que medidas fossem tomadas. Os legisladores, no entanto, permaneciam imóveis em suas mesas – grupos de crianças ficavam em silêncio do lado de fora de seus escritórios, observando-os trabalhar. A mesma coisa aconteceu do lado de fora de instalações corporativas. Ao lado da Bolsa de Valores de Nova York. As aparências perturbavam todos os que observavam os garotos, inclusive observadores implicados. Porque, se não fosse seu filho, muitas vezes era uma criança que você reconhecia – uma criança que você amava – que ficava em um cruzamento com vinte outros jovens observando o trânsito parado com a solenidade severa de um júri.

Apresentadores de TV liam as notícias com os maxilares cerrados. *Mais uma reunião, desta vez em Dallas...* O que poderia ser dito sobre a pura estranheza daquilo tudo?... *Trezentas crianças do lado de fora do aeroporto...* O olhar daquelas crianças marcado a fogo no nosso cérebro. Seus olhares retorciam nossas entranhas, davam uma sensação de mal-estar: o suor frio da culpa, uma névoa febril de cumplicidade. Era pior, de certa forma, que aqueles garotos ameaçassem um ato sem agir. A possibilidade persistente deixava até os corações mais duros em carne viva. Alguns pais pararam de sair de casa, ficando presos ao lado dos filhos. Houve um esforço para conter as crianças, para restringir seus movimentos a salas seguras acolchoadas, mas as ramificações dessas prisões tornaram-se pesadas demais para suportar. As pessoas imploravam a seus filhos que explicassem o que precisava acontecer para que eles continuassem com suas vidas.

A resposta, porém, estivera lá o tempo todo. Só ficou mais alta em meio ao silêncio contínuo das crianças. Não poderia haver mais escola. Nem treino de futebol. Nem clube de xadrez. Nem trabalhos de babá. Não poderia mais haver um dia inteiro jogando videogame. Não poderia haver retorno à psicose da negação: as coisas acontecendo como sempre em meio a uma crise. Não com o mundo inteiro fumegando sem se importar com os fardos que viriam: os oceanos fervendo, o solo explodindo e as espécies sendo empurradas para a extinção.

Se os adultos queriam que as crianças agissem como se um futuro as aguardasse, talvez não devessem destruí-lo.

Enquanto isso, eu estava morta – ou dada como tal. Essa é uma razão pela qual, em seus depoimentos, entrevistas, pedidos de desculpas, os membros da equipe invocavam minha suposta intenção secreta. *Ela veio até aqui para nos destruir*, alegou um especialista solar. *Ela fez lavagem cerebral nos recrutas,* insistiu um ecologista. *Ela fazia parte de uma organização esquerdista descentralizada altamente secreta com a intenção de assassinar a elite para criar uma nova ordem mundial,* comentou uma garota das artes liberais.

Alguém precisava ser o bode expiatório. E foi por isso que, mais uma vez, Roy Adams e outros pregaram a culpa no meu corpo.

Meu corpo: nunca descoberto, apesar das buscas minuciosas na marina do hotel e além. Fui considerada perdida no mar. Eu estava na água quando a barca explodiu. Tendo percebido que os recrutas tinham ido para o hotel, fui atrás deles em alta velocidade. Cheguei antes de qualquer um dos outros trabalhadores, saltei da van no momento em que os recrutas subiam na barcaça. Nadei em direção a eles o mais rápido que pude. Em um dos vídeos, minha cabeça aparece na borda do quadro. Os investigadores presumiram que meu corpo houvesse queimado na explosão ou que eu tivesse sido atingida por destroços. Havia atividade de tubarões na área. Meu relógio pode ter sido encontrado, um pedaço da minha camisa. Não acho que alguém quisesse que eu estivesse viva, de qualquer maneira. Morta, eu poderia ser o bode expiatório de que eles precisavam.

Mas eu não estou morta.

Estou aqui.

Para encurtar a história, após a explosão, eu virei destroços – jogada para uma corrente que me levou para uma praia mais abaixo na ilha. Quando me arrastei para a areia, estava sangrando, em estado de choque. Se uma unidade policial mais substancial tivesse inspecionado a ilha mais cedo, eu poderia ter sido encontrada, mas toda a atenção estava no hotel. Assim, nesse intervalo – antes de os helicópteros pousarem, junto com investigadores, mais repórteres, curiosos, pais de luto –, caminhei de volta ao Acampamento Esperança, atravessando a mata da ilha e os arredores dos assentamentos. Levei a noite toda e a manhã seguinte. Se isso parece implausível, saiba que, na esteira do que aconteceu, tornei-me apenas meu corpo: um corpo que se acotovelava e se arranhava no mato – empurrando teias de aranha e pedaços de folhas –, um corpo que não sentia nada além do impulso da necessidade de retornar ao Acampamento Esperança. Cambaleei através das palmeiras e dos gumbo-limbos, por bosques de madeira venenosa, torcendo o tornozelo em buracos que me jogavam no chão. Eu me levantava e seguia em frente mancando, a dor funcionando como uma distração bem-vinda da desolação que dilacerava minhas entranhas.

Quando cheguei ao Acampamento Esperança, estava sangrando em uma dezena de lugares. Minha língua estava inchada de desidratação. Minha pele, especialmente do rosto, estava inchada com vergões de madeira envenenada e picadas de inseto.

O Acampamento Esperança não estava muito melhor. O complexo estava lacrado pela polícia, maltratado, vazio. Os trabalhadores que não haviam ido ao hotel já tinham sido presos. A polícia local retornaria – junto com o FBI –, mas eu não me importava. O que importava para mim era que as treliças de maracujá haviam sido derrubadas, as cenouras precisavam ser regadas, o composto precisava ser revirado, o sistema de filtragem de aquaponia precisava ser limpo. Percorri o terreno, corrigindo tudo o que podia.

Eu talvez tivesse ficado no Acampamento Esperança – cuidando do terreno até ser arrastada –, mas, enquanto arrumava meu quarto, encontrei a mochila que levara comigo para Eleutéria.

O envelope de Sylvia continuava lá dentro.

Aquele envelope: impossível de descartar, impossível de abrir. Eu o havia guardado desde que Sylvia o enfiara por baixo da porta do apartamento das minhas primas, dias antes de eu pegar um voo para Eleutéria. Naquela época, eu estava lendo – relendo – *Vivendo a solução*, obcecada com a promessa de um complexo à beira do Caribe onde uma equipe de ecorrevolucionários se unira para salvar o planeta. O gesto de Sylvia sempre me pareceu uma provocação: ela não achava que eu tivesse o que era preciso para fazer a diferença no mundo. O envelope era uma escotilha de escape para uma vida confortável mantida firme no compromisso.

Então eu deixei Boston. Para provar a Sylvia – e a mim mesma – que estava disposta a fazer o que pregava, fui para Eleutéria.

No entanto, não deixei o envelope para trás, deixei? Não consegui descartar aquele caminho de volta.

Lá no Acampamento Esperança, no final de tudo, eu não tinha mais nada a perder – muito menos meu orgulho.

Abri o envelope.

Não há tempo suficiente para falar sobre minha jornada de volta a Boston, mas saiba disto: há ilhas das Bahamas localizadas a menos de oitenta quilômetros do continente americano. Foi fácil conduzir um dos iates a biodiesel do Acampamento Esperança até um porto da Flórida recentemente destruído por um furacão e afundar o barco no porto onde outros iates, escunas e veleiros haviam afundado. No continente, os vergões de madeira venenosa no meu rosto – muito vermelhos – causavam nojo nas pessoas, faziam com que desviassem o olhar ou tivessem pena de mim. Os vergões também confundiam a tecnologia de reconhecimento facial instalada em todas as cidades. Uma certa dose de ingenuidade me protegeu também. Eu só veria meu rosto televisionado – meu rosto imaculado – quando cheguei à Carolina do Norte. E só entenderia que havia sido escalada como vilã quando chegasse a Rhode Island.

Continuei em frente, no entanto. De volta a Boston, fui direto para a casa de Sylvia.

Aqueles degraus da frente, tão familiares; o mesmo quintal bagunçado. Àquela altura, era setembro. Muito quente. Absurdamente quente. O suor fazia meu corpo empolado arder.

Fiquei parada na varanda com a carta de Sylvia pressionada contra o peito, como se ela pudesse estancar toda a dor do mundo.

Claro que tenho a carta comigo agora. Não saiu de perto de mim desde então.

Querida Willa,

Se você está lendo isso, talvez não tenha desistido de mim, como temo que faça.

Esse é um entre muitos medos. Muita coisa me assustou nesta vida. Havia a possibilidade de eu não me tornar a estudiosa que procurava ser, depois não encontrar emprego, depois perder esse emprego e não ter a oportunidade de seguir a vida da mente. Havia os medos banais: de aranhas e altura. Também o medo de per-

der a memória, como minha mãe, e me tornar uma casca de mim mesma – ou de me lembrar bem demais de algumas coisas e ficar paralisada por minhas próprias falhas. Mas nada me assustou mais do que você.

Willa, você era a lava derretida na qual eu desejava enfiar a mão. Você era o tigre à espera no escuro. Você era o veneno que eu desejava beber.

Perdoe essas analogias desajeitadas. Não sei outra maneira de dizer isso.

Willa, quando a vi pela primeira vez – congelada como uma estátua de cera, naquela casa em Beacon Hill –, achei que estivesse alucinando. Você estava usando um vestido antiquado; mais significativamente, seu rosto me lembrou o de alguém que eu conhecera, alguém que eu havia magoado. Meus primeiros pensamentos foram: Afaste-se! Corra! Fuja! E então deixei cair a taça de vinho. Como mais tarde vim a entender, você acreditava que eu havia deixado a taça cair para salvar você. Na verdade, eu estava tentando me salvar. Eu nunca lhe disse isso porque não queria decepcionar você. Eu nunca quis decepcionar você, Willa.

Parece, porém, que decepcionei. Eu decepcionei você de maneiras que não posso voltar atrás.

Há outras coisas que nunca lhe contei, e que posso contar agora. Para começar: você costuma ter uma expressão – da qual duvido que tenha consciência – que transborda expectativa. Você olha para as pessoas e os lugares como se tivessem um potencial infinito. Há a maneira como você inclina o pescoço para um lado, depois para o outro, e o estala. Você tem essa imprudência inocente. Há uma sensação de destino em seus passos. ~~Você parece faminta, como se estivesse pronta para~~ Sempre acreditei que em outra vida você poderia ter sido uma profeta errante.

Voltando ao primeiro encontro: depois que você e suas acompanhantes fugiram e depois que a anfitriã se acalmou e o vinho derramado foi limpo, eu me tranquei em um banheiro para recuperar o fôlego. Eu estava ofegando como um peixe porque sentira o quanto era fina a membrana entre nós. Era apenas ar; nada mais. Eu sabia que você não era a pessoa que eu conhecera, que você era uma estranha, e ainda assim uma parte de mim acreditava que você a encarnava. Eu estava sentindo uma grande dose de culpa na época. Não vinha dormindo bem. E quando você apareceu, olhando para mim com toda a expectativa do mundo, eu senti medo.

No entanto, depois de fazer exercícios de respiração e jogar água no rosto, comecei a duvidar da minha paranoia. Você era uma estranha e tinha ido embora. Eu repreendi a mim mesma por estragar o tapete da anfitriã.

Eu deveria ter deixado assim. Deveria ter desconsiderado o encontro, mas tenho a necessidade de explicação de um pesquisador. Mandei o telefone que você deixou na casa ser analisado por um amigo do departamento de TI de Harvard. Fiz isso para minha proteção, disse a mim mesma. Sua aparência tinha a aura do estranho; eu precisava confirmar que você não havia sido enviada por um think tank de direita para me sabotar. Coisas mais loucas aconteceram com acadêmicos em nossas guerras culturais em curso e, em uma entrevista recente, eu havia feito observações impensadas sobre a hipocrisia conservadora que provocaram alguma ira. Eu precisava ter cuidado.

Então descobri onde você trabalhava, onde você morava. Descobri seu nome. Faltava muita coisa. Não havia registros escolares. Era quase como se você estivesse usando uma identidade falsa. No entanto, também não havia sinal de atividades perniciosas. Deixe para lá, eu dizia a mim mesma. Mas não consegui. Visitei seu local de trabalho, o The Hole Story, só para "confirmar". Confirmar o quê? Como eu disse, eu não andava dormindo bem. Lembranças do que eu havia feito – prejudicando a vida de uma jovem vulnerável – atormentavam minha mente. Por alguma razão, estudar você parecia lógico.

Então você me reconheceu. Eu tive certeza disso. Eu me censurei durante todo o caminho de volta a Cambridge, certa de que havia perdido o controle da realidade. Eu me comprometi a esquecer que você existia.

Mas como eu poderia te esquecer, Willa, quando você apareceu na minha aula?

Sei que minha reação magoou você. Entenda, porém, que foi como se minha ex-aluna tivesse entrado e se anunciado – ali mesmo, no mais público dos lugares. Fiquei apavorada que um colega ou outro aluno reconhecesse a semelhança. Eu sentia muito medo de você, ao mesmo tempo que sentia sua atração. Foi tudo o que pude fazer para afastá-la e escapar.

Você me assombrava, Willa. Na época e ainda hoje. Você foi parar na minha casa. Não há como escapar disso, eu disse a mim mesma. E eu queria aquilo. Queria você. Queria saber quem você era. Na minha casa, eu também me sentia mais confortável. Sem colegas espiões ou alunos intrometidos.

Do que mais me lembro dessa primeira conversa é dos hematomas nos seus braços. O tom de roxo vinha à superfície da sua pele facilmente e seus lábios rachados sangravam nos cantos – talvez um sinal de deficiência de vitaminas? Seu cabelo, naquela tarde, ficava sempre caindo no seu rosto. Em vez de afastar o cabelo, você espiava além e ao redor dele, como se estivesse atrás de uma grade.

Fiquei esperando você revelar que não era uma aluna de Harvard de verdade – você me parecia uma pessoa fundamentalmente honesta –, mas você não admitiu nada. Parecia se sentir à vontade na minha casa, como se já tivesse estado lá antes. E, embora em muitos aspectos você não fosse como a aluna com quem eu tive o desastroso envolvimento romântico, a semelhança me deixava desconfortável. Também acalmava uma dor complicada que eu ainda precisava desvendar.

De maneira impensada, convidei você a voltar. É verdade que não tenho muitos amigos próximos. Tenho muitos sócios – colegas de trabalho e acadêmicos –, mas o cinismo deles pode se tornar cansativo. Você ficava tão facilmente encantada. Seu assombro tomou conta da desordem da minha casa. Você ficava maravilhada com as coisas mais simples, como acariciar Simone ou comer um biscoito açucarado. Depois daquele primeiro encontro, senti falta do seu espanto quando você foi embora.

Eu gostava de estar com você, embora você me atormentasse. Experimentei uma série de episódios depressivos enquanto lutava com minhas próprias motivações, minha culpa. Mesmo assim, também me agradou quando continuamos a nos encontrar na forma de aluna e professora. Às vezes, eu conseguia me convencer de que havia reparado meus erros do passado mantendo limites profissionais. Mas o que motivava você? Você se sentava diante de mim como um cubo mágico misterioso. Eu sempre fui capaz de encontrar explicações para fenômenos incomuns. Como socióloga, faço uma ponte entre o geral e o particular, conectando realidades individuais com forças maiores. (Para citar Bertrand Russell: "Enquanto a economia é sobre como as pessoas fazem escolhas, a sociologia é sobre como elas não têm nenhuma escolha a fazer".) Ainda assim, eu não conseguia identificar as forças que guiavam você, Willa. Você estava pronta para dar a uma estranha tudo o que levava nos bolsos, mas não revelava de onde era. Você às vezes adicionava Rs às palavras ou os soltava – eu achava fofo como você dizia "ideiar" em vez de "ideia", como se pessoalmente amasse a noção –, e essa tendência me fez pensar no norte da Nova Inglaterra, talvez no Maine. Mas você também podia ser excêntrica. Você teria feito os puritanos corarem. Uma vez, derramei chá em mim mesma e – em um piscar de olhos – você puxou a echarpe do pescoço e começou a enxugar minha clavícula. Você fez isso sem pedir. Depois disse que eu podia ficar com a echarpe – piscando para mim com o rosto tão sério. Recusei, porque a echarpe representava uma tentação que eu estava determinada a evitar. Sua echarpe estaria cheia demais do seu cheiro de açúcar e suor. Se eu não tivesse cuidado, quando você estava me contando todas as suas "ideiars", eu deixava meus olhos vagarem pela curva de suas orelhas em concha, seus pulsos finos, os hematomas nos seus braços. Então eu repreendia a mim mesma. Eu tinha muitas discussões na cabeça enquanto você falava, uma voz em particular dizendo: "Bem, ela não é realmente uma aluna. Ela é outra coisa".

Eu também tinha medo do que essa outra coisa poderia ser.

Você queria, com tanto fervor, que eu achasse os freegans atraentes. Eles eram levemente interessantes, mesmo que apenas pelo extremismo de suas crenças, bem como pelo animus subconsciente que sustentava suas ações coletivas. Meu trabalho, porém, se concentra em movimentos sociais com objetivos estratégicos específicos e deliberados. Essas pessoas pareciam caóticas demais para realizar qualquer coisa. Houve momentos em que me perguntei se você os havia inventado. Assumi uma postura de pena. Pobre menina, pensei, ela nem sabe o nome de seus compatriotas. Não entende o investimento de longo prazo que a verdadeira mudança social exige.

Enquanto isso, eu me parabenizava por manter nossa farsa de professora e aluna. Eu havia consertado meu mau comportamento do relacionamento anterior. Estava olhando para a frente. Na academia, ficamos amnésicos de um semestre para outro: estamos sempre começando de novo. Eu estava no caminho para a estabilidade, o ponto culminante de uma vida inteira de estudos, mas também vivia em repetição, cada semestre eliminando o anterior.

E pensar que acreditei que você poderia ser eliminada. Quando ocorreu a Revolução do Halloween, meu medo se tornou culpa. Os freegans não deixaram de causar impacto, e eu podia ter compelido você a se envolver demais. Eu podia ter destruído a vida de outra jovem.

Como fiquei aliviada quando você apareceu naquela noite. Foi como se um feitiço tivesse sido quebrado – ou lançado. Quando você me beijou, foi como se eu tivesse sido perdoada por todos os erros. Foi irresistível, entenda. Eu estava impotente. Em relacionamentos anteriores, eu tendia a assumir o controle; outras mulheres me chamaram de "altamente comunicativa". Mas, com você, eu me sentia sem palavras. Eu senti a linguagem sugada do meu corpo e, com ela, toda a minha força, como se todo o sangue fosse sugado dos meus músculos. ~~Na cama, eu era apenas sentimentos.~~ Talvez isso tenha a ver com estar perto de alguém como você: aparentemente sem inibições ou vergonha. Novamente, você tinha aquela estranheza, uma familiaridade, como se já me conhecesse, conhecesse meu corpo, como se soubesse como me tocar. Depois daquela primeira vez, quis me afastar de você, mesmo que apenas para processar o evento, para devolver um pouco de sangue aos meus membros, encontrar palavras. Mas você tinha entrado em mim. Eu não deveria ter esperado conseguir me retirar com facilidade.

É apenas físico, eu dizia a mim mesma. Só isso. Não é tão ruim. Eu estava com muito medo de você. Com muito medo de machucar você. Manter o relacionamento puramente físico parecia mais seguro para nós duas. Não haveria expectativas. Nosso relacionamento poderia ser uma mera transação.

Assim, naquele primeiro inverno, tentei manter você à distância. Tentei manter o relacionamento dentro de um conjunto de parâmetros. Tentei proteger nós duas.

Como se um relacionamento pudesse ser uma ilha. No fim, precisei contar a você sobre a ex-aluna. Não foi uma informação

*bem-vinda, sei disso. E, para ser justa, tampouco foi seu pedido
para que eu ajudasse seus amigos freegans. Você parecia fundamentalmente inconsciente do perigo de tais associações. Queria
que eu trabalhasse com eles, como se uma ligação como essa não
fosse ter repercussões profundas.*

*Estou inventando desculpas? É verdade que sugeri que fôs-
semos para Vineyard em parte para nos escondermos, caso você
estivesse sob suspeita das autoridades. Você deve ter notado, pelo
menos, a escalada de prisões de alto nível naquela primavera?*

*Independentemente disso, aqueles dias em Vineyard foram ma-
ravilhosos. Seu cabelo lembrava o de uma sereia por causa da água
salgada, e você parecia maravilhada com tudo. Foi como levar um
cachorrinho para passear pela primeira vez. Sua alegria se tornou
a minha. Comecei a acreditar que um relacionamento completo –
uma vida juntas – seria possível, se você se abrisse para mim. Como
você não o fez, algumas das minhas antigas preocupações ressurgi-
ram. Foi meu irmão, Thomas, quem primeiro sugeriu que você estava me usando por dinheiro. Eu contei a ele sobre você pelo telefone.
No começo, para Thomas, eu zombei. Disse que ele não conhecia
você, ao que ele respondeu: "Bem, você também não". Foi um ponto
justo. Mas então você se abriu para mim e eu percebi o quanto você
era frágil. Esse novo entendimento também coincidiu com e-mails
preocupados do chefe do meu departamento. Não vou entrar em
detalhes sobre como as coisas ficaram tensas. Acho que você não
percebeu que eu ficava acordada à noite enquanto estávamos em
Vineyard, trabalhando no laptop que mantinha guardado. Essa
situação não era ideal por várias razões, mas me leva ao que mais
quero dizer a você – uma das razões para eu escrever esta carta.*

Depois de ler o que veio a seguir, afundei no chão do alojamento, meu suspiro ricocheteando pelo terreno do Acampamento Esperança.

*Há algo que preciso que você saiba. Estou escrevendo esta carta
para me explicar, mas, quanto mais escrevo, mais incerta fico sobre conhecer ou não minha própria história.*

*Willa, eu fui atraída para o campo da sociologia porque, a
princípio, fiquei encantada com as grandes expressões coletivas*

da intenção humana ao longo da história. Pela forma como não somos definidos apenas por nossas escolhas individuais, mas pela urdidura e pela trama da sociedade. Estudei os movimentos sociais, especificamente, porque me interessava pelas formas como um grupo pode se opor à corrente dominante: pela forma como um pequeno grupo pode desviar ou direcionar a forma da civilização. ~~Minha mãe era comunista, você deve lembrar~~ É por meio desse estudo, porém, que a inevitabilidade da falibilidade humana é levantada repetidamente. Isso pode tornar uma pessoa cínica quando o estudo dos movimentos sociais é o trabalho de sua vida. Houve muita boa vontade ao longo da história humana, mas também muita corrupção, violência e fracasso.

Você ainda acreditava na mudança, Willa. Você acreditava com tanta ferocidade. Claro que você amou o Vivendo a solução. *Eu o escrevi pensando em você.*

Você não vai aceitar isso, eu sei. Você está dizendo a si mesma agora que isso é impossível. Mas quem melhor para escrever o caminho para uma sociedade perfeita do que alguém que, por carreira, estudou a ascensão e a queda dos movimentos sociais?

Basta dizer que, na época em que nos envolvemos romanticamente, fui abordada por um escritório de advocacia – foi a primeira vez para mim – e recebi a oferta de escrever um manual de acordo com os objetivos gerais estabelecidos por uma organização anônima. Também recebi gravações de áudio de um militar que divagava pomposamente sem parar. Meu entendimento foi que várias outras pessoas também haviam recebido aquela oportunidade e que um dos textos seria selecionado, o vencedor recebendo um grande pagamento. A organização não especificou para que usaria o texto. Eu não perguntei.

A oferta me pareceu bizarra, e a tarefa, grande demais para ser assumida com todos os meus outros trabalhos. Mas você havia colocado aquelas noções na minha cabeça: o espírito utópico, pode-se dizer. E eu sabia, além disso, que não poderia fazer o que você queria que eu fizesse: colocar minha carreira em risco para defender seus amigos freegans suspeitos de cometer crimes. Escrever aquele texto era algo que eu poderia fazer por você. Eu poderia lhe dar o texto, mesmo que não pudesse empreender as ações radicais que você queria que eu adotasse na vida real.

Entenda, Willa, que Vivendo a solução *é uma resposta às teorias e às paisagens oníricas dos freegans que você trouxe à minha atenção. Eu revisava suas premissas falhas na minha cabeça, alinhando possibilidade com pragmatismo. Elaborar o texto foi um ato de pura resolução de problemas. Como, eu me perguntava, um pequeno grupo de pessoas poderia influenciar de maneira realista a imaginação global para fins ambientais? As utopias sempre existiram mais confortavelmente em prosa, desde que Thomas More inventou a palavra.*

Foi em Vineyard, quando você finalmente me contou sobre sua infância, seus pais, suas crenças, que consegui costurar a ideia totalmente. Vivendo a solução *foi, em sua essência, um livro para você: um conto de fadas que corrigia todas as suas dificuldades. Ali estava uma sociedade além das restrições e dos obstáculos da família. Sem o tumulto do amor biológico ou romântico, os participantes poderiam alimentar a verdadeira lealdade a uma causa coletiva. Ali também estava um empreendimento nascido da obsessão das suas primas com a imagem funcionando como catalisador para a fama. Ali estava um sistema fechado, semelhante a um terrário. Como acadêmica, essa cuidadosa destilação de sua vida foi o melhor que eu acreditava que poderia lhe dar.*

Escrever na "voz" divagante do militar, devo acrescentar, não foi difícil – no mínimo, foi fácil demais. Como é horrível descobrir que alguém internalizou as declarações excessivamente confiantes de todos aqueles pais e patriarcas que ecoaram através dos séculos... No entanto, eu canalizei aquela voz sem pensar duas vezes.

Quando meu texto foi selecionado, o prêmio em dinheiro adicionou uma camada de segurança financeira à minha vida – e à sua, indiretamente. Eu senti, por um tempo, que lhe devia parte do pagamento quando ele chegou. Eu esperava que o dinheiro fizesse alguma diferença para você, já que você – ainda que involuntariamente – havia ajudado na sua criação. Tive a ideia de que lhe contaria tudo quando recebesse uma cópia impressa. Então tivemos nosso desentendimento.

Não me arrependi de ter escrito Vivendo a solução *na época. Mas teria me arrependido se soubesse que ele tiraria você de mim.*

Foi irresponsável criar um plano para a utopia e libertá-lo? Eu nunca esperei que nada saísse do Vivendo a solução.

Quando minha cópia chegou pelo correio, o advogado mencionou que "ele" estava bem encaminhado e que meu texto havia ajudado a afinar "suas" etapas finais. Eu estava sob contrato para manter o que sabia em segredo. Mas não me importava com isso, porque não achava que "ele" fosse dizer respeito a mim. Estava preocupada com você, com o que você estava fazendo, e isso estava interferindo no meu trabalho acadêmico. Você estava com raiva de mim. Você sentia que eu a havia traído por não apoiar os freegans da forma como você queria. Sempre esperei que seu interesse por eles desaparecesse – que você reconhecesse o perigo de se associar a eles, a inutilidade também. Eu esperava que você começasse a aprender aquarela, a lutar kickboxing, a apostar online ou qualquer coisa. Eu sabia que perderia tudo se fizesse o que você queria – e tudo poderia ser em vão. Eu perderia meu emprego, minha casa e todas as minhas coisas boas. Aquelas coisas, eu acreditava, eram a razão pela qual você me amava, mesmo que você não soubesse.

Mas minha segurança material não era o que você queria, era? Você decidira, por algum motivo, que havia algo de corajoso em mim. Eu não era uma covarde inútil para você. ~~*Você parecia pensar isso, mesmo quando*~~

Eu tinha certeza de que você estava errada.

Então você encontrou o Vivendo a solução *no meu escritório. Achei que perderia você se contasse a verdade, mas parece que vou perder de qualquer maneira. Então, estou tentando fazer a coisa corajosa – a coisa Willa, que é como penso nisso – e estou começando por escrever esta carta. São duas da tarde, minha aula começou e eu não estou lá. Mas preciso que saiba que estou tentando ser mais corajosa. Vou continuar tentando.*

Com todo o amor do mundo,
Sylvia

Bati à porta de Sylvia por um longo tempo. Talvez ela estivesse tirando uma soneca, pensei. Talvez ela abrisse a porta, meio adormecida, e minha aparição parecesse a reviravolta bem-vinda de um sonho.

Imaginei colocar minhas mãos no seu rosto macio e sussurrar que eu estava ali. Que estava tudo bem. Nós duas estávamos erradas sobre muitas coisas, nós duas éramos terrivelmente imperfeitas, mas estávamos unidas, ela e eu, por um fio cósmico. A carta dela me fizera chorar, suspirar e rir alto de admiração. Nenhuma de nós era a pessoa que a outra havia pensado originalmente, mas nos amávamos – disso eu tinha certeza. *Vivendo a solução* me deu essa certeza, agora que eu sabia por que havia sido escrito e por quem.

Se ela ao menos abrisse a porta, eu poderia abraçá-la mais forte do que nunca. Poderia encostar meu pescoço no dela, inalar o universo de seu perfume, descrever o quanto eu havia sentido a falta dela. Poderia dizer que a amava. Ambas havíamos cometido erros, mas tudo era honesto agora. Começaríamos de novo.

Estou aqui, chamei pela porta. Voltei. A vizinha de Sylvia surgiu na varanda e não se deu ao trabalho de fingir que estava fazendo outra coisa. A mulher tinha uma bengala e não parecia bem. Ela apoiou as duas mãos na bengala e se inclinou para a frente.

Você nasceu assim?, perguntou a vizinha. Com o rosto assim?

Onde está Sylvia?, questionei. Onde está a professora Gill?

Não gosto da sua aparência, disse a vizinha.

Por favor, respondi.

Sempre soube que Sy era problema, falou a mulher. Se relacionando com terroristas e anarquistas. Você devia ver as pessoas que ela recebia. Essa senhora respeitável, deixar o emprego em Harvard para...

Ela está aqui?, perguntei. Ela vai voltar em breve?

Essa é a questão, disse a vizinha.

Ela ergueu a bengala e a balançou na minha direção. Na hora, um carro de polícia passou na rua. Lembrei-me da minha vulnerabilidade. Eu deveria estar morta. Meu rosto estava em todos os noticiários e – agora que eu estava de volta a Boston – alguém poderia me reconhecer apesar das feições alteradas. Se eu fosse pega, talvez nunca mais visse Sylvia.

Eu disse a mim mesma que voltaria à casa dela outra hora. Eu a procuraria nos dias seguintes. Eu não havia entendido completamente a extensão da minha infâmia – embora, mais tarde, no apartamento de Jeanette, fosse ficar claro que eu não poderia me aventurar na cidade novamente. Fazer isso significaria ser apreendida na mesma hora, em especial depois que meu rosto sarasse. Eu perceberia que tivera sorte de nem sequer chegar ao apartamento. E precisava cuidar de Jeanette.

Antes que soubesse de tudo isso, porém, fiquei diante da porta de Sylvia, desejando que ela aparecesse.

A vizinha continuou dizendo: Venho pegando a correspondência de Sy todo esse tempo. E cuidando da coelhinha. Ela não vem aqui há semanas...

Um segundo carro de polícia passou; os pelos dos meus braços se arrepiaram.

Se ela voltar, eu disse para a vizinha, pode dizer a ela que eu estive aqui? Pode dizer que estou procurando por ela?

E quem é você?

L.

L?

L de longe. L de leviana. L de loroteira. L de lunática. L de libertina. L de laço.

Meus pais nunca tiveram certeza de como o mundo iria acabar. Mas tinham certeza de que isso aconteceria.

A vida, eles me diziam – quando eu tinha apenas cinco anos – era uma série de pequenos apocalipses que levavam a um maior. Acreditar no contrário era se envolver em ilusão. Muito da civilização moderna, diziam eles, havia sido construído sobre a ilusão: a crença de que a água sempre verterá por canos até nossas mãos, a de que o ar passará confortavelmente por nossos pulmões, a de que a civilização é civilizada, a de que a vida pode oferecer qualquer coisa além de decepção e dor.

Ilusões, minha mãe dizia, são o motivo pelo qual as pessoas se machucam.

Eu entendo, agora, que ela estava tentando me proteger. Ambos os meus pais estavam tentando me proteger da única maneira que sabiam, até que não conseguiram mais.

Mesmo assim, acho que ilusões podem ser tudo o que temos.

Ilusões são como as coisas começam a mudar.

O sol nasceu. Na cidade, as pessoas estão tentando consertar as coisas. Demoliram estacionamentos para plantar jardins. Há caixas de abelhas nos telhados, junto com novos painéis solares. No porto, a usina está sendo adaptada para funcionar com energia das marés. Equipes de voluntários trabalham dia e noite nesses projetos. Os governos em todos os níveis se reorientaram para a sustentabilidade. Levará séculos para desfazer completamente o que foi feito, mas começamos a desfazer. Temos de desfazer e vamos desfazer.

As mobilizações em massa de crianças silenciosas, de acordo com alguns meios de comunicação, estão diminuindo em frequência – embora seja muito cedo para saber com certeza. Então as pessoas continuam tentando fazer melhor.

Jeanette estará de volta em breve; ela estará cansada, mas terá um brilho nos olhos. Terá andado na minha velha bicicleta por toda a cidade. Ela tem saído todos os dias para essas missões, muitas vezes à noite, para tirar fotos de equipes de renovação e plantio e outros esforços voluntários.

É a única coisa em que já fui boa, falou Jeanette quando perguntei sobre suas fotos.

Ela não disse mais nada. Embora, quando liga o computador – apenas uma vez por dia agora, para economizar eletricidade – e transmite as imagens para o mundo, ela pareça mais em paz do que já esteve em muito tempo.

A paz não veio para mim. À noite (nas noites em que durmo, que não são muitas), sonho com eles. Os recrutas, quero dizer. Fitz, Lillian, Thatcher, Cameron e todos os outros. Sonho com eles como estavam na última noite no

Acampamento Esperança: todos flutuando suavemente na enseada, suas braçadas espalhando bioluminescência através da água como a luz das estrelas, galáxias piscando.

Sonho com Athena e Elmer em algumas noites também. Eu os vejo puxando a estátua dourada da madona do mar; a história se ajustando, os erros sendo corrigidos.

Não é impossível. Nunca foi.

Sonho com todas as outras crianças também – aquelas que nunca conheci. Todas aquelas crianças desejando um futuro.

Eu escolho acreditar no futuro. Isso é o que eu tenho tentado dizer a você — porque é tudo que eu sempre quis que alguém me dissesse. Quero que saiba que acredito em um futuro para você.

Não me esqueci de como participei da criação da tragédia. Talvez eu não mereça mais minha própria vida, embora não possa chamar o ato de me esconder assim de viver. Independentemente disso, sei que existem outras pessoas que não vão esquecer. Eu vou ser responsabilizada quando chegar a hora – e essa hora está se aproximando rápido.

Mas eu faria tudo de novo.

Pronto, falei.

Nós iríamos sofrer de uma forma ou de outra. Melhor sofrer fazendo algo novo.

Há uma comoção no corredor – passos na escada. Portas se abrindo. Uma onda de vozes. A ordem da ONU foi aprovada: é nisso que vou escolher acreditar. A comoção é uma celebração. Líderes internacionais se uniram, uma cooperação sem precedentes, seus objetivos de preservação planetária alinhados. Em breve, esse trabalho será um esforço global; a humanidade, uma frente unificada.

As vozes estão mais altas agora, os passos do lado de fora da porta do apartamento. Uma equipe da SWAT, talvez – vindo me pegar, finalmente –, vindo me levar embora por um crime muito maior que uma pessoa, maior que um país, até mesmo que uma geração.

Ou então talvez seja Sylvia lá fora, com a mão na maçaneta? É Sylvia que está lá – veio me pegar nos braços. São apenas oito passos de onde estou até a porta da frente, e eu vou dá-los. Vou abrir aquela porta e abraçar o que está por vir. Porque acredito que vai ser bom.

Agradecimentos

Este livro foi escrito em seis estados e em cinco países diferentes; teve muita ajuda ao longo do caminho. Agradeço à Elizabeth George Foundation por uma doação capaz de mudar uma vida. Agradeço à Jentel Foundation e ao Montalvo Arts Center pelo tempo, pelo espaço e pela clareza para escrever. Agradeço à Bread Loaf Writers' Conference por toda a inspiração. Agradeço aos muitos indivíduos e organizações cujo tempo e apoio tornaram *Eleutéria* possível.

Agradeço à minha incomparável agente, Erin Harris, por acreditar em mim e por transformar sonhos em realidade. Agradeço a Caitlin Landuyt por dar ao romance um lar incrível e por seu olhar editorial experiente. Agradeço à fantástica equipe de pessoas que ajudou a colocar este livro no mundo, especialmente Carla Benton, Edward Allen, Maddie Partner, Nick Alguire, Angie Venezia, James Meader, Sarah Nisbet, Jessica Deitcher, Annie Locke, Alexa Thompson, Beth Lamb e Suzanne Herz.

Agradeço a todos os meus professores e mentores ao longo dos anos. Aos primeiros leitores do meu manuscrito na Arizona State University e nos workshops de escrita na Grécia. Agradeço a Pete Turchi por sempre me incentivar a melhorar. Agradeço a Matt Bell pela leitura do manuscrito em estágio final e pelo incentivo para aguentar firme.

Agradeço aos entes queridos que me fizeram dar risada e me ajudaram a crescer. Um agradecimento especial à equipe da Oberlin, por me ajudar a cair de pé. Agradeço a Nora, Kyle, Daniel, Eva, Kirstin, María, Bryan, Jennifer, Adrienne, Dennis e Thirii por sua consideração durante um período difícil. Agradeço à minha família por não perguntar com muita frequência quando este livro seria concluído. Agradeço aos meus pais pelas residências de escrita e por tudo.

Agradeço aos ativistas – especialmente os jovens – que continuam inspirando e que lideram a luta por um mundo justo e igualitário.

Fontes SIGNIFIER, UNTITLED SANS
Papel LUX CREAM 60 G/M²
Impressão IMPRENSA DA FÉ